数字时代信息资源管理丛书
主编◎刘越男

中国人民大学信息资源管理学院、四川省公路规划勘察设计研究院有限公司、
中国人民大学—蜀道集团“档案与数据”联合实验室联合资助

数据资产评估

索传军 著

知识产权出版社
全国百佳图书出版单位
—北京—

图书在版编目（CIP）数据

数据资产评估/索传军著．—北京：知识产权出版社，2025.4．—（数字时代信息资源管理丛书/刘越男主编）．—ISBN 978－7－5130－9951－6

Ⅰ．TP274

中国国家版本馆 CIP 数据核字第 2025X79S76 号

内容提要

本书从数据资产的基本概念入手，分析和论述了数据价值的产生机制、实现路径与方法；同时对传统的资产评估方法（成本法、收益法和市场法）进行丰富和发展，特别是对市场法的发展进行了深入探讨，并结合企业数据资产评估案例进行分析，对于从事数据资产评估实务的相关专业技术人员具有重要的参考价值。

责任编辑：王玉茂　　**责任校对**：谷　洋

封面设计：杨杨工作室·张冀　　**责任印制**：刘译文

数字时代信息资源管理丛书

数据资产评估

索传军　著

出版发行：知识产权出版社有限责任公司	**网　　址**：http：//www.ipph.cn
社　　址：北京市海淀区气象路 50 号院	**邮　　编**：100081
责编电话：010－82000860 转 8541	**责编邮箱**：wangyumao@cnipr.com
发行电话：010－82000860 转 8101/8102	**发行传真**：010－82000893/82005070/82000270
印　　刷：三河市国英印务有限公司	**经　　销**：新华书店、各大网上书店及相关专业书店
开　　本：787mm×1092mm　1/16	**印　　张**：16.5
版　　次：2025 年 4 月第 1 版	**印　　次**：2025 年 4 月第 1 次印刷
字　　数：315 千字	**定　　价**：100.00 元

ISBN 978－7－5130－9951－6

丛书编委会

主　编　刘越男

编　委　（按姓氏笔画排序）

王英玮　卢小宾　冯惠玲　安小米

张　斌　张美芳　周晓英　索传军

贾君枝　梁继红

前　言

1974年，理查德·彼得松（Richard E. Peterson）提到“数据资产”一词，认为数据资产包括持有的政府债券、公司债券和实物债券等。随着时间的推移，人们对数据资产的认识在不断深入，数据资产的内涵和范围也在不断扩展。2009年，托尼·费希尔（Tony Fisher）在《数据资产》中指出，“数据是一种资产，企业要把数据作为企业资产来对待”。2011年，世界经济论坛（World Economic Forum，WEF）发布的《个人数据：一种新资产类别出现》（*Personal Data：The Emergence of A New Asset Class*）报告中指出，个人数据正成为一种新的经济“资产类别”。2015年，英国发布公共部门信息再利用条例，其中提到“公共部门机构要采取一种基于资产的方法来管理数据资源”。此后，美国、澳大利亚等国纷纷提出“数据是资产”等观念。

2019年，中国共产党第十九届中央委员会第四次全体会议提出，将数据作为生产要素。数据成为继土地、劳动力、资本、企业家、知识和技术之后新的生产要素，将极大推动我国数字经济的快速发展。数据作为生产要素服务于企业的生产经营，为企业带来经济利益，将成为现代企业一项重要的资产——数据资产，推动我国数据要素市场和数字经济的快速发展。2022年12月2日，中共中央、国务院印发《中共中央 国务院关于构建数据基础制度更好发挥数据要素作用的意见》《“十四五”数字经济发展规划》等一系列重要政策文件。2023年，国家数据局组建，明确数据要素市场制度建设的基本框架、前进方向和工作重点，同时也推动了数字资源跨行业、跨部门互联互通，充分发挥数据资源的基础性作用。2023年，“数据资产入表”相关政策发布，包括《企业数据资源相关会计处理暂行规定》《数据资产入表及估值实践与操作指南》。2024年初，国家对数据要素政策布局持续加码，财政部印发《关于加强数据资产管理的指导意见》，数据资产入表正式施行。由此可见，数据作为新型生产要素，已快速融入生产、消费、流通、分配和社会服务管理等各环节，成为推动经济社会高质量发展的关键动力。但是，为何数据具有价值？数据如何才能实现资产化、资本化，如何判断企业的数据是数据资产，以及如何评估其价值，促进数据交易市场的健康发展等问题均有待研究。

数据是资产，必然具有价值。那么如何评估其价值，就是不得不思考和解决的问题。评估，一方面是对事物价值的分析与判断，另一方面是对事物价值大小的预测和估算。评估，是评估者（评估主体）在一定场景下，基于自己对评估客体的认识，从特定角度（维度或视角）对其价值作出的判断。因而，评估结果往往带有一定的主观性。数据资产评估，就是评估主体对数据资产的价值作出判断和估算。然而，数据资产作为评估客体，其形成或来源的多样性、表现的多样性，以及价值实现的多样性，都决定了对其价值判断和估算的复杂性。数据资产评估不仅需要对形成数据资产客观（成本）价值的分析和在用价值（收益）的简单计量，而且是对其潜在和风险价值的预测，以及社会价值的分析。

评估是评估主体对客体价值的判断。但数据资产评估，并不是对数据资产价值的单纯判断。依据中国资产评估协会发布的《数据资产评估指南》可知，数据资产评估包括数据质量评估和数据价值评估两个方面。本书作者认为，数据资产评估，还包括数据（来源、加工与服务等）合规性分析和评估，以及数据资产安全风险评估等。因而，数据资产评估是一项系统性的工作，应包括数据资产的合规性、质量、价值和安全风险四个方面（维度）的评估。

数据资产评估从字面上看，可以拆分成“数据”“资产”“评估”三个概念。数据属于数据科学、计算机科学、信息资源管理等学科的概念，资产属于会计学和经济学的概念，评估属于哲学和管理学的概念。因而，数据资产评估是一个新兴的多学科交叉的领域，涉及数据科学、经济学、会计学、信息资源管理学和计算机科学等多个学科理论、方法和知识。对数据资产进行评估，首先需要认识形成数据资产的基础——数据，需要运用数据科学的理论研究数据价值的形成，以及价值实现方法与路径；其次需要利用经济学的理论分析数据资产在生产经营中如何能够为企业产生经济价值；最后需要借助会计学的资产评估方法对数据资产的价值作出估算。显而易见，数据资产评估是一个新的多学科交叉研究领域，存在许多亟待探究的问题。这也是作者写作的初衷和动力。

本书共有10章。上篇从理论上论述数据和数据资产为什么具有价值，数据如何实现资源化和资产化，以及数据资产价值构成和影响因素、价值的实现方式等。概念术语体系是人们构建认知的基础，因而，第1章主要论述数据资产评估的相关概念，并分析了它们的特征及其相互关系。企业界最关心的问题是，数据为什么具有价值，具有什么价值，以及如何才能实现数据的价值。因而，第2章主要论述数据的价值及其实现路径。客观上说，任何组织和个人都拥有或多或少的数据，但是许多企业会感到疑惑，我们拥有的数据哪些是数据资产，或者哪些可以开发加工形成数据资产，哪些能够为企业带来价值。因而，第 3 章主要论述数据资产的识别与资产化的路径。对于一些拥有大量数据的企业来说，特别是数据要素型或数据驱动型企业，更关心的是数据资产的价值。第 4 章主要论述数据资产价值的构成与影响因素。数据资产作为新兴资产，其价值的实现与应用场景密切相关。可以说，没有应用场景，数据就没有价值。第 5 章论述了数据的服务模式与应用场景，为下篇的数据资产评估（质量评估和价值评估）奠定理论基础。

下篇主要论述数据资产评估方法。数据资产评估是一项带有研究性质的专业性很强的系统性活动。第 6 章涉及数据资产评估体系构建，论述了数据资产评估的目的与原则、维度、构成、流程和保障等内容。数据具有来源多样、表现形式多样，以及易于共享、传播、复制等特性，客观上存在“权属关系不清”等问题。因而，第 7 章主要论述了数据资源合规分析与评估。数据质量的高低直接影响数据价值，甚至质量低的数据资源不仅不能给企业创造价值，反而会给企业带来风险。第 8 章从数据质量、数据资源质量和数据产品质量评估三个方面论述了数据资产质量评估的内容与方法。数据资产价值评估是数据资产评估的重要组成部分，因此，第 9 章论述了数据资产价值评估，包括成本法、收益法、市场法等不同评估方法。最后，第 10 章论述了数据资产安全风险评估。

本书的写作是一项极具挑战性的任务。一方面，这是一个新兴的多学科交叉的研究领域，涉及多个学科的知识，很显然作者的学术修养是不够的。另一方面，数据资产评估不是一个单纯的理论研究问题，而是一项亟待开展的社会实践。企业的数字化转型、数字经济的快速发展，都要求我们能够回答相关问题，并提供能够帮助企业解决实际问题的研究成果。本书是作者团队这些年研究成果的一个总结。其中，本书的第 3 章由刘子瑜博士撰写。第 4 章、第 6 章由戎军涛博士撰写。其余部分由索传军撰写。本书应该说是作者基于本学科（信息资源管理）对“数据资产评估”相关问题的认识，其中一定存在诸多不足，请学界和业界同人不吝赐教。

索传军
2024 年 9 月 28 日
于中国人民大学

目　　录

上　篇

上　篇

第1章

数据资产评估的相关概念

2019年10月，中国共产党第十九届中央委员会第四次全体会议（以下简称“党的十九届四中全会”）首次将数据纳入生产要素范畴。2022年12月2日，中共中央、国务院印发《中共中央 国务院关于构建数据基础制度更好发挥数据要素作用的意见》（以下简称“数据二十条”）。这是我国首部从生产要素高度系统部署数据要素价值释放的国家级专项政策文件，具有非常重要的意义。随着“数据二十条”等一系列政策文件相继出台，数据要素市场培育进展加速，畅通数据资源大循环的方向愈加明确。2023年8月，财政部发布了“数据资产入表”相关政策——《企业数据资源相关会计处理暂行规定》，同年12月，财政部印发了《关于加强数据资产管理的指导意见》，2024年1月，“数据资产入表”政策正式施行。围绕数据相关政策文件，涌现了一些新的概念和术语，如数据要素、数据要素市场、数据资源、数据资产、数据产品、数据资产评估、数据资源化、数据资产化、数据资本化、数字经济和数字中国等。然而，目前无论学术界，还是产业界，对这些新概念的含义及其关系尚未形成一致的认识，一方面，这也导致在相关文件或文本中混用或错用相关概念的现象较为突出，另一方面，这也使得企业在实际的数据资产识别、确权、评估和入表等业务活动中产生了一些困惑。

对概念的认识和理解，一方面是理解、贯彻和执行国家相关政策文件的前提和基础，另一方面是人们构建和完善自己认知体系的基础。为此，本章首先梳理和分析与“数据资产评估”相关的核心概念，并辨析它们之间的关系。

自20世纪90年代开启万维网建设以来，社会发生了天翻地覆的变化。局域网、城域网、移动互联网，以及手机或移动终端等成为我们每个人生活、学习和工作必不可少的重要组成部分，甚至成为我们每个人网络生活或数字生活必不可少的元素。可以用“无处无数据，无时无数据，万物皆数据”来形容我们当今的社会。因而，有人用网络社会、信息社会、数字社会、大数据时代、智能时代以及数智时代等词语来描述我们熟悉而又陌生的社会。

在第二届世界互联网大会上，习近平总书记首次提出了“数字中国”建设的倡议。我国数字经济、数字文化等获得了快速发展。特别是近几年，大语言模型和生成式人工智能的快速发展，我国涌现出数百个（垂直领域）大语言模型，正在推动我国经济的数字化转型。数据像石油和电一样，成为最具活力的生产要素之一，成为企业及各类组织和个人的重要资产。

1.1 数　据

数据作为生产要素，或作为新的资产类型，客观上都是以数据为基础的。因而，对数据的认识是“元问题”。这涉及数据的概念、数据价值、数据的表现形态，以及数据价值的类型与实现方式等。

21 世纪以来，数字经济飞速发展。我国正在推动数字经济的发展，提出了数据要素、数据要素市场、数据资源、数据资产、数据资产登记、数据资产评估、数据资产入表、数据确权、数据分类分级管理、数据营销等一系列新概念。数据已经成为数字经济时代新的生产要素，数据成为最基本的概念之一，成为相关概念的元概念。那么，究竟何为数据，数据又具有哪些主要特征呢？

1.1.1 数据的定义

数据是什么？似乎人人皆知，但似乎人人又说不清楚。我国古人就会用“结绳计数”。其实，在日常生活、生产和工作中，时时处处都会用到数据，例如，用数值型的数据记录物体的体积、重量和温度等。但人们对数据的认识，常常是感性的，对其缺乏严格的定义。因而，有关数据的概念和特征，不同领域的专家和不同学科的学者，从不同的视角给出了多种不同的解释，很难形成统一的认识。为此，本节先列举一些权威机构和资料的定义，加以分析和比较。

1.1.1.1 部分权威组织或文献对数据的界定

（1）国际数据管理协会认为“数据是以文本、数字、图形、图像、声音和视频等格式对事实进行的表现”。该定义指出“数据”是对事实的表现，并对“数据”存在的不同形态进行了列举。

（2）标准《信息技术 元数据的注册》（ISO/IEC 11179—1：2023）将“数据”定义为“以适合于交流、解释或处理的形式化方式对信息进行可重新解释的表示”。该定义着重凸显了“数据”的电子化特质，明确指出“数据”是对其所代表对象（信息）的一种阐释或解读。

（3）标准《信息技术 词汇 第1部分：基本术语》（GB/T 5271.1—2000）对“数据”的定义是，信息的可再解释的形式化表示，以适用于通信、解释或处理。

（4）《中华人民共和国数据安全法》（以下简称《数据安全法》）[1] 将“数据”定义为“任何以电子或者其他方式对信息的记录。”在法律范畴内，该定义明确了数据的记录方式，并区分了“数据”与“信息”。据此，纸质档案及其他书面记录亦被纳入数据范畴。

（5）统计学将“数据”定义为“用于表示和解释而收集、分析和总结后的客观事实和数字符号”，并将“数据”分为定性数据和定量数据。

（6）《现代汉语词典（第7版）》中，“数据”的含义是进行各种统计、计算、科学研究或技术设计等所依据的数值。

（7）《辞海（第7版）》将“数据”定义为，描述事物的数字、字符、图形、声音等的表示形式。

（8）全国科学技术名词审定委员会审定，在计算机科学技术中，“数据”是客观事物的符号表示，指所有可输入到计算机中并可被计算机程序处理的符号的总称。在管理科学技术中，“数据”是描述事件或事物的属性、过程及其关系的符号序列，比如自然语言符号、科学符号、数字，以及图形图像等。

长期以来，人们对“数据”的定义强调了它反映客观事实方面的作用。大多数人认为，数据代表事实，数据是这个世界中与某个事实结合在一起的一种真实表达。客观上，数据是一种表示方式，是人们基于某种认识对事物的表达。但“事物”与“事实”并不总是简单或直接的，或者说，对某些事物或事实，并不能直接用数据进行记录或描述。

1.1.1.2 对数据内涵的分析

关于“数据”的定义，还有许多。例如，“数据是经过量化或限定的符号集”；“数据是人们感知的感觉刺激”；“数据是根据已有规则组织的符号”；“数据是与实体相关的一些内容”；“数据是固定在介质中/上的概念或对象的一种表示形式，以满足人类或自动化系统的通信、解释、处理需求”，等等。尽管学界尚未达成完全一致的认识，但有一点是可以统一的，那就是任何数据都是特定主体，为了解决特

[1] 为方便读者阅读，本书中国内相关法律文件名称使用简称，省略“中华人民共和国”表述，下文不再赘述。——编辑注

定问题，有目的有意识地生产出来的。或者说，任何数据都是为了满足特定主体的特定需求。这实际上表明，数据是为满足某主体的需求而产生的，是有价值的。基于前述定义的分析，关于数据可提炼出以下三个核心要点。

（1）数据本质上是对客观事实的描述与记录。或者说数据描述或记录的对象是客观事物。它是人们对现实世界中的时间、地点、事件，以及其他各类对象或概念的感知与诠释，旨在以某种形式捕捉并再现这些客观事实。

（2）数据必须依托于符号化的表达形式。或者说，任何数据都是某种或多种符号的集合。这意味着数据需要通过特定的符号系统，如数字、文字、字母、声音、图片、视频等，进行编码和呈现，以便能够被主体（可以是人，也可以是计算机或其他机读设备）有效地识别、存储、传输和处理。也就是说，数据，形式上就是一组字符串或字符的集合。

（3）任何数据都是有目的地生产出来的。对数据是如何产生的，现在许多人还存在错误的认识。许多人认为，数据是客观存在的。其实，数据是人类有目的地生产的。现在，我们处在数字时代、互联网时代，时时处处都在以不同的方式或手段生产着数据。例如，文本、语音、视频聊天、照相、街头的摄像头拍照、工厂的传感器采集等。因而，无论是人类对客观事物的感受，还是网络平台对用户访问行为记录的数据，还是特定的传感器（温度、湿度、速度等传感器）对环境或设备状态记录的数据，抑或人们发表的微信、微博、论文等，都是人类有目的的活动记录。这一点，实际上也反映了数据的另一个特点，数据都有一定的内容（也就是人们所说的信息），都是人们对客观事物认识的记录。借助于一定的符号系统，人们可以理解数据的含义。

数据的这个特性，对于人们对数据价值的分析和评估十分重要。无论是分析、评价数据、数据资源或数据资产质量，还是评估其价值，我们都应该了解其采集或收集的目的与场景。

概括地说，数据是特定主体基于特定目的利用某种符号体系对感知到的客观事物的描述或记录。形式上，数据是一组符号或符号集合。《数据资产评估指南》中将“数据”界定为对客观事物进行记录并存储在媒介物上的可鉴别符号，是对客观事物性质、状态及相互关系等进行记录的物理符号或物理符号集合。[1] 该定义强调了数据记录的对象是客观事物，内容是客观事物的性质、状态及相互关系，形式是符号。另外，还特别指出，符号是可识别的物理符号。这实质上说明，这些符号都是人们为了某种目的设计的，能反映一定的语义信息。依据以上对数据的三点认识

[1] 中国电子技术标准化研究院．数据资产评估指南［M］．北京：电子工业出版社，2022：2.

可知，该定义是科学的。

1.1.2　数据的特征

通常认为，数据具有易于复制和高度共享性等特征。这也是数据要素与其他物质型生产要素的主要区别。除此之外，数据内容和形式具有多样性、数据价值具有时效性或易变性。另外，数据还可以通过整合和聚合形成新的数据。若从以上对数据内涵的分析出发，还可以发现数据的其他还未被人们发现或重视的特征。

1.1.2.1　数据的可复制性

数据的可复制性是数据区别于传统生产要素最基本的属性之一。数据从形式上讲是一组符号集。特别是以 0 和 1 表示的计算机可处理的数据，具有高度的可复制性。

数据的可复制性或高度共享性意味着非竞争性。也就是说，一家企业对数据的使用或消费并不影响数据的物理性质，也不影响其他企业的使用。在数据市场上，数据产品可以多次出售和重复使用。例如，以各类文献为内容的数据库产品，可以同时销售给多个图书馆。

数据的可复制性、高度共享性或者非竞争性，被不恰当地认为数据具有非排他性的特征。其实，任何数据的产生都是特定主体有目的的活动。因而，数据的首次获得者（首属者）或生产者有机会占有数据并使其具有排他性。

1.1.2.2　数据的多样性

数据的多样性，包括数据来源的多样性、内容表达形式上的多样性和价值表现的多样性等多个方面。

（1）数据来源的多样性。数据来源的多样性指的是获取数据的途径和方式丰富多样。它可以包括内部数据，如企业自身的业务系统、数据库记录等；也可以包括外部数据，比如从互联网上抓取的信息、政府公开的数据、第三方机构提供的数据，以及通过传感器、物联网设备收集的数据等。

数据来源的多样性具有重要意义。它能够提供更全面、多角度的信息，帮助人们更准确地理解和分析问题，做出更明智的决策；但同时也带来了数据质量、数据整合和数据管理等方面的挑战。

（2）数据内容表达形式上的多样性。一方面，数据与它所描述的事物具有多对一的关系。一个客观事物，人们基于不同的需要或不同的目的，可以对其状态、属性，以及与其他事物的关系等有多种认识和记录，也就存在多条数据（记录）。简单地说，多个数据可以同时描述一个事物，或一个事物可以用多条数据描述。这些数据可以反映被描述事物相同的内容，也可以反映其不同的内容。例如，电子图书，图书馆有多家公司的电子书产品，每家公司都有自己不同于其他公司对电子书的描述（元数据）。因而，市场上存在同一事物的多种不同数据产品。数据的这个特征显示，数据市场上会存在类似的数据产品。

另一方面，数据与它所记录的信息内容具有多对一的关系。一个语义内容相同的数据，可以采用不同的符号系统进行形式化的表示。例如，一条信息，既可以用人类语言记录，也可以采用计算机可识别的0、1表示。即使是用人类语言记录一个事实，也可以采用不同的语言符号体系。再如，同一含义，既可以用语言文字描述，也可以用图像或音乐表达。

（3）数据价值表现的多样性。同一数据集，可以加工生产出不同的数据产品，同一种数据产品，对于不同的主体（数据消费者）也会产生不同的价值。这不仅与消费者的使用需求和场景有关，而且与数据自身的内容（蕴含的语义信息）存在直接的关系。因为，在数据产生之初，就包含了数据生产者的认识和对使用场景的预设。

1.1.2.3 数据价值的易变性

数据价值的易变性特征，不是说数据与场景或使用主体的关系，而是说，数据与时间的关系，数据像实物一样也会老化。数据的老化是指其包含信息内容和载体的老化。数据的价值会随时间发生变化。或者说数据也有自己的生命周期，数据价值在其生命周期中会发生变化，但并不是简单的过时、失效或使用价值的衰减。数据在其生命周期中的价值，一方面会随着加工处理，产生增值；另一方面会因与其他数据的整合或聚合产生价值倍增效应，同时也会因为内容过时而失去使用价值。

数据是一组符号的集合。因而，仅从形式上看，数据自身不会老化。记录数据的载体是物质的，会老化。但是，这并不影响数据价值的实现。若数据的语义内容（承载价值的信息）没有老化，只是载体老化，可以将数据迁移到新载体之上。

1.1.2.4 数据价值实现的依附性

有专家说，数据就是数据，只是一组符号，自身没有价值，只有使用后才有价值。应该说，只说对了一半。数据价值的实现依赖于一定的应用场景，或者说，数据只有被使用才能发挥价值。但若数据不包含信息内容，自身没有潜在的价值，即使应用于特定场景也不会产生价值。客观地说，数据自身具有潜在价值，数据的价值蕴含于语义信息之中，具有隐含性。数据价值实现的依附性包含两个方面。

一方面，数据价值实现的依附性是指数据作为生产要素，其价值的实现，有赖于其他生产要素。通常所说，数据能使企业“降本增效”，或降低风险，或改善客户关系等，就是因为数据包含一定的语义信息，能减少某种不确定性。

例如，一家产品研发企业利用用户反馈或市场收集的数据，可以加快新产品的研发周期，从而降低或节省产品的研发成本。其中相较于以往的研发成本，节省的成本中，包含了使用数据产生的价值。再如，一家电商可以通过对市场数据和用户数据的挖掘分析，了解用户的消费趋势，增加单位时间内产品销售数量，从而增加收益。因此，一家企业使用数据（数据资产）之后，增加了经济效益，其中收益增加的部分，包含了使用数据或数据资产产生的价值。

但是，在理解和认识数据价值的依附性时，要注意区别那些直接将数据作为产品的企业。数据价值的依附性并不包含将数据自身作为产品销售的数据。例如，将数据加工整合后形成数据库，或形成某种数据服务，例如应用程序编程接口（API），进行销售。这类以“数据产品”为营销活动，获得的收益就是数据产品直接创造的。例如，对于各类数据库经销商或数据服务商，数据能够给企业带来直接的经济价值，这实际上是对数据加工处理后增加的价值。因为，这些数据库商或数据服务商，并不是数据的真正使用者或用户。因而，数据所包含的价值并没有真正发挥。数据的价值是购买数据库或数据服务的用户在生产经营或科学研究活动中使用数据之后，才真正实现的。客观上，数据库经销商和数据库使用者，是数据库所包含数据的生命周期中不同阶段的利益主体。

另一方面，数据价值实现的依附性是指，由于数据价值的隐含性，数据价值的实现，通常需要借助于一定的信息技术对其进行挖掘、统计和分析之后才能用于决策和经营活动。当前，这些信息技术表现为一定的算法和算力。因而，数据价值的实现依赖于一定的算法和算力。

需要说明的是，数据的依附性与数据价值实现的依附性是不同的。数据的依附性，一方面是指，数据的存储需要依附于一定的载体，如磁介质、光介质等。另一方面，数据记录信息内容，需要借助于一定的符号体系，例如语言文字等。

1.1.2.5 数据可以整合或聚合形成新数据。

数据作为新兴的生产要素。不同于其他生产要素的一个突出特点是，一种数据可以与其他数据（一种或多种）进行整合加工形成一种新的数据。数据整合是将来自不同数据源的数据收集、整理、清洗、转换后加载到一个新的数据源中，为企业提供统一数据视图的数据集成方式。例如，零售业的库存与销售数据整合。在零售业中，商家通常需要在网上和实体店同时经营，这会产生大量的销售数据和库存数据。这些数据可能分布在不同的系统或数据库中，如销售系统、库存管理系统、财务系统等。为了更好地追踪业绩、管理库存、优化供应链和提高运营效率，商家需要对这些数据进行整合，从而产生新的数据。

1.1.3 数据、信息与知识的关系

数据、信息与知识之间存在密不可分的关系。许多时候，人们将数据和信息混

为一谈。简单来说，数据是信息的来源、基础，信息是数据的语义内容。人们通常认为，通过对数据的分析获得信息，对信息的处理和分析获得知识。但当前通过对数据的挖掘和分析，也可以直接获得知识。这类直接从数据中获得的知识，被称为暗知识。❶ 随着人工智能技术的不断发展，暗知识在医疗、新药开发、金融等领域的应用日益广泛。例如，在医疗领域，机器学习算法可以通过分析大量的医疗数据来发现疾病与症状之间的隐藏关系，从而为医生提供更为准确的诊断和治疗建议。总的来说，暗知识作为一种难以言传但极具价值的知识形式，正在逐渐改变人们对世界的认知方式，并推动各领域的创新发展。目前，从形式上看，数据、信息和知识的边界越来越模糊了。概括地说，数据、信息和知识三者之间具有如下关系，这些关系不是静止的，而是发展变化的。

（1）数据是客观事物及其属性的记录，是信息的具体表现形式或载体。数据经过加工处理之后，能够产生信息；信息经过数字化可以转变成数据。数据和信息在人们认识现实世界、改造现实世界的过程中不断地实现相互转换。文字、声音、符号、图像、数字等都可以作为形成数据的符号，用于传播信息。客观上，数据和信息是密不可分的，不存在没有信息内容的数据，也不存在不需要数据（符号）承载的信息。

（2）信息是知识的原材料。信息的收集、整理和传播是构建知识的基础。对信息的处理和理解需要知识，包括分类、关联、解释和评价等。同时，知识与信息之间也存在互动关系。随着科技的进步和社会的演变，新的信息源不断出现，也带来新的知识。同时，人们对信息的理解和处理能力也在不断变化和提高，这反过来又影响人们对知识的获取和使用。

（3）数据中蕴含大量的暗知识。❷ 由传统的数据—信息—知识—智慧（DIKW）模型可知，知识来源于人们对信息的加工和分析。事实上，现在生产经营中越来越多的“知识”来自机器对数据的挖掘和分析。而且，暗知识的生产速度快，数量大。但对数据的挖掘和分析需要人们的显性知识和隐性知识。

综上所述，数据、信息与知识在信息管理、人工智能、社会学、心理学等多个

---

❶ 暗知识指的是那些通过机器学习等方式被机器所掌握，但人类尚未完全理解或表达的知识。这类知识虽然对于人类来说难以直接感受或表达，但机器却能够理解和运用。暗知识的存在不仅丰富了知识的维度，还大大扩展了人类的认知边界。在组织管理、教育、科学研究等领域，暗知识都展现了重要的应用价值。例如，在组织管理中，通过分享和传递员工的暗知识，可以提高组织的创新能力和竞争优势；在教育领域，通过启发式教学方法，可以帮助学生挖掘和发展潜在的暗知识，提高其实践能力和创新能力。因此，尽管暗知识对人类来说可能难以捉摸，但人类对其的研究和应用具有非常重要的意义。

❷ 暗知识的概念最早由匈牙利裔哲学家兼科学家迈克尔·波兰尼（Michael Polanyi）在20世纪50年代提出。暗知识是一种难以用语言或文字表述的知识，通常是通过实践、经验和直觉来积累的。它与显性知识相对，显性知识是可以用语言或文字清晰表达和传播的知识。

领域中都有着广泛的应用和体现。它们相互关联、相互影响，共同构成了人们认识和理解世界的基础。

1.2 数据要素

2019年，党的十九届四中全会首次将数据与劳动、资本、土地、知识、技术和管理并列作为重要的生产要素。❶ 我国是国际上率先提出将数据作为一种生产要素的国家，这是一项基于经济运行规律和企业实践的重大理论创新。数据作为生产要素，价值巨大。在商业领域，企业可以通过数据分析了解市场需求、优化产品设计、精准营销，从而提高竞争力和营利能力。在政府管理中，数据要素可以帮助政府更好地了解社会状况、制定政策、提高公共服务质量。在科学研究领域，大量的数据能够支持更深入的研究和创新，推动科技进步。

1.2.1 数据要素的含义

在经济学中，生产要素（Production Factor）是指包括人、物及其结合因素在内的，社会生产经营活动所需要的各种社会资源，是维系国民经济运行及市场主体生产经营必须具备的基本因素。数据要素本质上是指通过数字化记录、收集、分析和应用的数据信息。这些数据可以是各种类型，如数字、文字、图像、音频、视频等，涵盖了人们生活的方方面面。

数据要素是指参与到社会生产经营活动中，为所有者或使用者带来经济效益的数据资源。数据作为新型生产要素，是数字化、网络化、智能化的基础，已快速融入生产、分配、流通、消费和社会服务管理等各环节，深刻改变着生产方式、生活方式和社会治理方式。数据要素的价值在于其能够被深度挖掘和利用，从而产生经济效益和社会效益。

数据要素全称是数据生产要素。简单地说，就是将数据作为生产要素。其中有两方面的含义：一是数据作为生产要素参与企业生产经营活动并发挥重要作用，二是这部分数据应该满足经济学中生产要素的判断标准。简而言之，数据要素与其他生产要素结合时能够帮助企业“降本增效”，能为企业带来效益或创造价值。数据作为生产要素，反映了随着数字化转型加速发展，数据对提高生产效率起到乘数级的凸显作用，是具有时代特征的新型生产要素。

---

❶ 中共中央关于坚持和完善中国特色社会主义制度 推进国家治理体系和治理能力现代化若干重大问题的决定［EB/OL］.［2024-04-18］. https://www.gov.cn/zhengce/2019-11/05/content_5449023.htm?eqid=82d2cc60000e6af20000000664842f79.

1.2.2 数据要素的特点

数据要素是说将数据作为生产要素，因而其本质还是数据。由于数据自身的特征，数据要素在生产经济中也存在巨大的挑战，例如数据安全、隐私保护、数据垄断等问题。因而，需要加强数据治理，建立健全数据法规和制度，保障数据要素的安全和合法使用。同时，也需要推动技术创新，提高数据加工与处理、整合与融合、挖掘与分析、应用与运营等能力，确保数据要素价值的发挥。概括地说，数据要素具有以下特点（这些特点也是数据的特点）。

（1）非消耗性。数据要素本质上就是数据，非消耗性实际上就是数据的可复制性，数据可以不限次数地使用和重复利用，因而数据要素不像传统的生产要素那样会被消耗掉。

（2）可共享性。数据能够在不同的主体之间快速传递和共享，大大提高了数据要素的利用效率和价值。数据越是被分享，其价值越大；数据的差异性越大，其价值也越大；数据跨越的行业、区域或国界越广泛，其价值就更为明显。因此，实施数据开放共享，优化治理基础数据库，不断完善数据权属界定、开放共享、交易流通等标准和措施，促使数据资产重复使用、多人共同使用、永久使用，加快推动各区域、部门间数据共享交换，显得十分必要。

（3）规模效应。随着数据量的不断增加，数据要素的价值也会呈指数级增长。数据要素作为数字经济时代的关键资源，其重要性不言而喻。人们应当充分认识到数据要素的价值和潜力，积极拥抱数字经济，加强数据管理和应用，以实现更高效、更智能、更可持续的发展。只有这样，才能在数字时代的浪潮中紧跟步伐，抓住机遇，创造更加美好的未来。

1.2.3 数据要素与其他生产要素的比较

数据作为生产要素，在社会组织、个人或计算机等各类主体之间有序流动，实现与其他生产要素的有机融合，提高决策的科学性或生产效率。数据要素通过对内服务与共享，或对外流通与交易，实现价值变现，为相关主体（生产者、拥有者或控制者、加工者和服务者等）创造更高的价值与收益。概括地说，可以从数据要素的价值形成、参与经济的方式、资源化的过程、表现形态等方面看数据要素与其他生产要素的异同。

第一，从数据要素的价值形成来看，与传统的土地、资本等生产要素不同，数据要素不是以实物形式参与生产活动来创造价值，与技术类似，数据要素是以实物形式来提升其他要素的配置效率而间接创造价值。

第二，从数据要素参与经济运行的方式看，主要是通过计算方式在具体场景中帮助企业降低风险或者提高产出。企业通过对获得的数据进行创新性劳动或者实质性加工处理，形成可以开发利用的数据资源，最终依据使用目的或用户需求，形成具有一定使用价值的数据产品，对外提供服务或者支持企业内部的使用场景。

第三，从资源化的过程来看，数据要素与其他要素也不一样，表现出复杂度高，原始积累、后期归集与治理等环节烦琐细致的特点，并且数据治理环节一般都有较强的技术和专业壁垒。从企业数据产品化的角度来看，数据要素的供需主体多元性高，参与主体包括各行各业的企事业单位、政府部门以及各类数据服务商，需要各方共同完成数据要素的产品化。

第四，从数据要素的表现形态看，数据要素作为流通标的物时，形态多样性更高、重塑性更强，可以基于不同应用场景和交付要求呈现出不同形态。

1.2.4　数据要素化与市场配置

我国是最早探索数据要素化的国家之一。数据要素是一个名词，数据要素化是一个动词。所谓“要素化”，指的是使其对象成为生产要素。数据要素化就是指将数据作为一种生产要素，通过一系列的流程和方法，转化为具有价值的数据资产，并通过市场交易实现价值的过程。数据要素化是数字经济发展的必然要求，能够提高数据的利用效率，促进数据价值的实现，推动数字经济发展。

数据要素化也可以理解为将数据变成一种新型生产要素，使其满足生产要素的判断条件，成为驱动企业生产经营活动的一种重要输入。数据要素化一方面表达了国家对数据作为战略性资源的重视程度，另一方面体现了我国要将数据按照生产要素的运作方式来运营的决心和态度。数据要素化是一个从量变到质变的过程，从数据的积累到实现数据要素化，对产业侧到行业侧的改变是突飞猛进的。

数据要素化可以分为三个阶段：数据资源化、数据产品化、数据资产化。数据要素化的关键环节包括数据采集、数据清洗、数据建模、数据分析、数据应用、数据确权、数据定价、数据交易。数据要素化面临着数据安全、数据隐私、数据治理等挑战。企业应积极推进数据要素化工作，通过完善数据治理体系、加强数据安全保护、保障数据隐私，提升数据利用效率，促进数字经济发展。

一般来说，市场配置生产要素是市场经济的本质特征，数据作为生产要素只有通过市场来配置才能够真正地让数据要素流通起来，更好地释放数据要素的价值，创造更大的经济效益。数据要素市场化配置是指数据要素供需通过市场交易和流通的方式来实现，数据要素价格在价值决定基础上通过市场化的方式来发现。数据要素化配置的理论框架包含多个维度，比如数据要素、市场主体、流通载体、制度机制等。在数据基础制度的框架之下，根据“数据二十条”的要求，我国推进数据要素市场建设的目标是构建全国统一的数据要素市场，完善市场建设和健康运行。这一目标将以数据要素流通国家标准体系作为基础，以国家层面政策和法律、地方性法规规章和其他规范管理的制度体系作为保障，构建数据要素市场制度和标准体系。

1.3 数据资源

数据资源是形成数据资产的主要来源和基础。在数字经济快速发展的今天，数据资产化或数据资源资产化正在成为组织关注的重要问题。但并非所有的数据都是数据资源，也并非所有的数据资源都能成为数据资产。

1.3.1 数据资源的含义

原始数据通常存在质量不高、价值稀疏，难以直接开发利用等问题，因而需要对其进行初步加工处理，使其成为可以开发利用的资源。因而，通常人们认为，数据资源（Data Resources）是指经由加工后能够在现时或未来带来经济价值的数据。准确地说，数据资源具有潜在价值。而且，不仅是经济价值，一些数据资源，还具有很大的社会价值，但并非一定进行销售和变现，且不能产生经济价值。

数据资源是指可供利用并带来效益的所有信息记录的总称，也是一种社会资源。《全国统一数据资产登记体系建设白皮书》提到，当原始数据积累到一定规模，并经过必要的加工清洗和独立存储，具备潜在的使用价值时，就形成了数据资源。实际上，这也是判断原始数据属于数据资源的重要条件，即是否具有一定的规模或数量，是否属于相对独立的数据集，是否具有潜在的使用价值。

在数据资源这一称谓之前，人们通常将以电子形式存在的，以及互联网上的各类信息资源称为“数字资源”。数字资源是指将计算机技术、通信技术及多媒体技术相互融合而形成的以数字形式发布、存取、利用的信息资源总和。它包括商业化的数据库、机构或个人建立的数据库以及各种网络免费资源等。常见的数字资源类型有数据库、电子期刊、电子图书、网页和多媒体资料等。实际上，数据资源和数字资源本质上是一样的。数字资源这种称谓也是与传统的以书、报资料等印刷性文献的一种区别，更侧重于记录信息的符号系统的变化。现在的数据资源称谓更加注重于“数据”本身，突出数据作为新兴生产要素的价值。

1.3.2 数据资源的特征

数据资源作为一类重要的社会资源既具有数据的特征，又具有数据集合的规模性和资源的可开发与可用性等多重特征。以下是一些主要的数据资源特征。

(1) 多样性。数据资源的格式或表现形式多种多样，包括文本、图像、音频、视频等。这种多样性使得数据资源能够适用于各种不同的场景和需求，从而发挥出其最大的价值。当今，互联网上的数据通常是多模态的，是文本、图像等的聚合体。

(2) 规模性。数据资源的规模巨大，随着物联网、社交媒体和移动设备的普及，数据的产生速度越来越快，规模也越来越大。这种庞大的数据量使得数据资源具有极高的价值，但同时也对数据存储、处理和分析技术提出了更高的要求。

(3) 动态性。数据资源是实时更新的，例如股票价格、天气数据、交通数据等都是实时变化的。这种动态性使得数据资源能够反映最新的情况，为决策提供及时、准确的信息支持。

(4) 价值性。尽管数据量大且类型繁多，但并非所有数据都具有高价值。数据资源的价值在于其能够揭示隐藏在数据背后的规律和趋势，为决策提供有力支持。通过数据挖掘和分析，可以发现数据中的价值，并将其转化为实际的业务成果。

(5) 共享性。随着云计算和大数据技术的不断发展，数据资源的共享和开放也变得越来越普遍。这种共享性使得数据资源能够更广泛地应用于各个领域，促进数据的应用和价值发挥。

此外，数据资源还具有一些其他特征，例如非消耗性、可复制性、非均质性等。这些特征共同构成了数据资源的复杂性和多样性，使得数据资源在现代社会中具有不可替代的地位。

1.3.3 数据资源成为数据资产的条件

1.3.3.1 前提属性

数据资源能够成为数据资产，首先需要具备以下必要的前提属性。

(1) 可独立辨识。数据资源应能够独立辨识，即在数据集中能够明确区分出该数据资源，并对其进行管理和利用。

(2) 权属明晰、可控性强。数据资源必须具有明确的权属，即数据的所有权和使用权应清晰界定，避免权属纠纷。同时，数据资产的所有者应具备对数据的控制权，包括修改、查看和使用等权限。这种权属要求和可控制性是数据资产价值实现的前提条件。❶

---

❶ 朱扬勇，叶雅珍. 从数据的属性看数据资产［J］. 大数据，2018，4（6）：65－76.

（3）价值创造。数据资源必须具有潜在或实际的经济价值，能够为企业带来直接或间接的经济利益，或预期能够为企业带来经济利益。数据资源的价值可以通过加工、整理、聚合和处理等多种方式实现。[1]

（4）可计量性。数据资产应能够进行货币计量，即其价值可以通过市场价格、行业标准等因素进行评估和交易。同时数据资产的获取和维护成本也能够被计量。

（5）合法获取。数据资源的获取应合法，符合相关法律法规的要求。合法获取的数据资源才能被确认为数据资产。

（6）可交易性。数据资产应具备可交易性，即可以通过市场流通和交易，实现其经济价值。

此外，部分数据资源具有动态积累[2]的特性，即通过持续的数据采集和更新，不断丰富和完善数据资源，使其价值不断提升。具有此种特性的数据资源也易成为数据资产。

1.3.3.2　程序步骤

除了满足上述特性要求，数据资源要转变为数据资产还需要经过一系列的业务、经济或法律程序，表现如下。

（1）数据治理和管理。有效的数据治理是将数据资源转化为数据资产的关键前提。这包括数据盘点、数据治理、数据确权等关键环节。同时，需要有结构化处理和与其他部门数据相结合的能力。

（2）数据的价值评估。数据资源的价值评估是确认其为资产的重要依据。可以通过成本法、收益法、市场法等方法进行评估。数据资产的价值不仅在于其本身，还在于其交换中体现的价值。

（3）数据的法律保护和权利配置。数据资源的法律保护和权利配置是确保其价值得以实现的重要条件。需要区分个人信息和数据资产，配置相应的权利。同时，数据生产理论也为数据权利配置提供了理论支撑。

（4）数据的会计处理和信息列报。企业财务会计系统对数据资源进行会计处理和信息列报也是确认其为资产的重要方面。需要设计与现有无形资产核算不同的会计处理，并构建数据资产信息列报模式。

综上所述，数据资源的特征使其成为一种宝贵的社会资源，对于推动社会进步和经济发展具有重要意义。同时，也需要关注数据资源的安全性和个人隐私保护问题，确保数据资源的合法、合规使用。

---

[1] 孙永尧，杨家钰．数据资产会计问题研究［J］．会计之友，2022，（16）：153－160.

[2] 侯彦英．数据资产会计确认与要素市场化配置［J］．会计之友，2021，（17）：2－8.

1.4 数据资产

数据资产缘起于数据，主要是指借助于科技信息技术的发展，以及业务场景的应用，实现数据的资产化。其实，早在20世纪，一些专家就认为，数据是有独特属性的资产。[1] 相比金融货币和其他实物资产，数据资产最明显的特点就是，在使用过程中不会被消耗。数据资产化过程中涉及多场景主体和跨学科开发应用。但由于学界和业界相关人士所处学科领域不同，对数据资产概念界定的侧重点有所差异，故当前数据资产尚未有统一定义。数据资产是数据资产评估和数据资产入表等活动的核心概念。从字面看，数据资产也是数据资产评估或入表活动的客体。因而，对数据资产界定十分重要。

1.4.1 数据资产的含义

1974年，理查德·彼得松（Richard E. Peterson）提到“数据资产”一词，认为数据资产包括持有的政府债券、公司债券和实物债券等。随着时间的推移，人们对数据资产的认识在不断深入，其内涵和范围也在不断扩展。1997年，尤谷尔·阿尔甘（Ugur Algan）在《勘探生产数据库分析——实用创建技术》（*Anatomy of An E&P Data Bank*: *Practical Construction Techniques*）中提到数据资产，认为公司的市场价值和竞争定位直接关系到其数据资产的数量、质量、完整性以及由此产生的可用性，并指出创建E&P数据库是利用好数据资产的第一步。2009年，托尼·费希尔（Tony Fisher）在《数据资产》中指出“数据是一种资产，企业要把数据作为企业资产来对待”。2009年，国际数据管理协会（Data Management Association International，DAMA）在《DAMA数据管理知识体系指南》（*The DAMA Guide to the Data Management Body of Knowledge*）中指出，在信息时代，数据被认为是一项重要的企业资产，每家企业都需要对其进行有效管理。2011年，世界经济论坛（World Economic Forum，WEF）发布的《个人数据：一种新资产类别出现》（*Personal Data*: *The Emergence of A New Asset Class*）报告中指出，个人数据正成为一种新的经济资产类别。2013年，《美国陆军信息技术应用指南》（*Army Information Technology Implementation Instructions*）中将数据资产定义为任何由数据组成的实体以及由应用程序提供的读取数据的服务；数据资产可以是系统或应用程序输出的文件、数据库、文档或网页等，也可以是从数据库返回单个记录的服务和返回特定查询数据的网站；

[1] DAMA国际. DAMA数据管理知识体系指南［M］. DAMA中国分会翻译组，译. 北京：机械工业出版社，2021：4.

人、系统或应用程序可以创建数据资产。❶

2018 年 4 月，中国信息通信研究院云计算与大数据研究所发布的《数据资产管理实践白皮书（2.0 版）》中将数据资产定义为“由企业拥有或者控制的，能够为企业带来未来经济利益的，以物理或电子的方式记录的数据资源，如文件资料、电子数据等”。❷ 2018 年发布的《信息技术服务 治理 第 5 部分：数据治理规范》（GB/T 34960.5—2018）中，数据资产的定义是组织拥有和控制的、能够产生效益的数据资源。❸ 2019 年正式生效的美国开放政府数据法案中将数据资产释义为可以组合在一起的数据元素或数据集的集合。

计算机科学技术领域学者认为，数据资产是指可以格式化为“0”和“1”的二进制源代码，并对其拥有所有权或使用权的资源。❹ 理论经济学则从劳动价值理论出发分析数据资产，认为数据资产是可复用的通用性资产，并且对实物生产资料具有功能替代性和数量倍增性。❺ 会计学及相关应用经济领域则更加突出数据的社会属性，将数据资产的定义为“由主体拥有或者控制的，未来能够为该主体带来直接和间接经济利益的，以物理或电子等媒介介质记录的数据资源”。❻ 很显然，会计学领域对数据资产的定义，强调拥有或控制、未来具有经济利益，并且该经济利益能够可靠计量。

国家标准《信息技术服务 数据资产 管理要求》（GB/T 40685—2021）❼ 将数据资产定义为合法拥有或者控制的，能进行计量的，为组织带来经济和社会价值的数据资源。

2024 年 7 月 3 日，由我国主导，联合多国共同制定的数据资产领域国际标准《资产管理 数据资产管理指南》（ISO 55013：2024，*Asset Management—Guidance on the Management of Data Assets*）由国际标准化组织（ISO）正式发布。该标准将数据资产定义为具有资产属性的数据。❽ 同时指出：数据资产可以按照资产管理体系认

---

❶ 阿里云．数据资产［EB/OL］．［2024－05－10］．https：//developer. aliyun. com/ebook/download/7462.

❷ 中国信息通信研究院云计算与大数据研究所．数据资产管理实践白皮书（2.0 版）［EB/OL］．［2024－02－17］．https：//itc. zcmu. edu. cn/__local/B/80/F2/AFEDF36ACA4F4983DCA7F4E2166_B3E1690C_2B6FDB. pdf.

❸ 全国信息技术标准化技术委员会．信息技术服务 治理 第 5 部分：数据治理规范：GB/T 34960.5—2018［S］．北京：中国标准出版社，2018.

❹ MCAFEE A，BRYNJOLFSSON E. Big data：the management revolution［J］．Havard Business Review，2012，90（10）：60－68.

❺ 叶秀敏，姜奇平．生产要素供给新方式：数据资产有偿共享机理研究［J］．财经问题研究，2021（12）：29－38.

❻ 徐全华．试论数字资产的会计确认、计量与报告［J］．广西经济管理干部学院学报，2002（3）：66－68.

❼ 全国信息技术标准化技术委员会．信息技术服务 数据资产 管理要求：GB/T 40685—2021［S］．北京：中国标准出版社，2021.

❽ 国际标准化组织．Asset management—Guidance on the management of data assets（ISO 55013：2024）［EB/OL］．［2024－07－01］．https：//www. iso. org/standard/82455. html.

证（ISO 55001）作为资产进行管理；资产数据可以是多个数据资产的一部分。

Asset Data

data that lists and describes an asset

Note 1 to entry：Asset data can exist in a number of formats such as structured data，documented information，sensor data，etc. requiring different approaches to their management.

Note 2 to entry：Data supporting asset management decision－making can be considered as asset data.

可见，关于数据资产的定义在各领域有所差异，但在会计学及相关应用经济领域中，数据符合资产的确认条件已得到多数学者认可，也有学者进行初步尝试从多学科、跨领域融合视角来确定数据资产概念，这是对具体领域的有益补充与拓展。

《资产评估专家指引第9号——数据资产评估》第2条规定，数据资产是由特定主体合法拥有或者控制，能持续发挥作用并且能带来直接或间接经济利益的数据资源。[1] 中国资产评估协会发布的《数据资产评估指导意见》第2条规定，数据资产，是指特定主体合法拥有或者控制的，能进行货币计量的，且能带来直接或间接经济利益的数据资源。[2]

从中国资产评估协会对数据资产的定义看，数据资产本质是数据资源。实际上，数据资源和数据资产二者是一致的。一方面，数据资源强调的是潜在价值，而数据资产突出的是显性价值；另一方面，数据资源的称谓更符合数据科学或数据管理学科的术语体系，而数据资产更符合会计学的术语体系。其实，这二者是在不同语境下的不同称谓，本质是一致的。

1.4.2 数据资产的表现形态

数据资产的表现形态，可以从物理形态、存在形态和信息形态三方面来探讨。[3] 数据资产的物理形态属性主要体现在数据的物理表现和存储方式上，存在形态关注数据的生命周期和安全性等属性，而信息形态则强调数据的知识价值和信息特征。

1.4.2.1 物理形态

数据资产的物理形态主要涉及数据的物理表现形式和存储方式。随着数字化技术的发展，数据资产的物理表现形式已经从传统的纸质文档转变为电子数据，这些

---

❶ 中国资产评估协会. 资产评估专家指引第9号——数据资产评估［EB/OL］.［2024－04－10］. http：//www.cas.org.cn/docs/2020－01/20200109165641186518.pdf.

❷ 中国资产评估协会. 数据资产评估指导意见［EB/OL］.［2024－04－10］. http：//www.cas.org.cn/docs//2023－09/cbe6a2ff87c64107b8a370b8020d675f.pdf.

❸ 叶雅珍，刘国华，朱扬勇. 数据资产相关概念综述［J］. 计算机科学，2019，46（11）：20－24.

数据存储在各种形式的介质中，如硬盘、云存储等。此外，数据资产的物理形态也体现在数据可视化上，通过物理化手段，如触摸屏、实体模型等，数据可以以更直观的方式呈现给用户。

常见的数据资产物理存储形态主要包括以下几种。

（1）结构化数据。指以表格形式存储的数据，例如数据库中的表格数据、电子表格中的数据等。这些数据通常有明确的列和行，便于计算机处理和分析。

（2）非结构化数据。包括文本、图像、语音和视频等数据，这些数据没有预定义的格式，需要通过特定的工具和算法进行处理和分析。

（3）半结构化数据。介于结构化数据和非结构化数据之间，例如 XML 文件、JSON 文件等，这些数据有一定的格式，但不如结构化数据严格。

（4）标签数据。这是指通过特定的标签或元数据对数据进行分类和标记的数据，便于数据的管理和检索。

（5）API 服务。通过 API 提供的数据服务，允许其他应用程序访问和使用数据。

（6）物理资产。虽然数据资产通常被视为无形资产，但某些情况下，数据资产也可以以物理形式存在，例如存储在硬盘、光盘等介质上的数据。

（7）其他电子数据。指以电子形式记录的数据，例如数据库中的数据、电子邮件、网页内容，以及通过网络爬虫技术获取的网页内容、链接信息等。

（8）视频数据。包括视频文件、视频流等，这些数据通常用于视频监控、视频分析等领域。

（9）语音数据。包括语音文件、语音识别结果等，这些数据通常用于语音识别、语音合成等领域。

（10）图形图像数据。包括图片、图像文件等，这些数据通常用于图像处理、计算机视觉等领域。

1.4.2.2 存在形态

数据资产的存在形态涉及数据的生命周期、可访问性和安全性等方面。数据资产的存在形态强调数据的持续性和可访问性，确保数据在需要时可以被有效利用。例如，政务数据资产化管理中提到的数据权属原则和综合性数据定价方法，都是为了确保数据资产的有效管理和利用。同时，数据资产的存在形态还包括数据的可访问性和安全性，这关系到数据资产能否被合法使用以及如何保护数据不被非法访问或泄露。

数据资产的存在形态具有以下特点。

（1）生命周期管理。数据资产的存在形态关注其从产生、存储、处理、分析到最终销毁的整个生命周期。有效的生命周期管理确保数据资产在整个存在期间保持其价值和安全性，同时也涉及数据的维护和更新，以确保数据的时效性和准确性。

（2）安全性。数据资产的安全性是其存在形态的核心，包括数据的保密性、完整性和可用性。这要求采取适当的技术和管理措施来保护数据不被未授权访问、泄露、篡改或破坏。

（3）权利分置与赋能增值。数据资产的权利分置涉及数据资产的所有权、使用权、收益权等的分配。明确的权利分置有助于数据资产的合法流通和价值实现，同时也需要考虑如何通过赋能增值来提升数据资产的经济价值。

（4）分类分级管理。数据资产需要根据其敏感性、重要性等特征进行分类分级管理，以便于采取不同级别的保护措施和合规要求。

（5）合规性。数据资产的存在形态还包括其合规性，即数据资产的收集、处理、使用和流通必须符合相关法律法规的要求，例如数据保护法、隐私法等。

（6）风险管理。数据资产的风险管理涉及识别、评估和控制数据资产在生命周期中可能面临的各种风险，包括技术风险、操作风险、法律风险等。

（7）价值评估。数据资产的价值评估是其存在形态的重要组成部分，它涉及如何量化数据资产的经济价值，以及如何通过市场机制或专业评估来确定数据资产的价值。

（8）收益分配。数据资产的收益分配机制确保了数据资产创造的价值能够在相关利益方之间公平合理地分配，这通常需要考虑数据资产的投入、使用、创新和风险承担等因素。

（9）销毁与处置。数据资产的销毁与处置是其生命周期的最后阶段，需要确保数据资产不再具有价值或需要销毁时，能够安全、合规地进行处理。

（10）法律属性。数据资产的法律属性包括授权主体信息、产权持有人信息，以及权利路径、权利类型、权利范围、权利期限、权利限制等权利信息，这些都是数据资产存在形态的重要组成部分。

（11）其他特征。数据资产还具有非实体性、依托性、可共享性、可加工性和价值易变性等特征，这些特征与上述具体特征共同构成了数据资产的存在形态。

总的来说，数据资产的存在形态是一个全面的概念，它不仅关注数据资产的物理和技术层面，也关注数据资产的法律、经济和社会层面。有效的数据资产管理需要综合考虑这些属性，以确保数据资产的价值得到最大化的实现和保护。

1.4.2.3　信息形态

数据资产的信息形态涉及数据的知识性、可连续性、聚变效应等信息特征。信息形态强调数据作为知识载体的价值，以及数据之间的关联性和可扩展性。例如，信息理论的研究表明，通过适当的编码和传输方式，可以在不降低数据率的情况下减少传输错误，这体现了信息形态中的可连续性和可扩散性。

（1）知识性。数据资产蕴含的知识性是其价值的重要体现。通过数据的分析和挖掘，可以提取出有价值的信息和知识，支持决策制定和策略规划。数据的知识性体现在其能够转化为实际应用中的洞见和智慧。

（2）可连续性。数据资产的可连续性指的是数据的连续收集、处理和分析的能力。这种连续性保证了数据流的稳定性和可靠性，使得数据资产能够在时间序列上提供持续的价值。

（3）聚变效应。数据资产的聚变效应指的是多个数据集合并时能够产生新的、更大的价值。这种效应类似于物理学中的核聚变，不同的数据集合在一起可以创造出新的应用场景和商业价值。

（4）关联性。数据资产之间的关联性是指不同数据集之间的内在联系。通过关联分析，可以发现数据之间的潜在关系，这对于理解复杂现象和构建全面的数据分析模型至关重要。

（5）可扩展性。数据资产的可扩展性指的是数据资产能够随着业务需求的变化而扩展。这种特性使得数据资产能够适应不断变化的市场和技术环境，保持其长期价值。

（6）数据编码和传输。在信息理论的研究中，通过适当的编码和传输方式，可以在不降低数据率的情况下减少传输错误。这体现了数据资产在信息形态中的可连续性和可扩散性。

（7）数据交易方案。基于区块链与可信计算的数据交易方案是数据资产信息形态应用的一个实例。该方案利用区块链记录数据信息、交易信息及数据使用记录，通过可信计算与加密算法保证交易数据传输的安全，实现了数据资产确权和数据溯源。

数据资产的信息形态是多维度的，它不仅关注数据的技术特性，还关注数据的法律、经济和社会价值。有效的数据资产管理需要综合考虑这些信息属性，以确保数据资产的价值得到最大化的实现和保护。

1.4.3 数据资产的类型

数据资产类型多种多样。例如业务数据、运营数据、用户数据、科研数据、地理空间数据等。基于不同的视角，数据资产可以有不同的分类。①从数据来源看，数据来源包括政府、企业和个人等主体，形成了身份数据以及其日常行为记录数据等。②从数据使用者的角度看，有自用或对外提供交易或服务。政府、企业和个人都是数据使用主体。例如，企业利用数据进行分析、决策，广告商利用用户访问数据，对用户进行画像，形成广告精准推送。政府通过数据资产精准招商，企业通过数据资产精准获利，新闻媒体通过数据资产精准快速提供信息报道等。③依据资产属性，数据资产分为无形资产和存货。④依据数据资产产品的表现形式，通常又分为数据集、数据应用和数据服务。

数据资产具有多样性，包括表现形态的多样性、数据来源的多样性以及使用主体的多样性。数据资产表现形态的多样性是指数据资产所呈现出的多种不同的形式和特征。它涵盖了诸如结构化数据（规整的数据库表格）、半结构化数据（具有一定层次和标记的 XML 格式或 JSON 格式）、非结构化数据（自由格式的文本、复杂的图像、音频与视频等）。还包括实时产生的动态数据，能够反映当下的状态和变化，以及积累保存的历史数据，为分析长期趋势和规律提供依据。同时，数据资产的多样性也体现在其来源的不同，有内部产生的业务数据，也有从外部获取的第三方数据。概括地说，这种多样性反映了数据在不同场景、不同时间、不同来源和不同格式下的丰富性和复杂性，也为数据的管理、分析和利用带来了挑战与机遇。

数据资产作为一种新兴资产和新的管理对象，如何对其分类，值得深入探究。一是，目前许多人，仅仅依据数据的特征对数据资产或数据资源进行分类，这并不科学。数据既不等同于数据资源，也不等同于数据资产。数据资产属于一类资产，本质上具有资产的属性或特征。二是，财政部发布的《企业数据资源相关会计处理暂行规定》中将数据资产分为无形资产类数据资产和存货类数据资产。三是，从数据资产相关实践看，例如，数据交易所的数据资产登记，依据数据产品对数据资产进行分类，将其分为数据集、数据服务和数据应用 3 类数据资产。也许，这些方法都不能完全涵盖数据资产的类型。事实上，无形资产和存货都不能完全涵盖数据资产的属性。但是，这种基于资产属性的分类方法是数据资产分类的基础。四是，在“数据二十条”中，依据数据权属关系将其分为公共数据、企业数据和个人数据。那么能否将数据资产也按照权属关系进行分类呢?

1.4.4 数据资产的特征

从上面数据资产的定义分析可知，数据资产的特征，实际上包括两个方面，一是数据资源的本身特征；二是从会计学看，数据资产的价值特征。在执行数据资产评估业务时，应当知晓数据资产具有可加工性、可共享性、非实体性、依托性、价值易变性等特征。[1]

第一，从数据科学视角看，数据资产本质上由数据资源加工开发而来，具有可

[1] 中国资产评估协会．数据资产评估指导意见［EB/OL］．［2024－04－10］．http：//www. cas. org. cn/docs//2023－09/cbe6a2ff 87c64107b8a370b8020d675f. pdf.

共享性和可加工性。

（1）数据资产的可共享性。数据资产的这个特征，本质上是由数据特征决定的。这也是数据资产的可复制性。一个数据资产可以被多个主体、应用、算法同时使用，导致其具有非排他性或非独占性或高度共享性。

（2）数据资产的可加工性。可加工性是指数据资源具有高度整合、聚合和融合等特性。数据资产具备高重塑性，数据产品之间的组合、整合与聚合，能够呈现新形态与新价值。这一特征表明，同一数据资源不仅在不同场景下可以开发加工成为不同的数据产品；而且不同来源的多个数据资源可以依据应用场景或用户需求进行整合和聚合，形成新的数据产品。因而，数据作为新兴资产和新型生产要素，具有高度可塑性。这也在一定程度上反映了数据资产价值的乘数效应。

第二，从会计学视角，数据资产具有非实体性、依托性、价值易变性。

（1）非实体性是指数据资产无实物形态，虽然需要依托实物载体，但决定数据资产价值的是数据本身。数据资产的非实体性也衍生出数据资产的无消耗性，即其不会因为使用而被磨损、消耗。

（2）依托性是指数据资产必须存储在一定的介质里，介质的种类包括磁盘、光盘等。同一数据资产可以同时存储于多种介质。

（3）价值易变性是指数据资产的价值易发生变化，其价值随应用场景、用户数量和使用频率等的变化而变化。同一数据产品，不同的使用主体，在不同应用场景下呈现多样化价值，这是数据资产的重要特征之一。

第三，从数据价值的实现看，数据资产的价值实现与应用场景具有密切的关系。一方面数据只有应用，其价值才能实现；另一方面数据价值的实现程度或使用价值的大小与应用场景密切相关。甚至可以说，没有应用场景的数据就没有价值。

1.4.5　数据资源和数据资产的区别与联系

1.4.5.1　数据资源与数据资产的差异

数据资源与数据资产的差异主要体现在以下几个方面。

（1）定义和属性。数据资源指的是在一定时间和空间内，能够被人类利用的各种数据的集合。这些数据可以是原始的，也可以是经过初步处理的，它们是信息的载体，具有伴生性和独立性，可以独立于伴生对象存在。[1] 数据资产则是指具有明确所有权归属和经济收益性的数据，它不仅包括数据资源，还包括通过数据加工、分析等增值处理后形成的有价值的数据。数据资产具有明确的产权归属，可以进行

[1] 魏鲁彬. 数据资源的产权分析［D］. 济南：山东大学，2018.

交易和定价。[1]

（2）价值和用途。数据资源的价值在于其信息内容，可以用于各种分析和决策支持，但其价值尚未被充分挖掘和利用。[2] 数据资产的价值不仅在于其信息内容，还包括通过数据加工、分析等增值处理后形成的附加价值。数据资产可以为企业带来直接的经济收益，是企业重要的无形资产。[3]

（3）管理和交易。数据资源的管理和交易相对简单，主要是关于数据的收集、存储和基本处理。[4] 数据资产的管理和交易则更为复杂，涉及数据的确权、定价、交易和保护等多个方面。数据资产需要通过专业的数据治理和管理来确保其价值的最大化。[5]

（4）法律和政策。数据资源的法律保护主要集中在隐私权和知识产权方面，其产权界定较为简单。[6] 数据资产的法律保护则更为复杂，不仅包括隐私权和知识产权，还涉及数据产权的界定、交易规则的制定等。[7]

根据 IASB（International Accounting Standards Board）概念框架定义，资产是因过去事项形成的、由主体控制的现有经济资源，而经济资源是有潜力产生经济利益的权利，其中“权利”是资产概念的核心内涵。有学者认为 IASB 新概念框架将资产定义为一种权利，将“经济利益很可能流入”变化为“有潜力产生经济利益”，为数据确认为一种资产提供理论上的重要依据。[8]

1.4.5.2 数据资源与数据资产之间的联系

数据资源和数据资产之间既存在区别，又紧密联系。事实上，数据资源和数据资产是同一客观事物（数据集），基于不同学科视角的不同称谓。也有学者认为，它们是数据不同阶段的一种表现形态。通常，对原始数据的初级加工形成数据资源，对数据资源的进一步开发，形成数据产品或数据服务，即数据资产。

首先，数据资源是指某一主体（政府、企业和个人等）在日常运营中积累或由目的地采集的原始数据记录，这些数据可以是结构化的，例如数据库中的表格，也可以是非结构化的，例如文本、图像和视频等。它们的价值在于可以被进一步处理

---

[1] 李静萍. 数据资产核算研究［J］. 统计研究，2020，37（11）：3－14.
[2] 陈道富. 从数据要素到数据资源［J］. 北方金融，2020（8）：3－7.
[3] 吕慧，赵冠月. 数据资产的价值评估与会计处理研究进展综述［J］. 财会通讯，2023（13）：24－30.
[4] 中共中央关于坚持和完善中国特色社会主义制度 推进国家治理体系和治理能力现代化若干重大问题的决定［EB/OL］.［2024－04－18］. https://www.gov.cn/zhengce/2019－11/05/content_5449023.htm? eqid＝82d2cc60000e6af20000000664842f79.
[5] 王叶. 数据资产的界定及价值评估问题研究［D］. 北京：首都经济贸易大学，2021.
[6] 中国电子技术标准化研究院. 数据资产评估指南［M］. 北京：中国工信出版集团，2022.
[7] 孙永尧，杨家钰. 数据资产会计问题研究［J］. 会计之友，2022（16）：153－160.
[8] 陆建桥. 新国际财务报告概念框架的主要内容及其对会计准则制定和会计审计实务发展的影响［J］. 中国注册会计师，2018（8）：9－17.

和分析，从而支持业务决策和运营活动等。

数据资产是从数据资源中提炼出的具有明确经济价值的部分，是能够为企业带来未来经济利益的数据资源。这意味着数据资产不仅包含原始数据，还包含通过分析这些数据得到的有价值的信息和洞察力。

其次，数据资源更侧重于数据的集合和原始状态，而数据资产则强调数据的潜在或实际的经济价值。不是所有的数据资源都能成为数据资产，只有那些经过有效管理、开发和分析，能够为企业带来经济利益的数据资源，才能转化为数据资产。

总的来说，数据资源是企业的基础性资源，而数据资产则是企业在数字化时代的重要财富，即一种重要的、能给企业带来价值的资产。通过对数据资源的合理管理和分析，企业可以将其转化为能够带来经济效益的数据资产，从而支持企业的长期发展和竞争力提升。

1.5 数据资产评估

随着企业数据资产化理论与实践的推进，数据要素交易与流通市场的数据资产应用场景也将越来越丰富，无论是银行增信、质押等非标准化服务，还是数据信托、数据保险等，都需要依赖于数据资产评估的结果。因而，数据资产评估的重要性日益凸显。

1.5.1 数据资产评估的含义

2023 年 9 月，中国资产评估协会正式印发了《数据资产评估指导意见》，以规范数据资产评估执业行为。《数据资产评估指导意见》第 3 条规定，数据资产评估，是指资产评估机构及其资产评估专业人员遵守法律、行政法规和资产评估准则，根据委托对评估基准日特定目的下的数据资产价值进行评定和估算，并出具资产评估报告的专业服务行为。简言之，数据资产评估就是在特定场景下对数据资源价值的分析、判断和预测。或者说，是对数据资产货币价值估算的过程。数据资产评估在数字经济高质量发展中发挥关键作用，它不仅能保障数据要素的高效流通，而且可以推动要素市场的优化配置。

1.5.2 数据资产评估对象

数据资产评估是一类评估活动，从概念看，评估对象无疑是“数据资产”，但由于数据资产表现形态的多样性，其评估对象并不是“数据资产”，而是“数据资源”或“数据产品”。事实上，我们可以将数据资源和数据产品理解为数据资产不同阶段的不同表现相态，数据资产是它们的统称。

2023年，财政部制定印发的《企业数据资源相关会计处理暂行规定》（财会〔2023〕11号）明确规定，数据资产入表活动中，其评估对象是数据资源，也就是说，通过对企业数据资源的合规和权属关系分析，将符合资产确认条件的那部分数据资源作为企业的数据资产，对其质量和价值进行评估的活动，然后将其“估值”记入资产盈亏负债表中。

数据是重要的资产。很显然，数据具有价值，可以为企业创造价值，但前提是，数据只有应用才能产生价值。企业的数据资产只有在生产经济和管理中应用，才能实现其价值。但是，数据在不同类型企业中的作用是不同的。对于数据驱动型企业和数据赋能型企业，它们通过对数据的开发加工，形成数据产品（通常是企业自用），也成为企业生产经营与管理不可或缺的组成部分。对于“数据要素类企业”，它们通常是为市场或用户提供某数据产品（某种对外的数据应用或服务）。因而，这些数据产品是企业数据资产的具体表现形态，也是数据资产评估的直接对象。

1.5.3　数据资产评估的特征

价值是一件产品的成本和从中获利的差额。对于一些资产而言，例如存货，计算价值就非常容易，即购买成本和销售价格之间的差额。但对于数据类的资产，无论是其成本，还是获利都没有统一的标准，计算其价值就会变得十分困难。由评估活动论可知，评估是一种价值判断活动。数据资产评估就是对数据资产的价值进行判断。数据资产自身的独特性，决定了数据资产评估具有不同于一般资产评估的特征，主要体现为以下三方面。

（1）复杂性。数据资产评估涉及多方面的内容，并非只是价值估算。数据资产评估需要分析其合规性和权属问题、数据质量和安全风险。另外，除了考虑数据资产自身的因素，还需要考虑市场因素和具体的应用场景等。因而，数据资产评估是一项复杂的系统性工作，需要综合考虑多方面的因素。

（2）相对性。数据资产种类众多，数据资产之间的可比性较差，其价值与其拥有者的使用目的和应用场景密切相关，评估时需要结合每项数据资产所处的具体场景确定其价值。客观地说，同一种数据资产，对于不同主体、不同应用场景，其价值不同。此外，数据资产价值除与应用场景有关外，还与宏观市场发展环境有较为密切的联系。所以，数据资产价值具有相对性，主体使用目的不同、应用场景不同、评估时间不同，其价值都会存在一定的差异。这就是数据资产评估的相对性。

（3）动态性。动态性不仅是指数据资产价值随时间的变化，还是指数据资产价值依赖于特定的“算法”——数据挖掘与分析的深度和精度。因此，随着数字技术的更新迭代、创新发展，同一数据资产被挖掘或开发出的价值会随之变化。于是，数据资产所能够带来的未来预期收益也会不断变化。此外，与数据资产有关的宏观经济环境和国家政策亦对数据资产的未来收益及收益期限造成影响。故在进行数据资产评估时，面对以上变化，应根据需要不断调整评估模型中的属性参数，而不是仅以评估周期为单位作出调整。

概括地说，概念术语是一个学科领域的基础，是人们建立对该学科领域认知体系的基础。本章从数据资产相关概念的定义与特征入手，论述了数据、数据要素、数据资源、数据资产、数据资产评估和数据资产入表等概念的内涵、特征等，以及有关概念之间的联系与区别。数据是这些概念的元概念。本章对数据的内涵进行了较为系统深入的分析，并论述了数据与信息和知识的关系等。数据资产是评估的对象，是核心概念，而且是新兴的资产类型，本章也作了较为系统的论述。数据资产评估既可以是名词，也可以是动词。当作为名词时，实际上是指数据资产评估活动本身。当作为动词时，实际上是指围绕数据资产开展的质量和价值测度活动。数据资产评估的目的就是要入表，因而本章最后论述了数据资产入表。“入表”同样既可以作为动词，也可以作为动名词。数据资产入表是一类活动，就是对数据资产评估结果（信息），按照会计原则记入组织的资产盈亏负债表中。客观地说，数字经济的发展、数据要素市场的建设、数据资产评估和“入表”活动的开展，产生了一组新的概念或术语。这些术语，有的是基于经济学、数据科学视角，有的是在会计学概念基础上进行了“融合”，这些概念的交叉演化，还会产生新的概念术语。所以，数据资产评估是一个新兴的多学科交叉的研究领域。

第2章

数据价值及其实现

数据价值问题，看似是简单的问题，实际上涉及认识论、价值论和实践论等多方面的问题。从当前的数据资产入表实践看，数据价值是开展数据资产评估或数据资产入表底层和基本的问题。其实，不仅如此。从理论上看，数据是否有价值，数据价值是如何形成的，数据价值形成的机制是什么，数据价值如何实现等都是有待厘清的重要问题。

数据资源和数据资产是基于不同视角对数据的称谓。它们本质上都是数据。数据资源主要强调其“资源”的可用性、可开发性，实质上是在突出数据资源的“潜在价值”。数据资产，依据最新的国际标准对其的定义，是指“具有资产属性的数据”。[1] 数据作为资产，更多的是强调其“价值”属性。因而，对数据资产价值的评估，需要从根本上理解数据的价值，以及数据价值的形成机理和实现方式。

数据为何有价值。这是一个十分基础的经典问题。有学者认为，数据价值本质上是其包含信息的价值。那么，数据为什么包含“信息”呢？作者认为，对数据价值的认识，可以从两方面理解。一方面可以从数据定义入手。数据都是特定主体基于特定目的生产出来的。显而易见，数据可以解决特定主体的“不确定性”，或者说，可以满足特定主体的需求，因而具有价值。另一方面可以结合马克思的劳动价值论理解。任何数据的产生，都凝结了特定主体的社会劳动，因而具有价值。

数据有价值，是资产，现在已经成为共识。但数据价值如何实现，这也是需要人们回答的一个重要问题。结合数据资产评估和“入表”场景，

---

[1] 国际标准化组织．Asset management—Guidance on the management of data assets（ISO 55013：2024）［EB/OL］．［2024－07－01］．https：//www. iso. org/standard/82455. html.

进一步分析可知，对于一家企业来说，本质的或底层的问题就是，企业有哪些数据？这些数据有何价值？有哪些价值类型？若有经济或商业价值，那么其经济价值如何计量（按货币计）？在企业生产经营中，数据价值是如何实现，等等。因而，本章试图探讨和回答以下几个问题。

（1）如何理解和认识数据的价值？

（2）不同主体对数据价值的认识是什么样的？

（3）数据科学、数据分析如何促进数据价值的发现？

（4）如何实现数据的价值？

（5）影响数据价值实现的因素有哪些？

数据成为新的生产要素，推动数字经济的快速发展，这是当前人们的共识，也是对数据价值新的认识。伴随着我国一系列政策文件的出台，数据资产入表、数据登记和数据交易成为全社会关注的焦点和热点。客观上，“数据”既不是新事物，也不是新概念，但为何现在如此关注数据呢？数据如何为企业创造价值，或者说数据为何有价值，其价值是如何产生的，又是如何实现的，成为许多人的疑问。然而，关于数据有没有价值，学界和业界众说纷纭。数据为何有价值，以及数据有何种价值，亦是众说纷纭。根本的问题是，应该如何理解和认识数据的价值。

2.1 理解数据的价值

对数据价值的认识，可以从两方面理解。一方面可以从数据定义入手，数据是特定主体基于特定目的生产出来的。显而易见，数据可以解决特定主体的“不确定性”，或者说，可以满足特定主体的需求，因而具有价值。另一方面可以结合马克思的劳动价值论理解，任何数据的产生，都凝结了特定主体的社会劳动，因而具有价值。数据作为生产要素，其价值由其生产过程（包括采集、存储管理、加工整理和开发等环节）中的社会必要劳动时间决定。

2.1.1 何为数据产生价值

关于数据的价值，存在不同甚至完全相悖的观点。

有专家认为，数据是有价值的，其价值本质上就是其包含信息的价值。例如，信息是数据产生价值的本质原因，如果从数据中挖不出信息，那么数据就没有价值。[1]

---

[1] 张平文，邱泽奇．数据要素五论［M］．北京：北京大学出版社，2022：28.

也有专家认为，“数据就是数据，只是一组符号，是没有价值的，只有使用后才产生价值”。这种观点显然强调了场景对数据价值的影响。但是，数据价值不等于场景。场景只是数据、数据资产或数据产品实现价值的必要条件之一。

从数据管理的角度看，数据价值也是企业开展数据治理、数据管理，以及开发利用数据，促进业务发展的主要动力。因而，有必要对数据价值作深入的探讨。但要理解数据的价值，首先我们还必须从价值的定义分析——何谓价值？不过，价值是一个相对广泛的概念，它涉及多个领域和视角。

2.1.1.1 价值

价值，泛指客体对于主体表现出来的积极意义和有用性。从哲学和经济学的角度来看，价值通常是指客体能够满足主体需要的效益关系，是表示人与各种对象之间需求关系的概念。它体现了人们对事物有用性、重要性或积极意义的评估。

很显然，依据价值的定义，判断数据价值的问题已转变为“数据能否满足主体需要”。也就是说，数据作为客体能否满足主体（例如企业、个人等）的需要？若能，那就是有价值的。若不能满足企业或个人的某种需要（例如决策、用户行为偏好分析、个性化推荐等），那就没有价值。

从第1章对数据的定义可知，数据是特定主体基于特定目的利用某种符号体系对感知的客观事物的描述或记录。任何数据都是特定主体为了特定目的生产出来的，都包含了特定主体对某客观事物的记录（也就是信息）。这些被记录的信息，能够解决该主体对被记录的客观事物某种不确定性的认识。通俗地说，就是能够满足特定主体的某种需求。因而，基于价值的定义，从数据生产的角度看，毫无疑问，数据是有价值的。

例如，生活中，我们发微信，是借助语言、图像、视频等符号（数据）传递信息，满足了信息交流的需求。工作中，人们利用数据可以作出某种判断和决策，企业利用数据可以了解用户需求、设计新产品等。对于企业来说，数据不仅能使企业“降本增效”，产生效益，而且能规避风险，减少经济损失。很显然，数据能够满足人们各种各样的需要，具有价值。

2.1.1.2 数据价值的形成

如上所述，数据都是主体依据某种需求有目的地生产出来的，在数据生产（例如采集、储存、加工等）过程中凝结了一定的人类劳动，以及设备（或工具）和资金的投入。按照马克思主义政治经济学观点：价值是凝结在商品中无差别的人类劳动，即商品价值。显而易见，数据的生产、开发和加工包含了人类的一定劳动。因而，数据有价值。

有专家认为，数据的价值本质上是其包含信息的价值。准确地说，数据的价值由其所包含的信息体现。那么，数据所包含的信息是如何形成的？作者认为，数据价值的形成有三个方面：第一，数据所包含的语义信息是由数据生产者[1]设计的，采集或收集的对象是什么，采集什么内容，如何采集都是数据生产者事前规划设计的结果，其中包含了数据生产者的智力劳动。第二，数据是信息的载体，由一组符号组成，这些符号系统都是人们精心设计的，同样包含了一定的人类劳动。第三，数据的采集、存储、管理和加工都需要一定的人采用一定的工具、设备、模型、算法等去实现，这不仅包含了一定人类劳动，还包含了一定的经济投入，也就是经济成本。

数据在生产过程中，一方面赋予了人类的劳动，另一方面消耗了一定的经济价值，这部分价值转移到了数据之中。但是，这只表明数据具备一定的潜在价值或使用价值。数据价值能否实现（显性化），还需要具备一定的条件。但无论如何，数据是有价值的，可以成为人类活动的资源，可以被开发利用。

何玉长和王伟基于马克思的劳动价值理论分析了数据要素的价值。数据要素作为生产要素，其价值来源于人类劳动的凝结。数据要素的供给是人类劳动的产物，这种劳动包括数据的采集、分析和处理等各个环节。数据要素的生产涉及多个阶段，包括数据挖掘、整理、结构化、规范化、联通、集成、存储和处理等。这也是构建数据要素理论体系的基础。[2]

概括地说，价值是一个多维度的概念，它涵盖了经济学、哲学、伦理学、心理学和社会学等多个领域。在不同领域和情境中，价值的含义和表现形式有所不同，但都体现了主体与客体之间的某种关系或联系。因而，对数据价值的认识，也需要从不同的维度和视角去理解。

2.1.1.3　数据价值的本质

关于数据价值的问题，有一部分人认为，数据对人们有用，当然具有价值。那么，数据产生价值的机制又是什么？也有一部分人认为，数据只是符号，自身并没有价值。若数据自身没有价值，那么数据开发利用之后怎么就产生价值呢？

党的十九届四中全会提出数据要素的概念。为什么说数据是生产要素，而不是信息要素、知识要素呢？当前，常见的观点是，数据是数字经济时代最活跃的生产要素之一。那么，数据要素的价值来自哪里？

这些问题，既有数据科学问题，又有经济学问题，还有哲学问题。或者说，对这些问题的回答，不仅需要人们对数据内涵（或定义）的科学理解，还需要人们对数据本质作深入的思考。

---

[1] 数据生产者是指那些产生或生成数据的实体。可以是人，也可以是机器或设备。客观上，任何数据的采集或收集，都需要借助一定的工具，包括系统软件。

[2] 何玉长，王伟. 数据要素市场化的理论阐释［J］. 当代经济研究，2021（4）：33－44.

从本质上说，数据的价值源自其所记录的事物的“确定性”，也就是对事物状态、属性和关系的准确刻画和描述。或者说，通过其包含的事物的确定性，消除某主体对被记录事物认知的“不确定性”。

从宏观上看，人类社会的发展，都是通过解决不确定性，建立有序性。无论是物的有序性，还是人的有序性，都无例外。人们对数据的加工，对信息和知识的组织，就是为了使其有序化，就是为了发现其中蕴含的规律。

从微观上看，对于企业来说，可以利用数据进行科学决策和预测，本质上也是解决生产经营中存在的不确定性。例如，电商平台通过对用户消费行为的分析，为用户画像，获取用户的消费偏好，预测用户消费趋势，一方面可以解决备货（数量和品种）的不确定性，另一方面解决对用户需求的不确定性。对于个人，也是如此。获取和利用数据，都是为了消除自己的未知，减少自己对事物的“认知差”。

因而，数据价值是指数据在特定应用场景或业务过程中满足不同主体的需求所发挥的作用和产生的效益。从哲学层面看，数据价值在于解决某个主体（包括个人或团体）的不确定性，帮助人们在生产、经营和生活中建构对客观事物的管理，包括对事物的认识、理解、预测、判断和控制等。虽然使用技术手段可以测量数据的数量和质量，但目前还未形成衡量数据价值的方法或标准。

2.1.2 数据价值的特点

数据作为一种新型生产要素和资产，其价值的实现或表现有一些独特性。例如，数据价值的实现与场景密切相关，数据价值具有协同性和可复用性等。

2.1.2.1 数据价值的实现与应用场景密切相关

数据价值的实现与应用场景密切相关，其中包含三个方面，一是数据只有使用，其价值才能发挥；二是同一数据对于不同场景的价值是不同的；三是对于同一场景，不同数据的可用性与价值也是不同的。

例如，某种电力数据，可以应用在电力定价、调度优化等场景，从而实现其经济价值；也可以与金融场景相结合，应用于企业金融贷款服务，参与企业的信用评价，产生经济价值；还可以用于地区经济的统计分析、规划决策的模型中。由此可见，这种电力数据可以应用于电力服务、金融贷款和地区经济规划决策三种不同的场景，而且其价值实现的方式与大小都是不同的。也就是说，对于不同使用场景，同一个数据产生的贡献与经济价值是不同的。

2.1.2.2 数据价值具有协同性

数据价值的协同性可以从两个方面进行理解。一是数据自身可以进行整合；二是数据作为新的生产要素，可以协同其他生产要素产生更多或更大的价值。这也是当前人们所说的数据要素对其他生产要素价值的“倍增效应”。

使用数据时经常发现，多种数据的组合对某个场景的应用会产生超过单一数据生产价值的总和，也就是“1+1>2”的现象。其实，数据价值的协同性，本质上是因为数据具有可以整合或融合的特征。也就是不同来源、不同结构、不同价值的数据整合后，会形成新的数据，其价值并不是原来数据价值的简单相加。这也是数据科学非常有魅力的地方。通常，多维度的数据可以更精准地帮助分析、预测、决策等问题。另外，数据要素不像传统要素一样，数据在企业生产经营过程中，可以协同其他生产要素，提高生产效率产生更大价值，数据价值的加总不是线性的简单相加。

例如，对于电商平台，其用户数据、商品数据、商家数据和物流数据等都可以作为单独的数据产品进行交易或服务。然而，这些数据的整合，会产生更多新的数据，实现更大的价值。

用户数据与商品数据相整合，可以实现用户“画像”，了解其需求偏好；可以为用户进行精准的推送，从而实现个性化的服务。

用户数据、商品数据和物流数据相整合，可以统计分析某个地区用户的消费能力与偏好等。

商家数据与物流数据相整合，可以了解每家电商的市场影响力或商品覆盖的地区和范围。

2.1.2.3　数据价值具有可复用性

数据的价值不会因为其在某种场景已经使用而消失。尽管某些数据的价值会随时间而变化，但并不影响其他用户的使用。甚至，同一种数据产品，不同用户可以同时在类似场景中使用，这也是数据价值的独特特征。这是因为数据具有易复制性和高度共享性。一个用户的使用，不会影响其他用户的使用。但每个用户实现的数据价值可能是不同的。数据作为新的生产要素，不同于传统的生产要素，例如土地等物质生产要素，数据不受时间、使用场景、使用用户数量等限制。数据可以在同一时间被不同主体、不同用户调用，参与多种经济活动（或应用场景），实现数据价值的倍增效应。因而，发展数据要素市场，推动数据开放共享，促进经济发展是大趋势。当然，这也可能造成无成本滥用的情况。

例如，现在市场上（例如各类图书馆等）存在多种十分类似的电子书、数字学术论文等数据库。这些数据库产品正是使用了数据的易复制性。一家数据库服务商的使用，并不影响其他服务商开发新的同类数据产品。另外，从读者或用户角度看，这些电子书或学术论文，也不会因为张三的使用，而影响李四的使用。即使是同一篇学术论文，对于张三和李四来说，其价值都是不一样的。

概括地说，正是由于数据具有这些独特性，数据（或数据资产）价值的评估较为困难。这不仅体现在数据只有在相应的场景下使用才能产生价值，更重要的是，数据易于复制、可以整合等特点，使得在进行价值评估时，不能简单地计算其成本和收益。需要结合实际的应用场景，以及未来的潜在、整合等可能产生的价值（溢价），当然也会出现同一时间多用户使用，产生竞争等造成的风险价值。

同时，从数据科学的视角看，数据价值的这些特征，也为更多的企业或用户创造了机遇。不同的企业可以探索多源数据的整合或聚合，通过技术或算法为数据产品赋能，或针对不同的应用场景开发多元化的数据产品，实现数据产品的增值。

2.1.3 数据价值的表现方式

数据作为一种数据资产、一种新型的生产要素。从当前的数据应用实践看，数据价值主要表现在以下四个方面：一是能够为企业提供有用的信息和洞见，帮助企业或组织作出更科学明智的决策；二是能够帮助企业优化业务流程，提升业务效率和竞争力；三是直接参与企业的业务和经营活动，通过“降本增效”为企业带来直接效益；四是可以推动企业或组织的业务创新。

（1）有效支持决策。通过对数据进行收集、分析和挖掘，企业可以获取关于市场趋势、客户需求、产品性能等方面的信息，从而作出更准确的决策，降低风险。

（2）优化企业业务运营和管理流程。通过对数据的实时监控和分析，企业可以及时发现运营中的问题，采取相应的措施进行改进，提升运营效率。同时，数据还可以帮助企业建立更完善的管理体系，提高组织协同和执行能力。

（3）降低企业市场风险并减少经营、生产或管理成本。通过对数据的分析和挖掘，企业可以预测并发现潜在的风险和问题，及时采取措施避免损失。这不仅有助于降低企业的运营风险，还能减少不必要的成本支出。

（4）推动企业或组织的业务创新。数据可以揭示新的商业机会和潜在的市场需求，为企业创造新的增长点。通过对数据的深入挖掘和应用，企业可以开发出新的产品或服务，满足客户的个性化需求，提升市场竞争力。

总的来说，数据的价值在于帮助企业更好地了解市场、客户和业务，优化运营流程，创新产品和服务，提高客户满意度和忠诚度，以及降低风险和成本。在数字化时代，数据已经成为企业获取竞争优势的重要资源。但是，数据价值的发挥（或实现），或其市场价格并非一成不变，它会随着市场环境、技术发展和业务需求的变化而发生变化。或者说，数据价值的实现受多种因素影响，不仅取决于数据自身的潜在价值，而且受数据开发、利用的能力和条件的限制。同时，数据价值的实现既需要好的算法或模型，还需要强大的算力支撑。因此，任何企业和组织都需要定期评估数据的价值，并根据实际情况进行调整和优化。同时，在评估数据价值时，还要考虑数据的综合成本、风险等因素。在利用数据过程中，企业也要综合考虑数据实现的综合价值、成本和风险，以实现数据价值的最大化。

2.1.4 数据价值评估的挑战

价值是一件事物的成本和从中获得利益的差额。对于有些资产而言，例如实物类的存货，计算价值就非常容易，即购买成本和销售价格之间的差额。但对于数据来说，无论是成本，还是利润都没有统一的标准，甚至没有较为科学的测算方法，这会使得评估变得更加错综复杂。[1] 还有一个值得探讨的问题是，数据价值计量的单位是什么？对于不同类型的实物生产要素，人们可以用公斤、吨、升、米、平方米或立方米等计量，但对于数据，其价值的计量单元是什么？是条、字节，还是兆等？对于数据价值，有时是数据集整体才有价值。例如，一家电商想了解某地区的用户购买偏好。若我们分开看每个人的购买数据则毫无价值。另一个问题是，能否计量单条数据价值，以及每条数据的价值是否等价，目前还鲜有研究。这实际上产生了一个新问题，数据量与其价值的关系问题。因而，对数据价值的测度或评估，具有较大的挑战。

很多时候，我们并不能简单地计算数据的价值。通常，可以简单地从数据对企业的潜在影响（如丢失、更换等风险成本），还有数据采集、存储、加工、管理等成本，以及数据的创新应用产生的预期收益等，通过综合分析，估算数据可能产生的价值。因此，评估数据价值，首先需要计算组织内部持续付出的一般性成本和各类收益。[2] 具体有以下考量因素。

（1）获取和存储数据的成本。

（2）如果数据丢失，更换数据需要的成本。

（3）数据丢失对组织的影响。

（4）风险缓解成本和与数据相关的潜在风险成本。

（5）改进数据成本。

（6）高质量数据的优势。

（7）竞争对手为数据付出的费用。

（8）数据潜在的销售价格。

（9）创新性应用数据的预期收入。

评估数据价值面临诸多挑战，数据资产价值评估也是如此。概括地说，挑战是多方面的。第一，数据价值微观上与上下文语境相关，宏观上与应用场景密切相

---

[1][2] DAMA 国际. DAMA 数据管理知识体系指南［M］. DAMA 中国分会翻译组，译. 北京：机械工业出版社，2021：7.

关，对一个组织有价值的数据，可能对另一个组织没有价值。第二，数据价值会随时间发生变化。有些数据会失去原有的价值，有些数据会随着时间的积累越来越有价值。例如，用户的信息，会随着积累的用户信息越来越多，对用户需求的了解会越来越准确，其数据价值也会越来越大。第三，由于数据价值的依附性，数据价值的实现通常需要借助于其他生产要素，数据产生收益的估算会有较大的不确定性。

2.2 数据价值的类别

数据作为新兴生产要素，由于自身的特殊性（技术属性和经济属性），在生命周期中或者说在企业生产经营中的不同阶段，其价值会表现出不同的形态。对数据价值的表现形态，我们也可以从不同的角度对其分类。例如，一方面可以依据数据价值的实现程度将其分为潜在价值和在用价值，或者隐性价值和显性价值。另一方面可以从数据应用或服务的角度将数据价值分为成本价值、市场价值和风险价值。

2.2.1 数据潜在价值和在用价值

从数据形式上看，数据只是一组符号串。但是，这些符号串蕴含着一定的“有价值的信息”，可以消除特定主体或用户的不确定性，可以满足特定主体的某种需要，因而，从价值的定义看，数据具有价值。不过，数据的价值只有满足一定的条件，才能得到有效的发挥。

2.2.1.1 数据的潜在价值或隐性价值

数据的潜在价值，是指数据自身蕴含的价值，也是指数据在其未投入使用前的价值，也是其价值未被应用之前的价值。有些人认为，数据本身没有价值，只有挖掘分析之后才有价值。其实，这种认识不正确。因为，任何数据都是某主体基于一定目的，利用一定方法、工具等生产出来的，都包含某种劳动，具有一定的潜在价值。例如，各类互联网平台上，用户的行为数据和评论数据等，都包含了用户的一定劳动和时间投入。正因为如此，通过对用户的行为和评论数据进行挖掘和分析，才能得到用户的“使用偏好”或“用户画像”。反过来说，若数据自身没有价值，那么挖掘分析如何使数据具有价值呢？因而，数据具有价值属性，就像物体具有质量属性一样，是客观存在的。因而，只存在不同价值大小的数据，不存在没有价值的数据。只是，数据在未开发利用之前，价值是隐性的。

但是，数据是否有潜在价值，或者数据潜在价值的大小，以及能实现多少，受多方面因素的影响。一方面，数据潜在价值的形成受多种因素影响。例如，数据生产者的采集或收集目的、采集方法、技术和设备等。另一方面，数据潜在价值的实现或转化也受多种因素影响。例如数据挖掘算法、数据应用场景等。

因而，数据潜在价值的形成，首先受数据采集者或生产者的目的影响，其生产目的决定为什么采集、采集什么（内容）以及如何采集（方式）等；其次受数据采集与存储的技术和工具等影响，这些因素会决定采集数据的格式、使用方式等。

2.2.1.2 数据在用价值或显性价值

数据在用价值，是指数据当前实现的价值。也就是数据在企业生产经营中为企业实际创造的或带来的价值。这部分价值，既可能是潜在价值的一部分，也可能是全部，还可能超出预期的潜在价值。这也是数据价值的独特性或魅力。

数据在用价值，一方面受数据使用者对数据的认知、使用方式和能力（算法和算力）等影响。客观上，只有认识到数据的价值，才可能投入人力、物力去开发使用。因而，对数据的认识是实现其价值的前提。另一方面受数据加工者对数据价值挖掘分析结果以及表现方式等影响。数据在用价值需要采用一定的技术和方法对数据的潜在价值进行开发才能实现。数据挖掘算法等也会影响数据价值显性化程度和价值转化程度。

需要说明的是，数据作为新型生产要素，其价值的发挥往往需要与其他生产要素一起（即数据价值实现的依附性）实现。但是，数据要素的使用，往往会促进其他生产要素价值的实现，或者提升其他生产要素的价值。这就是数据要素对其他生产要素价值实现的倍增效应。

2.2.2 数据的成本价值、市场价值和风险价值

2.2.2.1 数据的成本价值

原始采集的数据，并不是数据资源，也不是数据资产。数据要成为能够开发利用的资源或资产，通常需要进行加工处理和开发等。可以说，数据从采集、存储、加工、管理、开发利用和处置等每个环节都需要消耗一定的人力、物力和财力，也就是需要一定成本。这些成本是数据形成价值的基础，也是现在数据资产评估和入表时，初次计量采用成本法的主要原因。

数据成本价值主要是指在数据采集、存储、加工、管理、开发利用和处置等过程中所消耗的成本。这些成本包括但不限于人工费用、设备费用等。简而言之，数据成本价值体现了为获取、保存、管理和处理这些数据所需投入的经济资源。在数据管理和应用中，理解并评估数据的成本价值，有助于企业或个人更明智地作出数据投资决策，实现数据价值的最大化。数据的成本价值主要包括以下几个方面。

（1）数据采集成本。这是数据应用的起点，涵盖了数据源的获取、数据抓取，以及数据清洗等环节。数据采集成本具体涉及采集设备的投资、采集人员的成本以

及数据清洗工具的费用等。

（2）数据存储成本。数据的存储是一个巨大的挑战，需要投入大量的硬件设施和软件资源。这包括硬件设备的购买和维护成本、数据存储系统的配置和管理成本等。

（3）数据加工成本。在数据应用中，数据处理是非常复杂和耗资源的过程。数据加工成本主要包括数据处理工具和技术的使用成本、处理人员的培训和薪资等。

（4）数据产品的开发利用成本。数据产品的开发利用成本是指，在将数据转化为具有商业价值的产品和服务过程中所产生的各项成本。但要注意与数据的加工处理成本的区别。产品开发成本主要包括数据产品的规划设计、功能开发和用户界面优化等方面的成本。同样，数据要素与其他生产要素一样，其使用过程中也会产生一定的成本。

除了上述直接成本外，还需要考虑数据的运维成本、管理成本，以及风险成本等。这些成本都是数据成本价值的重要组成部分，可以称之为间接成本。对于一个企业和组织来说，在利用数据资产的同时，也需要充分考虑这些成本，以实现数据资产价值的最大化。

另外，还需要注意的是，数据的成本价值并不是一成不变的，它会随着技术的发展、市场环境、应用场景和应用方式，以及数据应用需求的变化而发生变化。例如，数据的存储成本会随着存储介质的降价而降低；数据的开发成本也会随算力成本的降低而降低等。因此，企业和组织需要定期对数据资产的成本价值进行评估和更新，以确保数据资产投资决策的准确性和有效性。

2.2.2.2　数据的市场价值或价格

数据的市场价值是指，将数据作为资产和生产要素，在市场上的交易价格，即数据商品或产品在交易中所能获得的货币表现。

目前，由于数据要素市场交易体系尚不成熟，对于数据资产的市场价格很难进行准确判定。即使是同一个数据集或数据资源，在不同地区、不同市场、不同时间、不同交易模式下，其价格都可能存在显著的差异。而且，数据的市场价值与其应用场景[1]密切相关。同一数据在不同的应用场景下可能产生不同的价值。现阶段，数据产品或服务供给者在定价时面临一定的挑战，通常采用买方约价结合市场化议价的方式来确定数据产品或服务的价格。

此外，数据的准确性、完整性、时效性和可用性等数据质量因素也会直接影响其市场价格。只有准确、完整且及时的高质量的数据资源才能为其拥有者带来更大的经济利益。因此，在数据交易过程中，数据的这些特性往往成为买卖双方关注的

[1] 应用场景是指某项产品或技术被用在什么地方、解决什么问题的具体情景。

焦点。未来，随着数据交易规则的完善、交易平台的建立以及数据质量的提升，数据的市场价值有望得到更准确的评估和体现。同时，随着技术的不断进步和应用场景的不断拓展，数据的市场价值也有望实现持续增长。

另外，需要说明的是，数据市场价值是一个动态变化的过程，受到多种因素的影响。因此，在评估数据的市场价值时，需要综合考虑各种因素，包括数据自身的特性、市场需求、稀缺性、应用场景和交易规则等。

2.2.2.3 数据的风险价值

数据的风险价值是指，数据在特定应用场景或应用过程中可能带来的潜在损失或风险的程度。具体来说，数据风险价值可以体现在以下几个方面。

（1）数据质量风险。如果数据存在错误、不完整或不一致等问题，或者说，数据质量不高，可能导致基于这些数据作出的决策出现偏差，进而带来经济损失或业务风险。

（2）数据泄露或丢失风险。随着网络安全威胁的增加，数据泄露成为一个重要的风险点。敏感数据的泄露可能导致企业声誉受损、客户信任度下降，甚至面临法律责任。

（3）数据使用合规风险。在数据的收集、存储、处理和使用过程中，如果不符合相关的法律法规要求，如隐私政策、数据保护法等，可能引发合规风险，导致罚款或其他法律后果。

（4）数据价值变动风险。随着市场环境的变化或新技术的出现，数据的市场价值可能发生变动。如果企业过度依赖某些数据资产，而这些数据资产的价值突然下降，可能对企业的业务产生负面影响。

因此，任何企业或组织在利用数据的过程中，都需要充分评估数据的风险价值，制定相应的风险管理或管控措施，以确保数据的安全、合规和有效利用，包括加强数据质量管理、提升网络安全防护能力、遵守相关法律法规以及建立灵活的数据价值评估机制等。

数据风险价值，通常人们会理解为，对数据使用者造成的价值损失。其实，数据风险价值，不仅有负面的，而且有正面的或积极的。某些时候，数据市场的变动、新技术的采用，都会对数据价值产生倍增效应。

2.3 数据价值的实现

2019 年，党的十九届四中全会首次将数据纳入生产要素范围。数据作为生产要素和资产，意味着它有价值。问题是，它为何有价值。事实上，企业通过数据挖掘和分析开拓市场、发现商机，实现降本增效，甚至确立自己的竞争优势。这种利用数据实现价值创造的案例不胜枚举。所以，当前最重要的不是探讨数据是否有价值的问题，而是，应该如何理解数据的价值？如何让数据更好地实现价值，更好地推动经济和社会的发展，更好地为人类造福。

数据具有潜在价值，其潜在价值转化为显性价值需要利用一定的工具、技术和算力进行开发，或者从经济学的角度说，需要投入一定的成本，才能使其潜在价值转变为显性价值。原始的、分散的、孤立的数据，一般质量较差，价值密度较低，可用性较差，难以直接用于生产、经营和决策等活动，只有经过科学加工和处理（或者治理），提高数据质量和价值密度，并在生产经营中加以使用之后，其价值才能被实现。

2.3.1　数据价值实现的条件

数据，表面上看，就是一堆符号，没有（显性）价值。[1] 准确地说，不了解数据产生的背景或应用场景，不知道表示数据的符号系统的含义，任何主体，无论是人，还是计算机，无法理解数据的含义（或语义），都无法获得数据的价值，数据也无法产生价值。

事实上，任何数据都是特定主体有目的地生产的。数据不会自动生成，也不是随意产生。例如气象数据。我们能感知到气温的变化，风速的大小，或者说，气温和风速这种客观事物的状态是客观存在的，但并没有，也不会产生数据。只有当人们为了了解和预测天气的变化，减少天气对人类的危害时，需要记录其变化。因而，人们需要研制一些设备，制定一些标准、符号系统，有目的地采集并存储这些天气的温度、湿度、风速、扬尘等变化信息，这时便产生了数据。再如，电商平台上用户的行为数据。事实上，用户在电商平台产生了浏览、检索或购买商品等活动，这是客观事实。但是，若电商平台没有认识到“用户访问行为数据”的价值，也就不会收集、存储、管理、开发和利用数据。只有当电商平台认识到“用户访问行为数据”的价值时，才会去规划、收集、存储、管理和分析用户的数据，进而构建“用户画像”，实现个性化的精准推送服务。这样的例子不胜枚举。

通过上述分析可知，任何数据都是有目的生产的，都包含一定的劳动或成本，都具有一定的（潜在）价值。但是，一方面，数据价值的实现是有条件的；另一方面，数据价值的大小会因人而异，会因不同的应用（场景）而异。概括地说，数据产生价值或数据价值的实现，有一定的条件。一是需要了解数据生产的目的；二是

[1] 数据价值具有隐含性，人们通常不能直接看到其显性价值，但并不是说，数据没有价值。

需要理解数据符号的意义；三是需要对数据进行一定的加工和开发，具体是需要利用一定的算法对数据加工；四是数据价值的实现需要一定的应用场景。

2.3.2 数据价值实现的过程

如上所述，数据具有一定的潜在价值，但数据价值的实现需要一定的条件。数据价值的实现，通常需要经过以下几个环节或步骤，可以概括为价值形成、价值发现和价值转化。

2.3.2.1 数据价值的形成

数据价值的形成是数据价值酝酿和生成的环节，这一环节包括数据收集和整合、数据预处理（目的是提高数据质量和价值密度）等。数据潜在价值的形成主要取决于数据采集和预处理环节。首先，数据采集者对采集内容和数据格式等的界定，这决定了数据所包含的信息内容（定义数据内容），也是数据价值的主要来源。其次，对原始采集数据的预处理也是数据价值形成的必要环节。通过对原始数据的预处理，不仅实现了数据质量与可利用性的显著提升，而且凝练了数据的价值，进而增强了数据集的价值密度，有利于对数据资源（原始数据预处理后形成数据资源）蕴含的潜在价值的挖掘和分析、开发和利用。简言之，这一环节主要是数据资源化。

2.3.2.2 数据价值的发现

数据价值的发现包括数据挖掘分析、数据可视化等。数据价值具有隐含性，通常数据只有经过开发之后，才能发现其真正的潜在价值。实际上，数据价值的发现是数据资产化的重要内容。这一环节也可以称为数据资产化，即由数据资源到数据资产的过程。数据价值的发现需要将数据资源与具体的应用场景（企业的实际业务需求等）相结合。

数据价值的发现非常重要。在数据资产评估活动中，这是价值评估的前提，需要对数据资源的价值进行分析、判断和估值。本质上，这也是数据资源价值的发现过程。数据不同于其他生产要素，它具有重组、整合、融合和聚合的特征。就是说，一个数据的价值，除自身的价值外，可以与不同数据进行整合，形成新的数据，产生新的价值。因而，对数据价值的开发，不能局限于对其自身价值的发掘，要依据数据的类型、特征等，分析可能的潜在的应用。

2.3.2.3 数据价值的转化

数据有不同的表现形态。有些数据集本身就是数据产品，例如中国知网的学术论文数据库，可以直接提供服务，实现价值；数据赋能型企业，利用数据进行决策，或利用数据优化产品销售等，需要与企业的业务活动相结合，通过企业主营业务实现价值转化。这一环节主要是，利用数据或数据挖掘分析结果在企业生产经营或组织管理活动中的应用。这个环节是将数据资产化阶段形成的数据产品或服务在实际的业务中加以应用。这也是数据价值实现的间接性或依附性决定的。数据只有使用之后，潜在价值才能转化为显性的在用价值。

2.3.3　数据价值实现的路径

数据价值的实现路径是一个涉及多个环节和步骤的过程。它包括数据收集和整合、数据清洗和预处理、数据挖掘和分析、数据可视化和呈现、数据应用和价值开发等环节。本质上，无论何种数据，其价值的实现，都需要依据一定的应用场景或用户需求进行开发和应用。

（1）数据收集和整合。在一个组织中，数据可能来自不同的业务部门，例如人事管理部门的员工数据、市场部门的用户数据和销售数据、生产部门的产品数据等。这些数据可能分散在不同的业务系统之中，难以发挥作用。因而，需要根据企业的总体业务需要，将分散在不同数据集中的数据进行有效的整合。

数据整合是将数据从不同来源、格式和结构进行集中、转换和统一的过程。目的是让不同来源的数据能够以一种统一、准确、可用的形式被组织和管理，供后续的数据分析和利用。但在数据整合的过程中，会遇到各种格式和类型的数据，例如表格、数据库、API 接口等。所以，需要用到一些专业的技术和工具，例如 ETL 工具、数据仓库、数据湖等，帮助人们更好地完成这个任务。

例如，金润征信（上海）有限公司的数据由外部采集和内部加工两部分组成。外部采集的数据包括全国 ETC 车辆高速通行数据、重卡全路段通行数据（北斗 + GPS）、车联网数据、主机厂数据四类。内部采集的数据主要是由企业自身多年交通行业经营积淀形成的车辆运营相关数据。金润征信（上海）有限公司将外部采集的数据和企业自身内部采集的数据统一整合后向全国重卡用户提供服务。

数据整合是数据价值实现的基础。数据整合方式也会因为数据来源或组织管理的需要，有多种方式。既可以实现物理上的“硬整合”，也可以采取逻辑上的“虚拟整合”，还可以采取混合整合等策略。

（2）数据清洗和预处理。不同来源获取和收集的原始数据，一般存在各种各样的质量问题，例如数据元素缺失、错误，记录重复，同一实体在不同业务系统中有不同的描述（元数据或框架），不同实体在不同业务系统中具有相同的元素等。因而，通常需要对原始数据进行去重、补全（补充缺失值）、纠正错误值等，以保证数据的准确性和可靠性。这也是数据治理的内容之一。

数据预处理是数据价值实现的关键一步。经过预处理的数据，不仅质量得到提高，价值密度得到增加，还在实际上成为数据资源。一方面可以供组织进一步的开发利用；另一方面可以进一步加工生产成数据产品对其他用户提供服务。这个过程也被称为数据资源化。

数据资源化，是企业通过上述一种或多种方式对原始数据，经过脱敏、清洗、整合、分析、可视化等加工步骤，在物理上按照一定的逻辑归集后达到“一定规模”，产生可重用、可应用、可获取的数据集合后，形成数据资源的过程。原始数据通常是经济社会活动产生的附属品，数据资源并不是这些社会经济活动直接生产出来的，而是企业通过安排相应的人力、组织、技术、系统等对原始数据进行系统性梳理整合加工出来的。数据资源化是企业挖掘原始数据使用价值的过程，也是企业数据资源实现资产化的第一步。一般来说，数据资源化的过程可能是企业数据产品的研究阶段，也可能是企业数据资产的开发阶段，取决于企业在具体产品研发之前有没有针对目标场景进行深度的调研学习。

（3）数据挖掘和分析。数据挖掘，又称为资料探勘或数据采矿，是指从大量的数据中通过算法搜索隐藏于其中的信息的过程。这个过程通常与计算机科学紧密相关，并借助统计、在线分析处理、情报检索、机器学习、专家系统（依靠过去的经验法则）和模式识别等多种方法实现。高度自动化地分析数据，作出归纳性的推理，从而挖掘出潜在的模式和有价值的信息。

对数据进行挖掘和分析，是发现数据价值的核心步骤，也是发现数据中蕴含信息或实体之间关系的主要方法。企业通过对生产、用户、销售和市场等数据的挖掘和分析，可以发现隐藏在海量数据中的业务模式或趋势，从而提高生产率或改善用户的服务体验等，更好地满足用户的需求。

（4）数据可视化和呈现。数据可视化是数据挖掘和分析的结果的呈现方式之一，是数据价值显性化的手段之一，也是数据价值实现的重要手段之一。通过机器学习、统计分析等方法，企业可以将数据中蕴含的实体间的复杂关系，用数据报表、图表等可视化工具转换为直观、易懂的信息，使企业决策者更快地理解和了解业务，从而作出更好的决策。

（5）数据应用（或实现数据价值的转化）和价值开发。通过以上几步，数据具备了发挥价值的条件，但其价值并没有真正实现。由于数据自身的特性，其价值的实现，依赖于其他生产要素（这是数据价值的依附性）。或者说，需要将数据蕴含的隐性价值通过其他生产要素转化为显性价值。

另外，在数据的加工、分析和使用等过程中，必须关注数据安全与隐私保护等问题，必须保证数据合规合法，避免因数据泄露、滥用等带来的风险。

概括地说，数据价值的发挥或实现，需要相关主体（数据支持者、加工者和利用者等）利用一定的信息技术和工具开展一系列的活动。总体上，可以分为三个阶段或环节。一是对原始数据的初步加工和预处理，这也是数据资源化的过程，目的是提高数据集的质量和价值密度，实质上也是对原始数据集“赋能或增值”的过程，这一步是数据价值实现的基础，也是为第二步的数据挖掘和分析作准备。二是数据的深度开发，是对实现资源化后的数据资源进行挖掘和分析，从而发掘数据中蕴含的信息，这是实现数据价值显性化的主要环节，也是发掘和实现数据价值的关键环节。三是数据在生产经营中的应用。数据具有价值，但只有在生产经营中使用，与其他生产要素一起，满足用户的需求，其价值才能有效地发挥。数据在企业经营的不同场景中应用，促进企业的发展，其价值才能得到实现。这是数据价值实现的重要环节。

综上所述，数据价值的实现路径是一个涉及多个环节和步骤的过程，包括数据收集和整合、数据清洗和预处理、数据挖掘和分析、数据可视化和呈现、数据应用和价值开发以及辅助活动等。通过这些步骤和环节的有效执行，可以充分释放数据的价值，为企业和组织带来更大的竞争优势和经济效益。

2.3.4　数据价值链与价值网

数据价值的释放需要经过从原始数据、数据资源到数据资产，然后加工成数据产品，并进入市场流通的过程。这一过程形成了数据价值链和数据价值网。

（1）数据价值链。数据价值链是描述数据价值创造的理论。它将数据价值创造活动分为基本价值活动和增值性价值活动。这些活动包括数据采集、数据处理、数据分析、数据应用，以及数据循环，共同构成了数据价值从生成、增值到变现的完整闭环。数据价值链强调通过对价值链各节点上数据的采集、传输、存储、分析以及应用，实现数据价值的创造和传递过程中的价值增值。

与传统价值链理论不同，数据价值链具有新价值载体、新传递机制和新配置范围三个重要特征。新价值载体指的是数据流成为与资金流、物资流、人才流同等重要的价值载体。新传递机制是指从价值传递形式看，链式结构被拓展成网状结构，形成价值网络。新配置范围则是因为数据的泛边界性，使其突破原有特定组织和地域限制，在更加广阔的范围内调动资源，实现优化配置。

数据价值链是企业数据资源在全生命周期中相互关联来直接或间接创造价值的一系列流程。数据资源的价值增值是数据要素价值形成过程中的基础环节，是数据资源通过数据价值链形成蕴含价值和独特使用价值的数据产品的过程。数据产品作为一种劳动成果，其价值为凝结在商品中的无差别的人类劳动。这些数据产品在具体业务应用场景和交易场景中创造价值与实现价值。

（2）数据价值网。数据价值链是数据价值流动的基本路径，也是数据商品和服务的价值随着企业经营活动在数据要素供给方、中间环节和需求方之间单向流转的过程。一系列的数据价值链组成数据价值网络。数据价值网络是多维立体的网状结构，存在多种链路组合。以数据要素作为流通主体的价值网络，称为数据价值网络。数据价值网络是以数据要素作为交易流通对象的价值网络，涵盖了从数据生成到利用的一系列价值创造环节。

广义地说，数据价值网络应涵盖数据外循环链路中不同企业间产生的所有场内与场外、直接与间接的数据价值流通活动（数据本身、数据产品、数据服务）以及支撑数据价值流通的技术工具市场。❶

基于产业链分工，我们可以将数据价值网络进一步细分为数据应用服务、数据要素流通和数据基础工具三个市场。其中，数据应用服务市场将数据资源转换成有价值的“洞察”，帮助企业更好地把握市场动态，了解用户或消费者的行为与偏好。数据要素流通市场，通过聚合多类分散的数据，完成数据清洗和加工等初步处理后，供给需求方使用，推动数据流转。数据基础工具市场，提供支撑数据价值网络运行的技术保障。

本章从认识论层面论述了数据的价值问题，探讨了不同主体对数据价值的理解。数据价值问题是元问题，是我们构建数据为何是资产，以及为何是生产要素的理论基础。对数据价值的理解，作者认为，可以从两个方面入手。一是从数据的定义看，数据是特定主体有目的地对事物的记录和描述。也就是说，数据能够解决或满足特定主体对某事物的“不确定性”的问题的解决。从价值的概念可知，数据具有价值。二是结合马克思的劳动价值论理解数据的价值，它来源于与数据采集、加工、管理、开发利用相关主体的劳动。或者说，数据的产生或生产包含了人们的劳动，所以数据有价值。另外，对数据价值的理解，不能仅局限于或停留于“数据自身有价值”的认识，更重要的是，数据能够激发其他生产要素的价值。

本章还论述了数据价值的表现形式和存在方式。其实，数据产生价值（或增值）是一种价值的实现方式，利用数据节省企业的生产成本或者减少企业的风险，也是价值实现的方式。数据作为新兴生产要素，其价值表现不同于传统生产要素的价值。数据与其他生产要素的结合，能够激发其他生产要素价值的实现和增加。因而，认识数据价值的表现形式，对于数据的开发利用和价值实现非常重要。数据价值的实现方式也不同于一般生产要素，数据价值的实现需要一定条件，需要依据一定场景或用户需求进行开发加工，需要在实际的生产经营和管理活动中应用。离开了具体的应用场景，数据价值将难以实现。

❶ 来源：BCG 分析。

第3章

数据资产价值生成与实现机制以及资产化路径

本章从理论层面探讨了数据资产的价值生成机制和价值实现机制，并结合实例梳理了实践中数据资产化的路径，即数据如何从资源形态转变为资产形态，从低价值状态转化为高价值状态的过程，包括数据资源化、数据产品化、数据资产化以及数据资本化等几个步骤，并分析了这一过程中数据资产的三大属性（信息属性、法律属性、价值属性）和五大特征（非实体性、依附性、可共享性、可加工性、价值易变性）。

数据资产价值生成机制和价值实现机制是两个核心概念，它们共同描述了数据资产从潜在价值到现实价值的转化过程。数据资产价值生成机制涉及数据如何成为生产过程中的关键要素，并影响经济价值产出。本章总结了数据价值链模型、劳动价值论模型、整合的数据价值生成模型以及数据价值论。数据资产价值实现机制涉及将数据资产的潜在价值转化为实际经济效益和社会影响的过程。本章分析了数据要素如何独立、赋能或替代其他生产要素作用于生产函数，并分析了确权、评估、定价机制在数据资产价值实现中的作用。

有关数据资产化路径论述主要包括如下内容：①在数据资源化部分讨论了数据如何被收集、清洗、分类，并转化为可用的资源。重点强调了数据的标准化、结构化处理，以及如何通过技术手段提升数据质量，从而为数据资产化打下基础。②在数据产品化部分定义了数据如何被进一步封装和加工成为可以直接提供给消费者的产品，本章介绍了不同类型的数据产品，例如定制化报告和数据服务，并探讨了这些产品如何满足市场需求。③在数据资产化部分详细讨论了其定义和实现方法，强调数据资产化过程中的法律、管理和技术挑战，以及如何通过数据治理、价值评估和标准化流程，将数据资源转化为可管理、可量化、可变现的数据资产。④在数据资本化部分探讨了数据资产如何进一步转化为可以在金融市场上交易的资本，分析了数据资产的金融化途径，例如数据证券化、数据信托等，并讨论了数据资本化过程中的风险与监管问题。

3.1 数据资产价值的生成机制

在数字化时代，数据已成为一种关键的生产要素，其价值的生成和实现对于推动经济增长和社会进步具有重要意义。随着信息技术的飞速发展，数据资产以其独特的经济学特性，例如非竞争性、边际成本递减、边际收益递增等，正在重塑传统的生产和交换模式。数据资产的价值不仅来源于其内在的特性，还与其在经济过程中的作用密切相关。因此，深入分析数据资产的价值来源和生成机制，对于理解数据在现代经济中的作用至关重要。

本节将从数据要素及其市场的发展、数据资产的经济学特性，以及数据价值、数据资源价值到数据资产价值的转变三个维度，探讨数据资产价值的来源。本节将分析数据要素市场化的条件、数据资产的非竞争性、副产品性、边际成本递减、边际收益递增等特性，以及这些特性如何影响数据资产的价值生成。此外，本节还将讨论数据资产价值实现的一般分析，包括数据价值链模型、劳动价值论模型，以及整合的数据价值生成机制模型和数据价值理论。通过这些理论视角，作者揭示数据资产价值的生成机制，为数据资产的管理和利用提供理论支持和实践指导。最后，本节将详细阐述这些理论和模型，以期为理解数据资产的价值提供更为全面和深刻的理论支持。

3.1.1 数据资产价值来源的一般分析

3.1.1.1 数据要素及数据要素市场的发展

数据要素市场化是数字经济时代的新现象，也是市场经济体制下的新问题。随着信息技术和数字技术的发展，数据成为数字经济和国民经济的关键基础，其作用日益关键。数据成为生产要素是社会生产力发展的必然结果。通过提高资源配置效率、促进技术创新和改进组织管理，数据要素显著提升了社会整体的全要素生产率，从而推动社会生产力的提升。

在市场经济条件下，为了实现资源的优化配置，数据要素需要通过市场手段进行配置。数据要素的市场化是数字经济发展的客观要求，它要求数据要素能够像其他生产要素一样在市场上自由流动和交易。数据要素具有价值，因为它是人类劳动创造的，能够满足企业生产和服务的需求。数据要素的使用需要付费，这是由其稀缺性和价值决定的。数据要素市场化的条件包括数据的有偿使用、数据要素标准化、数据资产确权和定价、数据要素交易规则的建立以及数据要素交易市场的形成。

尽管数据要素市场化在实践中已经存在，但与成熟的市场经济和数字经济相比，数据要素市场化程度还相对滞后。目前，全国只有少数几个数据交易平台，例如上海数据交易平台、长江数据交易平台、深圳数据交易平台、贵阳数据交易平台等。2020 年，中国政府发布的相关政策文件提出了加快数据要素市场化的要求，并将数据作为与土地、劳动力、资本、技术并列的生产要素，这体现了深化市场经济体制改革的顶层设计思路。

数据要素市场化是适应数字经济发展的必然趋势，对于推动社会生产力的发展具有重要意义。同时，数据要素市场化的推进需要相应的制度建设和政策支持，以确保数据要素能够在市场中合理配置和有效利用。

可以说，当今数据成为新型生产要素，以及数据要素市场的形成，是数据从一种资源转变成资产、价值得到飞跃性提升的前提条件。

3.1.1.2　数据资产的经济学特性

一般认为，数据资产的价值来源于其独特的经济学特性。作为一种全新的生产要素，数据资产具有非竞争性、副产品性、边际成本递减、边际收益递增、非实体性、依附性、价值易变性、非消耗性、可共享性、规模性、多样性、动态性、可加工性等特性。这些特性使得数据资产在价值创造方面具有独特的、不同于传统生产要素的优势，例如数据的规模报酬递增和网络效应特性，意味着其在价值创造方面可以实现“1 +1 >2”的效果。

（1）数据资产的非竞争性意味着数据可以被无限复制和重复使用，而不会影响其本身的价值。这种特性使得数据资产能够被广泛共享和使用，从而在更大范围内创造价值。例如，数据资产的边际成本接近于零，使得其可以被无限次地复制和使用，而不会增加额外成本。然而，这种非竞争性也带来了数据交易的复杂性。由于数据资产可以被广泛共享，数据所有者很难防止买方进行分享或二次转售，从而损害其权益。因此，数据资产的交易机制需要特别设计，以防止这种潜在的权益损害。

（2）数据资产的副产品特性进一步增强了其价值创造潜力。数据是经济活动的副产品，可以源源不断地产生。数据资产的生命周期包括采集、储存、清洗、加工、分发、传输、使用和消除等多个环节。这种生命周期的复杂性要求数据要素市场必须对整个生命周期进行全覆盖，以确保数据资产的持续增值。

（3）边际成本递减是指随着数据资产的使用量的增加，单位数据资产的边际成本降低。数据资产的边际成本递减促进了规模经济的形成。随着数据量的增加，固定成本（如基础设施投入、研发成本）被分摊到更多的单位数据上，从而降低了单位数据的成本。边际成本的降低意味着数据资产的经济利用效率提高，使得企业可以以更低的成本获取和使用数据，增强了数据资产的经济吸引力和竞争力。同时，边际成本递减鼓励数据的共享和流通，因为数据的复制和传输成本远低于传统实体资产，这促进了数据资产的更广泛应用和价值实现。

（4）与边际成本递减相关的是边际收益递增。数据资产的边际收益递增与网络效应紧密相关。随着更多用户或数据提供者的加入，数据资产的价值增加，因为更多的数据可以带来更丰富的分析结果和更准确的预测。边际收益递增意味着数据资产在价值创造方面可以实现“1 + 1 > 2”的效果。数据资产的整合和分析可以揭示新的洞见和模式，从而创造新的价值。另外，边际收益的递增提高了数据资产作为投资对象的吸引力，因为投资者预期随着数据资产的扩展，其带来的回报将增加。

（5）数据资产的价值在使用、流转和交易过程中才能实现，并由市场来反映和决定。数据资产的价值会随着交换与使用而扩大，这与固定资产、货币资产存在显著不同。数据资产在不同场景下的需求变化也会影响其价值，例如在某些应用场景下，数据需求的变化会导致数据资产价值的变化。

数据资产的价值不仅体现在其直接产生的经济收益上，还包括其在不同应用场景中的潜在价值。此外，数据资产可以通过优化资源配置，提高劳动和资本等其他要素的投入产出效率，实现对经济增长的乘数效应。数据资产的价值还体现在其整合和共享的能力上。通过联邦学习等分布式机器学习方案，可以解决数据孤岛问题，提高数据整合和共享的能力，从而提升数据资产的价值。

3.1.1.3 区分数据价值、数据资源价值和数据资产价值

在分析数据资产的价值来源时，必须对数据价值、数据资源价值、数据资产价值进行区分。

（1）数据价值。数据是人类有目的地生产出来的、以符号化的表达形式对客观事实的描述与记录。数据的价值在于其能够被转化为信息和知识，从而指导决策和行动，提高生产效率和经济增长。但是，数据的价值却是易变的、隐含的、间接的、具有依附性的。

数据价值的易变性体现在：第一，数据价值与时间紧密相关，数据会随着时间

的推移而老化，其包含的信息内容和载体都可能发生变化；第二，数据在其生命周期中的价值会发生变化，可能因加工处理而增值，也可能因与其他数据整合而产生倍增效应，还可能会因内容过时而失去使用价值；第三，数据作为符号的集合本身不会老化，但记录数据的载体（例如磁介质、光介质）会老化，因此需要将数据迁移到新载体上以保持其价值。

数据价值的隐含性体现在：第一，数据的价值不是显而易见的，它蕴含于数据的语义信息之中，需要通过分析和处理才能显现出来；第二，数据的价值实现需要借助于算法和算力，这些技术能够揭示数据的潜在价值，并将其转化为实际的经济效益。

数据价值的间接性体现在：第一，对于使用数据进行生产经营或科学研究的企业，数据的价值在被使用后才能真正实现，这部分价值是间接的，通过提高效率、降低成本或增加收益等方式体现；第二，只有直接将数据作为产品的企业，例如数据库经销商或数据服务商，才能够通过销售数据产品直接获得经济价值。

数据价值实现的依附性体现在：第一，数据价值的实现依赖于特定的应用场景和与其他生产要素的结合；数据本身含有潜在价值，但需要在特定场景中使用才能发挥出来；第二，数据的价值实现不仅仅依赖于数据本身，还依赖于算法和算力，这些技术可以帮助挖掘、统计和分析数据，使其可用于决策和经营活动；第三，数据价值的实现还依赖于信息技术，例如数据库和数据服务，这些技术可以将数据加工整合后形成产品或服务，直接为企业带来经济价值。

（2）数据资源价值。数据资源与数据的最大不同在于，只有当人们对具有一定规模的数据进行加工处理，使其价值得到一定程度的揭示，才能够将数据视为数据资源。此时，数据资源的价值体现出规模性、动态性和共享性。

首先是数据资源价值的规模性。随着物联网、社交媒体和移动设备的普及，数据的产生速度越来越快，规模也越来越大。据分析，2023 年全国数据生产总量达到 32.85 泽字节（ZB），同比增长 22.44%，[1] 显示了数据资源规模的快速增长。这种庞大的数据量使得数据资源具有极高的价值，但同时也对数据存储、处理和分析技术提出了更高的要求。

其次是数据资源价值的动态性。数据资源是实时更新的，例如股票价格、天气数据、交通数据等都是实时变化的。这种动态性使得数据资源能够反映最新的情况，为决策提供及时、准确的信息支持。2023 年全年生产的数据量中，只有 2.9% 被存储。这意味着一些数据在源头就被抛弃，而在存储数据中，一年未使用的数据占比约为四

[1] 全国数据资源调查工作组. 全国数据资源调查报告（2023 年）[EB/OL]. [2024-08-20]. https://news.qq.com/rain/a/20240530A0848M00.

成。数据资源的动态性对数据的实时处理和分析能力提出了更高的要求。[1]

最后是数据资源价值的共享性。随着云计算和大数据技术的不断发展，数据资源的共享和开放也变得越来越普遍。数据资源的共享性使得数据资源能够更广泛地应用于各个领域，促进数据的应用和价值发挥。2023 年，我国公共数据开放量同比增长超 16%，省级政府开放数据量比 2022 年增长 18.5%，显示了数据资源共享性的实际进展和成效。此外，北京市、浙江省、上海市、重庆市等 15 个地区的省级数据管理部门开始探索“公共数据授权运营机制”，进一步推动了数据资源的共享和利用。

（3）数据资产价值。当满足特定前提的数据资源经过价值评估、权属确定、会计处理、信息披露等步骤而转化为数据资产时，其蕴含的价值由潜在变为显性，但依然具有非实体性、依附性、可共享性、可加工性、易变性，以及与应用场景高度相关等特性。

第一，数据资产的非实体性是指数据本身不具备实物形态。尽管数据需要依托于物理载体（例如硬盘、云存储等）来存储和传输，但其价值主要源于数据本身所承载的信息和知识。这种特性使得数据资产具有无消耗性，即数据的使用不会导致其价值的减少。相较于传统资产，数据资产的非实体性使其在数字经济中更具灵活性和可扩展性，企业可以在不增加物理资源的情况下，利用相同的数据进行多次分析和应用。

第二，数据资产的依附性强调数据必须存储在一定的介质上。尽管数据可以在多种形式和介质中存在，但其价值的实现依赖于这些存储介质的安全性和可访问性。数据的依附性也意味着企业需要采取有效的管理措施来保护数据资产，确保数据在存储和传输过程中的完整性和安全性。此外，数据的依附性还涉及数据的生命周期管理，确保数据在整个生命周期中保持其价值和可用性。

第三，数据资产的可共享性是指在权限可控的前提下，数据资产可以被多个主体同时使用。这种特性使得数据资产能够在不同的应用场景中发挥作用，促进数据的流通和价值的实现。数据的可共享性不仅提高了数据的利用效率，而且能够通过多方合作实现数据的增值。例如，企业可以通过数据交换、合作分析等方式，利用外部数据资源来丰富自身的数据资产，从而提升决策的准确性和业务的创新能力。

第四，数据资产的可加工性指的是数据可以被维护、更新、分析和挖掘，以生成新的信息和知识。这一特性使得数据资产能够不断适应变化的市场需求和技术环境。通过对数据的加工，企业可以提炼出有价值的信息，支持决策制定和策略规

[1] 全国数据资源调查工作组. 全国数据资源调查报告（2023 年）[EB/OL]. [2024-08-20]. https://news.qq.com/rain/a/20240530A0848M00.

划。数据的可加工性还体现在其能够与其他数据资源进行整合，形成新的数据产品或服务，进一步提升数据的经济价值。

第五，数据资产的价值易变性是指数据的价值受多种因素影响，随时间和应用场景的变化而波动。数据的有效性和相关性可能随着市场环境、技术进步和用户需求的变化而改变。因此，企业在评估数据资产的价值时，需要考虑数据的时效性、准确性和完整性等因素。数据资产的价值易变性要求企业具备灵活的管理策略，以便及时调整数据的使用和应用场景，从而最大化其经济利益。

第六，数据资产的价值实现与应用场景密切相关。数据的价值不仅体现在其本身的特性，还在于其在特定场景中的应用效果。不同的应用场景可以赋予数据资产不同的价值。例如，在市场营销中，用户行为数据可以帮助企业制定精准的广告策略，而在产品研发中，用户反馈数据则可以加速新产品的开发。因此，企业需要深入挖掘数据资产的应用场景，探索其潜在的商业价值，以实现数据资产的最大化利用。

3.1.2　数据资产价值生成机制

前文对数据资产的价值生成进行了一般性的分析，主要考虑了数据资产的经济学特性，以及从数据到数据资源再到数据资产这一过程中价值特性的变化。但上述分析依然无法解释数据资产为什么有价值这一关键而根本的问题。

在数字化时代，数据资产已成为企业竞争力的关键，其价值的生成和实现机制是学术界和业界共同关注的话题。数据资产之所以有价值，不仅因为它们是信息的载体，更因为它们在经济活动中扮演着多重角色。为了深入剖析数据资产价值的生成机制，我们需要从多个理论视角进行探讨。包括理解数据如何从原始形态转变为有价值的资产，以及这一过程中涉及的关键活动和影响因素。学术界提出了多种模型来解释这一现象，其中数据价值链模型和劳动价值论模型为我们提供了深刻的洞见。这些模型不仅阐释了数据资产价值的来源，还揭示了数据在现代经济中流转和增值的复杂过程。

接下来，作者将深入介绍4种学术界对数据资产价值生成机制的分析，以期为理解数据资产的价值提供更为全面和深刻的理论支持。

3.1.2.1　数据价值链模型

数据价值链是数据从原始数据、数据资源到数据产品、数据资产的过程。[1] 这一过程涉及数据的采集、加工处理、设计配置、挂牌上市、市场交易、合约交付等一系列环节，最终实现数据的价值。

[1] 黄丽华，郭梦珂，邵志清，等．关于构建全国统一的数据资产登记体系的思考［J］．中国科学院院刊，2022，37（10）：1426－1434．

数据价值链的主要环节包括以下内容。

（1）原始数据。指未经加工处理的原始数据集，是数据价值链的起点。

（2）数据加工。将原始数据加工处理，旨在形成有价值的、可被利用的数据资源。

（3）数据资源。经过必要加工处理的数据，成为资源性数据资产，为进一步转化为可流通的数据产品提供资源储备。

（4）产品设计配置。将数据资源设计成数据产品，这些产品可以是数据集或数据信息服务。

（5）产品登记。对数据产品及其提供商在交易平台上进行注册登记，并进行必要的审核和评估。

（6）挂牌上市。合法合规的数据产品在交易平台上挂牌上市，成为企业的经营性数据资产。

（7）市场交易。数据产品通过市场交易进入需求方的使用环节，实现数据资产的流通和价值实现。

（8）合约交付。买卖双方达成交易意向并签署交易合约后，交易系统记录相应的交易合约和交易结果。

数据价值链模型涉及的数据资产类型包括两种。①资源性数据资产，指尚未进入流通市场的数据资源，具有潜在价值，需要关注数据的收集、存储和质量提升。②经营性数据资产，指被产品化后、可以在市场上作为“商品”流通的数据资产，持有企业可以通过市场进行流通交易或共享。

数据价值链具备以下特点。

（1）通用性。数据要素需要具备通用性，以便在不同场景下被广泛应用。

（2）全局性。数据价值链涉及全局的数据资源管理和流通，需要跨组织、跨系统、跨层级的整合。

（3）价值性。数据价值链的核心是实现数据的价值，通过加工处理和流通交易提升数据的经济价值。

（4）流通性。数据价值链强调数据的流通性，通过市场机制实现数据资产的高效配置和价值最大化。

目前，实践中的数据资产化路径正是以数据价值链模型为指导。该模型的意义在于，通过数据价值链的构建，促进数据要素的市场化配置，提高数据资源的利用效率，如图3－1所示。数据价值链的实施有助于企业和机构加快数字化转型，提升数据管理和开发利用能力。数据价值链的分析为政府制定相关数据政策提供了理论依据，有助于构建全国统一的数据要素市场。

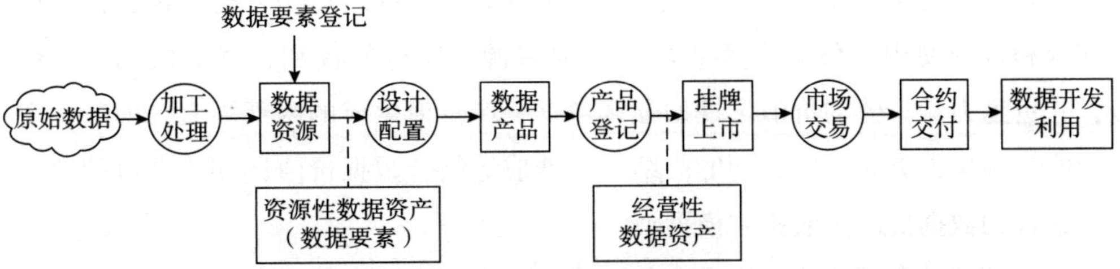

图 3－1　数据价值链模型

3. 1. 2. 2　劳动价值论模型

何玉长和王伟基于马克思的劳动价值理论分析了数据资产的价值。❶

数据资源和产品的供给是人类劳动的产物，这种劳动包括数据的采集、分析、处理等各个环节。数据资产的生产涉及多个阶段，包括数据挖掘、整理、结构化、规范化、联通、集成、存储和处理等。在这些阶段中，劳动者通过专业技能和知识，将原始数据转化为有用的信息产品，这些产品能够满足企业的生产和服务需求。数据产品的生产往往需要复杂劳动，即需要较高教育水平和专业技能的劳动。这种劳动在相同时间内能够创造更多的价值，因为它涉及高级的技术和专业知识。

因此，数据产品的价值由其生产过程中的社会必要劳动时间决定。这意味着，生产高质量数据产品所需的劳动时间越长，其价值就越高。数据产品的价值还体现在其对企业生产效率和决策优化的贡献上。

数据资产可以根据其性质、产权、功能和产品形态进行分类。这些分类有助于理解数据资产在不同领域的应用和价值。数据资产具有虚拟性、通用性、即时性、共享性和外部性等特点。这些特点使得数据资产在经济活动中具有独特的功能，例如提高经济决策的科学性、促进资源优化配置等。

尽管数据资产的价值源于劳动，但其市场化过程中仍面临诸多挑战，包括数据产权的界定、数据标准化、数据安全和隐私保护等问题。可以说，数据资产的价值创造过程是劳动密集型的，需要专业知识和技术的投入。同时，数据资产的市场化需要相应的制度和法律法规支持，以确保数据资产的价值得到合理评估和充分利用。

3. 1. 2. 3　整合的数据价值生成机制模型

以上两种理论模型分别强调数据资产价值生成的两个方面：数据价值链模型强调数据资产价值生成的外部因素，即需要建立一个由政府、企业和公众共同参与的多元主体机制。政府在这一机制中发挥主导作用，负责政策制定、标准设定和产权

❶ 何玉长，王伟. 数据要素市场化的理论阐释［J］. 当代经济研究，2021（4）：33－44.

界定。企业作为实施主体，需要发展新技术和算法，同时承担社会责任，确保数据的安全和合规使用。公众作为数据的主要来源，应行使权利、享受权利、承担义务，并贡献力量。劳动价值论模型强调数据资产价值生成的内部因素，即数据资产的价值来源于人类无差别劳动的凝结。马费成等结合数据价值链和劳动价值论，提出了整合的数据价值生成机制模型。[1]

这一模型融合了价值链模型和劳动价值论模型，认为数据资产的生产包括数据采集、数据组织、数据流通和数据利用等环节。这些环节构成了数据资产价值生成的主路径。作为价值链的源头，数据采集的质量直接影响最终的价值实现。数据采集渠道包括政府、企业和个人，涉及原始数据的收集和初步处理。将采集到的数据进行结构化处理，以便于信息的挖掘和价值的提取。数据组织过程包括脱敏、模型化和 AI 化，使数据从无序向有序转换，知识从大量基础数据中被挖掘出来。数据流通是数据成为生产要素的关键，涉及数据在不同经济行为主体内部及主体间的流通。数据流通有助于数据价值的倍增和“溢出效应”的增强。数据利用是价值实现的“最后一公里”，涉及数据在不同场景中的应用，例如政府宏观调控、企业精准决策等，实现数据资产的商业价值和社会价值。

除了上述环节及各环节中的主要活动，数据资产形成过程还离不开多样化的辅助活动，包括数据安全保护、数据技术支持和数据人才保障。维护数据安全、保护数据主体的权益，以保障数据的正常流通和使用，包括：①建立网络安全管理控制体系和出台相关法律法规。②提供必要的技术支持，例如数据采集工具、数据脱敏技术、人工智能技术等，以确保数据的有效组织和利用。③培养具备数据洞察力、数据处理能力和数据安全意识的复合型人才，以推动数据要素的高效配置和价值实现。

在基本活动和辅助活动的基础上，数据的形态从原始数据形态转变为资源、产品、资产形态，其价值完成了从潜在价值到商业价值和社会价值的转化。整个过程如图 3 – 2 所示。

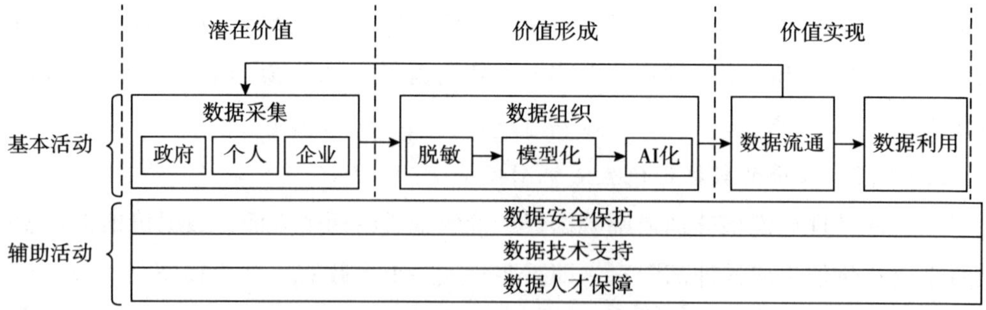

图 3 – 2　整合的数据价值生成机制模型

[1] 马费成，吴逸姝，卢慧质. 数据要素价值实现路径研究［J］. 信息资源管理学报，2023，13（2）：4 – 11.

3.1.2.4　数据价值理论

李海舰和赵丽通过分析数据要素自身特性，并与其他软硬生产要素进行比较，在生产端得出了数据价值形成、数据价值实现的基本理论模型，在交换端构建了确权及定价的理论原则，初步形成了数据价值理论体系。❶

数据价值理论研究与逻辑框架如图 3－3 所示。这一理论认为，相比于硬要素（R1，即劳动、土地、资本等传统生产要素），数据具有非竞争性、非排他性，边际成本递减、边际收益递增的特性，这些特性前文已有详述，在此不再赘述。相比于其他软要素（R2，即技术、知识、管理等现代软性生产要素），数据要素具有更强的非物质化、非实物态特性，体现为：①广泛在性，数据生产遍布各个领域和场景；②永在线性，数据实时产生并快速响应，实现动态优化；③巨规模性，数据量呈爆炸式增长；④极低廉性，数据存储和处理成本大幅下降，边际成本接近零；⑤高增值性，数据要素的多维特性使其具有巨大的增值潜力。另外，这一理论还强调数据要素的“非有限性、非稀缺性”，即“四个无限”：①无限复用性，数据可以被无限复制和应用，实现一次性生产、无限次使用；②无限组合性，数据间可以无限连接和匹配，打破数据孤岛，形成系统有序的整体；③无限迭代性，数据支持在虚拟空间中无限孪生和优化，实现零成本的迭代试错；④无限供给性，数据的无限生产和复用打破了资源的稀缺性，实现非稀缺性供给。

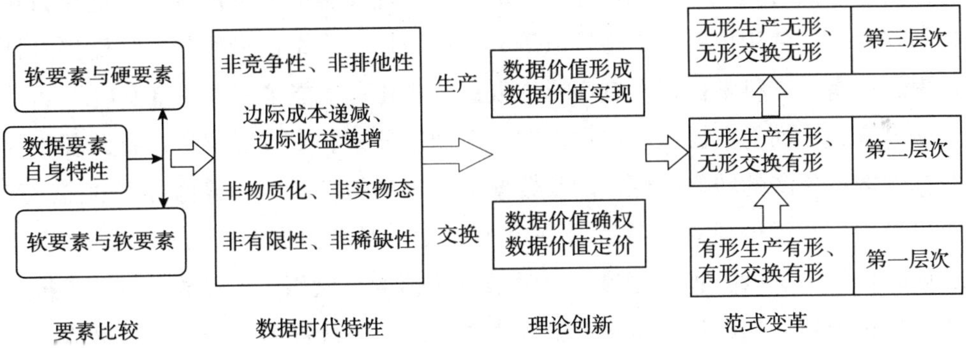

图 3－3　数据价值理论研究与逻辑框架

基于上述分析，该理论认为数据资产的价值形成，会受到数据质量、加工程度、使用程度、连接程度、应用场景和开放程度六方面影响。①高质量的数据对预测模型的准确性至关重要，而数据质量问题，例如错误标签或不平衡数据集可能导致预测偏差，影响数据的经济价值和企业决策，甚至引发“数据级联”效应，扩大负面影响；②数据加工程度不同，其价值也不同，从原始数据到增值数据的转变过程中，数据的

❶ 李海舰，赵丽．数据成为生产要素：特征、机制与价值形态演进［J］．上海经济研究，2021（8）：48－59．

价值密度增加；③数据使用的频度、广度和深度越大，其价值也越大，尤其在智能学习系统中，数据量的增加能显著提升系统性能；④数据连接程度的提升，例如数字基础设施之间的连接和数据之间的连接，能增强用户、产品、服务之间的交互，提升数据应用价值；⑤数据应用场景的不同也决定了数据价值的差异，头部场景和尾部场景的数据应用能优化生产决策和交易决策，长尾效应越强，数据价值越高；⑥数据开放程度的不同也影响数据价值，数据共享相较于数据围墙，能实现数据资源的社会化配置效率最大化，增强数据的非排他性，从而提升数据价值。

3.2 数据资产价值实现机制

除了需要讨论数据资产的价值生成问题，还需研究数据资产的价值实现问题。数据资产的价值实现，在理论层面上是研究数据要素投入经济过程后，如何作用于生产函数，对经济过程的产出（商品、服务或其他有形无形产品）造成影响，在实践层面上也可以理解为如何通过一系列的机制设计，将数据资产的潜在价值转化为实际的经济效益和社会影响。

对这一问题的理论研究，有助于我们深入理解数据资产如何作为生产要素参与经济过程，揭示数据资产在不同应用场景下的价值创造路径和价值驱动因素；有助于为数据资产的管理运营提供指导，帮助企业合理安排数据资产结构，优化数据流动性与安全性、使用价值与交易价值等，实现数据资产结构最优化，从而提升社会生产率；还有助于科学认识和有序推进数据资产化，赋能经济高质量发展。

研究实践层面的数据价值实现机制，有助于分析和支撑数据资产化路径，促进从数据到数据资产的转化过程，以及数据交易市场的发展，为数据资产的流通和交易提供指导；有助于建立全流程合规审查制度，保障数据资产价值发掘的安全有序，同时促进“三权分置”制度，驱动数据价值的高效积累与释放；有助于推动数据资产的价值评估和运营，加速数据价值的实现，拓宽数据资产的价值网络，包括内部应用和外部流通。

3.2.1 数据要素如何作用于生产函数

数据价值理论从数据要素作用于生产函数的经济学分析，探索了理论层面的数据资产价值实现机制。该理论认为数据要素的价值实现分为三个部分，即数据独立作为生产要素产生价值创造效应，数据赋能其他生产要素产生价值倍增效应，以及数据替代其他生产要素产生价格归零效应。[1]

---

[1] 李海舰，赵丽．数据成为生产要素：特征、机制与价值形态演进［J］．上海经济研究，2021（8）：48－59．

3.2.1.1 数据独立作为生产要素产生价值创造效应

在数据独立作为生产要素产生价值创造效应时，生产函数由公式（1）变为公式（2）。

$$Y = F(K,L) \tag{1}$$

$$Y = F(K,L,D) \tag{2}$$

式中，Y代表产值，K代表资本，L代表劳动力，D代表数据。需要说明的是，在现实中，生产函数中不仅包括劳动和资本要素，还包括土地、技术、知识、管理等其他生产要素，此处简化，只是为了说明数据的独立、赋能、替代效应。

数据作为独立的生产要素，其价值创造效应体现在多个方面，包括精准经济效应、即时经济效应、网络经济效应和预期经济效应。这些效应共同构成了数据在现代经济中的核心作用，并推动了经济模式的转变。

（1）精准经济效应。数据的精准经济效应体现在数据搜索方式的转变，从"人找数据"到"数据找人"。在工业经济时代，用户需要主动搜索商品信息，而在数智经济时代，数据的自动收集、传输和分析使得商品信息能够个性化智能推送给用户，实现更精准的匹配。这种转变不仅缩短了搜索时间、降低了成本，还提升了用户体验和决策效率。

（2）即时经济效应。数据、算力、算法的迭代优化使得数据能够即时处理、分析和反馈，形成最优决策，实现即时供给。数据即时性要求关注现时和未来数据，算力即时性要求提高数据处理能力，算法即时性要求优化算法的计算速度和准确性。这三者的协同作用保障了数据的即时经济效应，提升了决策的时效性和资源配置的效率。

（3）网络经济效应。数据网络效应是企业获得跨界竞争优势的根本原因。同边网络效应指的是产品或服务的用户规模越大，平台收集的数据越多，对每个用户的价值越大。跨边网络效应则是指市场一侧的效用和价值受市场另一侧规模影响。例如，滴滴出行平台通过实时分析乘客和司机之间的交互数据，促进供需匹配，实现数据驱动的价值创造。随着数据生态范围的扩大，企业能够将数据优势转化为跨界竞争优势，形成"赢者通吃"的局面。

（4）预期经济效应。数据挖掘和数据分析降低了复杂世界的不确定性，缓解了人类认知的局限，增强了决策的理性，形成了理性预期。数据的预期经济效应体现在增强市场智能决策能力和国家宏观调控能力。数据赋能下的精准预期、精准决策提升了资源配置效率，形成了数智经济时代"强市场"的雏形。同时，数据挖掘和数据分析对宏观经济指标的预测性分析提高了宏观经济政策的精准性和有效性，形成了数智经济时代"强政府"的雏形。

3.2.1.2 数据赋能其他生产要素产生价值倍增效应

数据赋能其他生产要素意味着数据除了直接作为生产要素进入要素组合，还可以基于数据要素的“非物质化”“非实物态”特性，渗透、赋能其他生产要素，提高其他生产要素的资源配置效率，实现价值倍增效应。这意味着生产函数将从公式（1）变为公式（3）。

$$Y_D = F[K(D) + L(D)] \tag{3}$$

式中，$K(D)$、$L(D)$ 是数据赋能资本和劳动后，形成“新化”的资本和劳动。此时，数据间接参与生产，“新化”生产要素是“旧化”生产要素的进阶和高阶形式，是各个生产要素效率提升的结果。这里，生产要素仅发生形式上的改变，并未发生本质上的改变，依旧以传统生产要素（资本和劳动）身份参与生产。数据赋能其他生产要素后，产值由 Y 变为 Y_D。这是因为各种生产要素之间彼此融合协作，形成一体化的要素生产系统，发挥整体的乘数效应和网络效应，产量实现非线性的指数增长，即实现价值倍增。微观层面，数据赋能其他生产要素在价值链中表现为数据提高研发效率、数据提高制造效率、数据提高营销效率、数据提高营运效率。

（1）数据提高研发效率。数据赋能研发环节，通过用户数据收集和反馈，形成以用户为中心的产品研发机制。企业利用数据化研发平台，结合用户数据，进行产品迭代和优化，减少产品与用户间的“摩擦”，满足个性化需求。例如，智能桌椅通过综合用户使用数据自动调节，提供个性化体验。

（2）数据提高制造效率。数据赋能制造环节，通过传感器收集生产数据，实现生产流程的数据化和透明化。数据处理分析后，根据需求调整生产要素，实现数据流引领物质流、资金流、技术流。数据应用还涉及监测设备运行状况，预警生产故障，提高生产效率。

（3）数据提高营销效率。数据赋能营销环节，重塑企业传统营销模式，通过用户数据生成“用户画像”，实现精准营销。企业利用数据打通线上线下营销渠道，实现全渠道营销，提高营销效率和转化率。

（4）数据提高营运效率。数据赋能营运环节，降低企业内部营运风险，通过数据连接企业各环节，减少信息不对称和不协调。数据有效缓解企业外部营运摩擦，连通外部主体，均衡利益相关者诉求，形成协同共生体系。

数据赋能的效果表现为产值从 Y 变为 Y_D，这是由于生产要素之间融合协作，形成一体化的要素生产系统，发挥整体的乘数效应和网络效应，实现产量的非线性指数增长。在微观层面，数据赋能在价值链中表现为提高研发、制造、营销和营运的效率，通过数据的高流动性和非竞争性、非排他性，实现资源配置效率的提升和价值的倍增。

3.2.1.3 数据替代其他生产要素产生价格归零效应

数据替代其他生产要素产生价格归零效应，这一现象在数字经济时代尤为显著。数据的非物质化和非实物态特性使其能够全面渗透并替代传统生产要素，优化资源配置体系，实现效率最大化。在此情况下，函数将从公式（3）变为公式（4）。

$$Y_D = F(D_K + D_L) \tag{4}$$

式中，D_K 和 D_L 是对“新化”的资本和劳动的替代。以更少的物质要素、更多的数据要素，实现同质的功能和等量的产出，并且根据数据要素的“边际成本递减、边际收益递增”特性，产生价格归零效应，主要表现为以下两方面。

（1）生产要素去物质化。数字孪生技术的发展使得实体空间的物质化生产要素能够映射到虚拟空间，以数字化、数据化生产要素替代物质化生产要素。这种转变推动了业务流程的数字化、数据化转型，降低了试错成本，节约了物质化生产要素，并摆脱了其有限性的束缚。

（2）产品形态去物质化。随着“数字技术群”的发展，产品形态经历了从信息化、数字化到智能化的转变。产品功能与物质载体的关系从“1+1”模式转变为“N+1”“N+1/M”乃至“N+0”模式，即多个产品功能可以集中在一个物质载体上，或者减少物质载体的使用，甚至完全去除物质载体。

在工业经济时代，企业依赖产品赚钱，而在数智经济时代，企业通过数据赚钱，实现了赚钱与成本免费的统一。传统要素因其排他性、竞争性以及资源的有限性，边际成本随使用增加而升高，产品价格也随之上涨。相比之下，数据要素作为高位要素和虚拟要素，可以无限供给，其再生产的边际成本很低甚至几乎为零，导致数据产品价格越来越低，最终可能趋近于零。

尽管数据产品的价格可能趋近于零，但这并不意味着数据产品的价值也为零。在数智经济时代，数据产品具有很大的价值，尤其是在生产者剩余和消费者剩余方面。生产者通过用户在数字平台上的交互行为获得大量免费的数据产品，这有助于优化机器学习模型，提升模型匹配效率，从而提升平台企业的剩余价值。同时，平台企业通过数据挖掘和分析能力，不断优化产品和服务，满足用户的多样化、个性化需求，增加用户感知价值，产生巨大的消费者剩余。

3.2.2 数据资产的确权、评估与定价机制

在实践层面上，数据资产的确权、评估、定价机制往往被认为尤为重要，是数据资产价值实现机制的核心组成部分。

数据资产的确权是数据价值实现的法律前提。只有明确了数据的权利归属，才能为数据的交易、流通和利用提供法律基础。数据确权有助于降低数据交易流通中

的核实成本、磋商成本、行为约束成本和行使权利成本，使得数据的高质量交易流通成为可能。确权还涉及数据的分级分类评估，这对于数据资产的管理和保护至关重要，尤其是在数据安全和隐私保护方面。

数据资产的评估是实现其价值的关键步骤。评估机制能够为数据资产的价值提供量化参考，这对于数据资产的交易、融资等活动至关重要。评估方法包括成本定价法、收益定价法、市场定价法和数据要素定价法等，这些方法考虑了数据的获取成本、未来收益、市场供需关系和数据的独特性等多个因素。准确的评估有助于确定数据资产的市场价值，为数据资产的货币化提供依据。

数据资产的定价直接关系到其在市场中的交易和流通。定价机制需要综合考虑数据的质量、规模、获取成本、供需关系和使用场景等因素，以确保数据产品的价格能够反映其真实价值。数据产品的定价还涉及数据价格的动态调整，以适应市场变化和数据价值的波动。合理的定价机制能够促进数据资产的有效配置和利用，实现数据价值的最大化。

3.2.2.1 数据确权机制

产权理论认为，清晰的产权是促进要素流通的基础。通过法律形式明确数据权利的种类和归属，并进行数据确权，是实现数据资产价值的前提。与传统要素不同，数据要素具有非排他性，难以独占享有权利，也难以转让权利。因此，以控制和排他为核心的所有权确权模式不适用，传统的产权路径也难以实现。

自从“数据二十条”创造性地提出“三权分置”的概念以来，学者们通过构建更全面的分析框架，对数据确权问题进行了研究。

李爱君认为，数据权利的确权机制首先需要明确权利的结构，包括权利主体、权利内容和权利客体。其中，权利主体是享有权利的人，权利内容是特定行为的法律授权，权利客体是权利内容指向的对象。[1]

数据权利的性质由其结构决定。数据权利的属性研究应从数据权利的结构研究为逻辑起点，以数据权利的客体“数据”为核心。

数据权利的界定是在法律层面进行的。法律概念是对各种有关法律的事物状态、行为进行概括而形成的术语。法律概念具有表达功能、认识功能和改进法律、提高法律科学化程度的功能。

目前，关于数据资产确权机制存在如下困难。

（1）权利客体的界定困难。数据权利的客体是“数据”，但数据的自然属性决定了其产生的权利属性与其他民事权利不同，直接导致权利的内容和行使方式上的差异。

---

[1] 李爱君．数据权利属性与法律特征［J］．东方法学，2018（3）：64－74.

（2）数据的无形性。数据是无体的，通常以非物质性比特构成。这种无形性意味着数据不再需要具体物质作为物质载体，这给数据确权带来了挑战。

（3）数据权利的独占性。数据权利的独占性可以通过法律实现，但其独占性的内涵和外延与有体物的独占性不同，且实现方式也不同。

（4）数据权利的转移性。数据权利的转让通常通过交易完成，但数据如果能交易就意味着其权利可以转移，这在实践中存在一定的复杂性。

（5）数据权利的财产属性。数据权利具有财产权属性，但其财产属性的界定和保护在现行法律体系中尚不明确，需要进一步的法律制度建设。

（6）数据权利的人格权属性。数据权利具有人格权属性，例如涉及个人隐私、名誉等，这要求在确权时必须考虑个人权利的保护。

（7）数据主权问题。数据主权是指国家对其数据资源的控制和使用能力，这在国际法律关系中尤为重要，但目前国际上对数据主权的界定和保护尚存在争议。

总的来说，“数据二十条”淡化了所有权的概念，强调了持有权，从谁拥有数据的角度进行分析，重点关注对数据贡献较大的主体，确权的目的是平衡数据权益保护和数据产业发展。明确数据及其权利的范围，界定数据及其权利的界限，结合数据的多重属性，分别确定数据权利的配置规则是关键。在实际操作层面，数据权属问题仍然是各界讨论的热点。目前与数据产权及相关财产权益分配的法律尚处于空白，除了在某些情况下可以适用商业秘密和著作权保护，主要通过反不正当竞争法来保护数据权益，因此“三权分置”的实际应用方案仍在探索之中。

3.2.2.2 价值评估机制

数据价值评估对于促进数据要素市场的活跃至关重要。然而，由于数据资产缺少统一的计量单位，并且它们的生产方式、成本和用途各异，这使得数据的价值评估存在很大的不确定性。目前的研究在价值定义和评估方法上存在差异。

数据资产的价值认定主要有两种视角：微观会计视角和宏观国民经济视角。

（1）微观会计视角。

微观会计视角下，数据资产的价值评估机制主要从会计核算的角度出发，依据会计准则对资产的定义，将满足资产确认条件的数据资源确认为数据资产。[1] 这一过程涉及对数据资产的定义、特征归纳，以及企业运用中的特点分析。这一视角下，数据资产的价值评估机制主要包括以下内容。

第一，数据资产的定义。根据《企业会计准则》和《国际财务报告准则》（International Financial Reporting Standands，IFRS），数据资产被定义为由企业拥有

[1] 张俊瑞，危雁麟，宋晓悦．企业数据资产的会计处理及信息列报研究［J］．会计与经济研究，2020，34（3）：3－15．

或控制的、预期会给企业带来经济利益的资源。这要求数据资产具有可辨认性、非货币性，并且能够为企业产生价值。

第二，数据资产的特征。数据资产通常具有非实体性、可复制性、可变性和价值的不确定性。这些特征使得数据资产与传统资产在会计处理上存在显著差异。

第三，会计处理。数据资产的会计处理包括初始确认、计量、后续计量和信息披露。初始确认时，数据资产的入账价值通常基于其获取成本。后续计量可能涉及摊销和减值测试，以反映数据资产的价值变化。

第四，信息披露。在财务报告中，数据资产的信息披露应包括其账面价值、使用寿命、摊销方法、减值测试结果等。这有助于投资者和其他利益相关者了解企业数据资产的状况。

同时，在微观会计视角下，数据资产的价值评估机制也存在如下问题。

第一，价值的不确定性。数据资产的价值受多种因素影响，包括数据的质量和数量、市场需求、技术进步等。这些因素的不确定性使得数据资产的价值评估变得复杂。

第二，缺乏统一的评估标准。目前，缺乏统一的数据资产评估标准和方法，不同企业对数据资产的评估可能存在显著差异，影响财务报告的可比性。

第三，技术依赖性。数据资产的价值在很大程度上依赖于分析和处理数据的技术能力。技术的快速变化可能导致数据资产的评估和会计处理跟不上实际价值的变化。

第四，法律和伦理问题。数据资产的收集和使用涉及隐私保护和数据安全等法律和伦理问题。这些问题的处理可能会影响数据资产的价值评估和会计处理。

第五，信息披露的不充分。尽管会计准则要求披露数据资产的相关信息，但实际披露的内容可能不够详细，无法满足投资者和其他利益相关者的需求。

第六，减值测试的复杂性。对数据资产进行减值测试时，需要预测未来现金流量和折现率，这些预测的不确定性增加了减值测试的复杂性。

综上所述，微观会计视角下的数据资产价值评估机制虽然为数据资产的会计处理提供了一定的指导，但仍面临诸多挑战和问题，需要进一步的研究和实践来完善。

（2）宏观国民经济视角。

宏观国民经济视角下，数据资产的价值评估机制包括以下内容。[1]

第一，数据价值链的构建。首先需要构建用于描述数据生产过程的“数据价值链”，包括数据收集、数据存储、数据分析和数据应用四个阶段。这一框架有助于明确数据作为关键生产要素的概念及其生产属性。

第二，数据资产的定义。数据资产被定义为拥有应用场景且在生产过程中被反

[1] 许宪春，张钟文，胡亚茹．数据资产统计与核算问题研究［J］．管理世界，2022，38（2）：16－30.

复或连续使用一年以上的数据。这一定义强调了数据资产的持续性和应用价值。

第三，数据资产的价值测度方法。该视角下的价值评价机制提出了基于数据支出资本化核算的基本分类，探索数据资产价值的测度方法。特别地，提出了“调整的成本法”作为数据资产价值测度的具体方法，该方法通过加总数据生产过程中的各项成本来测度数据资产的价值。

第四，统计资料来源。数据资产价值测度的基础统计资料来源，应当包括数据生产活动相关人员劳动成本调查、经费支出调查等，以确保数据资产价值评估的准确性和全面性。

宏观国民经济视角下的数据资产价值评估机制也存在如下问题。

第一，数据资产的确认难题。数据资产的确认在宏观国民经济核算中尚未形成共识，已经远远超出数据库的范畴，自用型数据和免费服务情形下的数据价值评估缺乏明确的指导原则。

第二，数据资产的时效性和非消耗性。数据的时效性特征使得其价值可能随着时间的推移而变化，数据的非消耗性特征使得数据资产的折旧核算面临挑战。

第三，数据资产的非竞争性和融合增值。数据资产的非竞争性意味着同一数据可以被多个主体使用而不减少其价值，这给数据资产的价值评估带来了复杂性。同时，数据通过与其他数据融合可以增加价值，这一过程的价值评估同样具有难度。

第四，数据资产的价值与应用场景关联性。数据的价值很大程度上取决于其应用场景，不同应用场景下的数据价值可能差异巨大，这要求在价值评估时必须考虑数据的具体使用环境。

第五，数据资产的统计和核算挑战。现有的统计调查制度并未单独对数据生产活动进行识别和统计，缺乏数据资产价值核算的基础数据来源，这给数据资产的价值评估带来了实际操作上的困难。

第六，数据资产的法律和伦理问题。数据资产的收集和使用涉及隐私保护和数据安全等法律和伦理问题，这些问题可能会影响数据资产的价值评估和会计处理。

第七，数据资产的资本化处理。目前的国民经济核算国际标准尚未明确提出数据的资本化处理，对于数据价值的记录原则可能需要随着数据驱动模式的创新做出调整。

综上所述，宏观国民经济视角下的数据资产价值评估机制尚处于探索阶段，面临诸多理论和实践上的挑战，需要进一步的研究和完善。

行文至此，本应分析具体的资产评估方法并比较其各自优劣，考虑到后文有更详细的讨论，在此省略。

3.2.2.3　产品定价机制

数据定价对于数据要素市场化配置至关重要。由于数据具有可复制性和可变性等与传统生产要素不同的特征，数据定价变得复杂。目前，学术界对数据定价的理论探讨还处于早期阶段，主要的争议集中在定价策略的选择上：一种是基于生产成本的定价，另一种是基于数据价值的定价。生产成本定价主要考虑数据供应方在数据产品生命周期中的成本，包括数据采集、处理、存储等环节的成本，以及人力和外包服务等间接成本。而数据价值定价则更侧重于数据满足买方需求所带来的价值，例如数据的内在价值、业务价值、市场价值和经济价值。

这两种定价策略体现了不同的思考逻辑和目标。在其他要素的定价中，由于生产成本容易计算，因此常采用生产成本定价策略。但数据要素的价值很大程度上依赖于其应用场景，只有当数据被实际使用时，它才会产生价值，因此使用场景对数据价格有显著影响。

在定价方法上，研究者们提出了多种定价方式，包括协议定价、拍卖定价、博弈论定价、使用量定价、免费增值定价和动态定价等。拍卖定价中，有单边拍卖和双边拍卖两种观点；博弈论定价则包括基于非合作博弈、Stackelberg 博弈和讨价还价博弈等不同的定价方法。不同的研究根据定价策略、模型设定和可获得的分析资料，选择了不同的定价策略和方法。

目前，数据要素定价的讨论正从多角度展开，这对于数据要素定价具有重要意义。由于数据要素的研究还处于早期阶段，加之数据权属界定、数据安全和隐私保护等问题，数据要素的透明性和流动性还不够，数据产品的定价机制仍在探索之中。合理的定价不仅符合数据交易双方的利益，也是发挥市场价格机制、传递价格信号、推动数据要素市场发展的关键趋势。

3.3 资产化路径：从资源化到资本化

数据资产化不仅涉及将数据资源转化为可量化、可管理的资产，还包括通过一系列复杂的流程，实现数据价值的最大化。这一过程涵盖了从数据采集、处理、分析到流通、交易、资本化的全方位管理。

为了深入理解数据资产化的具体路径和实施细节，本节首先介绍数据资产化路径的上海模式和一般模式，详细解析数据资产化路径中的资源化、产品化、资本化步骤，并详细解说数据资产化的全业务流程。希望这种由模式、步骤至具体任务的数据资产化的综合框架，能够为企业的数据资产化提供理论指导和实践参考。

3.3.1 数据资产化路径

前文对数据资产价值生成、实现的分析主要集中在理论层面。在实践中，经过数据要素市场各主体的协作推进，我国已经初步探索出了符合我国国情的数据资产化路径。

3.3.1.1 上海模式

上海数据交易所通过深入研究企业数据资产的形成过程，结合实际的场内登记挂牌操作，创造性地提出了企业数据资产化的“三部曲”：首先是将原始数据转化为有价值的数据资源，即数据资源化；其次是将这些资源转化为可交易的数据产品，即资源产品化；最后是将产品转化为法律认可的数据资产凭证，即产品资本化。这一过程被形象地称为“三步蒸馏法”。

具体来说，第一步要求数据产品必须满足特定条件才能被认定；第二步是将符合条件的数据产品认定为可交易的商品；第三步则是将这些产品正式纳入数据资产凭证体系。经过这三个步骤的精炼，所得到的资产凭证将具备明确的身份、清晰的应用场景和可量化的价值，从而有效促进数据资产化。

数据作为关键的生产要素，在政府、企业、社会和个人之间自由流动，与其他生产要素紧密结合，提升整体生产效率。通过内部服务、共享或外部交易，数据资产得以流通和变现，为企业和其他相关方创造更多价值和收益。

吴蔽余和黄丽华在2023年提出的数据要素流通价值链模型，详细阐述了从数据资源到数据产品，再到可交易的数据产品和数据资产凭证的演进路径，并总结了数据资产运营的三个阶段及其操作流程，确保了数据要素流通价值的规范性和一致性，如图3－4所示。[1]

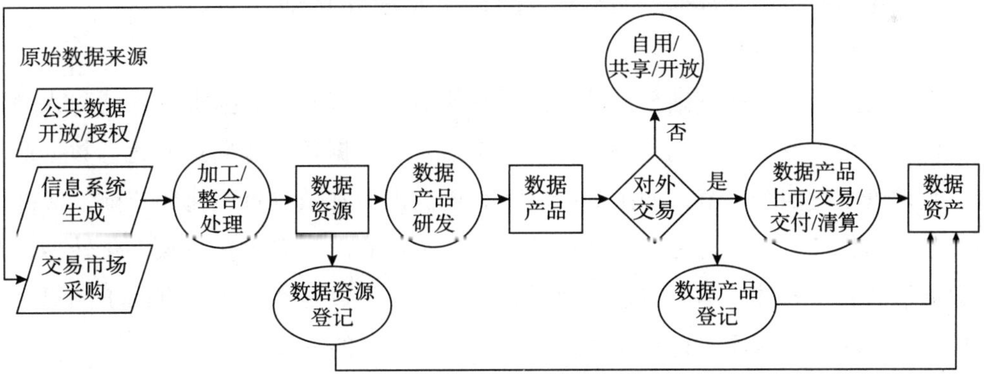

图3－4 数据要素流通价值链模型[2]

在上海数据交易所提出数据资产化路径中，数据资产凭证起到了关键作用。数

[1] 吴蔽余，黄丽华．数据定价的双重维度：从产品价格到资产价值［J］．价格理论与实践，2023（7）：70－75.

[2] 上海数据交易所．数据资产表及估值实践与操作指南［EB/OL］．［2024－08－20］．https：//13115299.s21i.faiusr.com/61/1/ABUIABA9GAAglK2WqwYojJqLlQI.pdf.

据资产凭证是电子化的记录工具，它依托全国数据交易链，为数据资产的交易、交付和权属提供全面的记录。这个凭证通过标准化协议和智能合约，结合数据产品的挂牌和交易存证，实现了全国统一的认证、发放和验证机制，确保了数据资产凭证的智能生成和全链共识。

这些凭证详细记录了数据产品的每一次交易，包括电子订单、数字签名、发票等，以及价格、交易量、复购率等关键指标，为数据的来源、类型、权属和质量提供了可追踪的记录。它们为数据交易的完整性、真实性和相关性提供了保障，增强了交易双方的信任。

在上海数据交易所的探索下，数据资产凭证成为数据资源确权的重要工具。学者们也积极参与，讨论如何利用这些凭证来应对公共数据的授权运营。凭证详细记录了企业如何通过数据资源登记获得数据资源持有权，以及如何通过加工使用权和数据产品经营权的登记，将数据转化为可交易的产品。

对于企业来说，数据资产凭证不仅是数字化转型的关键，也是数据资产化应用场景的基础。企业需要规划数据资产的形成路径，包括业务流程规划、数据产品开发管理流程、应用场景明确和市场定价策略。数据资源持有权的确认途径是数据资源登记，而数据资产凭证则记录了数据资源的来源和加工过程，为数据产品经营权的确认提供了依据。

在上海模式中，数据资产凭证处于整个路径的核心位置，作为推动数据交易市场互联互通、加速数据资产化进程的重要工具，它为企业提供了从数据资源到数据产品的转化路径，以及数据产品经营权的确权和交易的全面记录。

3.3.1.2　一般模式

在分析上海模式的基础上，结合我国其他地区、行业的数据资产评估与入表实践，作者提出，数据资产化的一般模式应包括业务数据化、数据资源化、数据产品化、数据资本化四个环节，如图 3－5 所示。[1] 之所以在数据资源化环节前，额外增加业务数据化环节，主要是考虑到目前还有众多企业没有完成企业数字化转型，业务数据依然属于零散、不成体系的缺乏管理状态。而数据资产化则有助于倒逼企业完成数字化转型。因而，这一模式适合于大多数企业的一般情况。

如图 3－5 所示，数据资产化实施路径的一般模式被细分为四个关键阶段，涉及从原始数据的采集、处理到最终的资产化应用。

[1] 广东数字政府研究院，广州数据交易所，粤港数据安全与隐私保护联合实验室，广州芳禾数据有限公司. 数据资产化实践指南［EB/OL］.［2024－08－20］. https://www.digitalelite.cn/h－nd－8428.html.

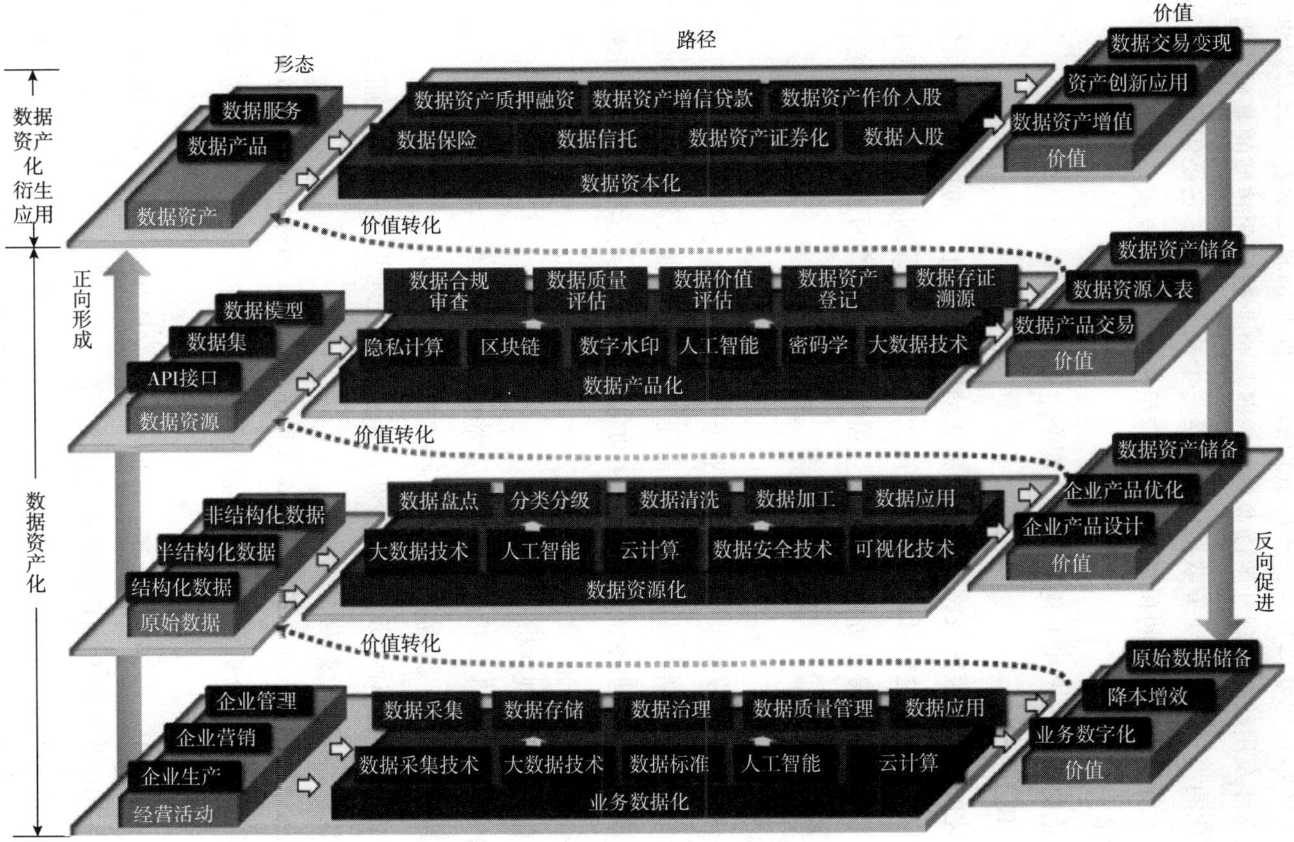

图3－5 数据资产化实施路径示意

数据来源：广东数字政府研究院，广州数据交易所，粤港数据安全与隐私保护联合实验室，广州芳禾数据有限公司. 数据资产化实践指南［EB/OL］.［2024－08－20］. https：//www. digitalelite. cn/h－nd－8428. html.

下文将对这四个阶段进行深入解读和分析。

3.3.2 业务数据化

业务数据化是指将业务过程中产生的各种痕迹或原始信息记录并转变为数据的过程。这一概念涉及用数据表现和解读业务，它既是企业数字化转型的基础，也是企业数据资产化的第一环节。业务数据化不仅是一个技术过程，它还包括管理和运营等多个方面，旨在通过数据的积累、分析和应用来优化业务流程，提高决策效率和创造新的价值。

业务数据化的核心在于线上化和流程化两个主要步骤。

3.3.2.1 线上化

业务数据化的初级阶段涉及将业务流程和活动转移到线上，通过技术手段实现业务操作的数字化记录。这包括数据架构设计、数据建模、数据存储和数据质量管理等系列活动。线上化使得业务活动能够产生可量化、可存储的数据，为后续的分析和应用打下基础。

3.3.2.2 流程化

业务数据化的高级阶段要求不仅要沉淀业务流程的数据，还要通过数据治理手段打破数据孤岛，实现数据的融合融通。这需要业务对象、业务规则、业务过程的全面数据化，确保端到端业务流程的高效自动化运行，并为全流程优化奠定数据基础。

业务数据化的价值体现在以下几个方面。

（1）数据支持决策。业务数据化使得企业能够基于数据进行决策，减少依赖直觉和经验的传统决策模式，提高决策的科学性和准确性。

（2）业务优化。通过对业务数据的分析，企业可以发现业务流程中的瓶颈和问题，从而进行优化，提高业务效率和效果。

（3）新业务模式创造。业务数据化为企业探索新的业务模式和收入来源提供了可能，企业可以通过数据分析发现新的市场机会和客户需求，进而创造新的产品和服务。

（4）客户体验提升。业务数据化可以帮助企业更好地理解客户行为和偏好，提供个性化的服务和产品，提升客户体验和满意度。

业务数据化是企业数字化转型的必经之路，它要求企业在战略、文化、组织和技术等多个层面进行系统性的变革，以实现数据的最大价值。通过业务数据化，企业能够构建起数据驱动的商业模式，提高竞争力和市场响应速度。

考虑到企业数字化转型、业务数据化的相关论著[1]已经十分丰富，本书在此不再赘述。

3.3.3　数据资源化

数据资源化，即将原始数据转化为有序、可应用、可重用的数据资源集合，是实现数据资产化的基础步骤。这一过程涉及数据的采集、整理、聚合和分析等多个关键环节，每个环节都对数据的最终价值产生深远影响。随着《企业数据资源相关会计处理暂行规定》将数据资源纳入会计准则，数据资源化不仅是技术层面的操作，更涉及会计处理、合规审查和价值评估等经济管理活动。本节将详细探讨数据资源化的关键步骤、最新技术和工具的应用，以及数据质量提升的策略，并通过成功案例展示数据资源化在实践中的成效。这些内容将为企业的数据资源化提供指导，帮助企业充分释放数据的潜力，实现数据资产的价值最大化。

3.3.3.1　数据资源化及其关键步骤

《企业数据资源相关会计处理暂行规定》将“数据资源”纳入会计准则，与中央文件“数据二十条”精神相契合，为企业数据资产的会计处理提供了指导。企业通过多种途径获取数据资源，包括公共数据授权、内部运营生产、市场采购等，这些资源的分类和分级确权是提高数据市场化流通效率、释放数据价值的关键。

数据资源化是企业将原始数据通过脱敏、清洗、整合、分析、可视化等步骤，使无序、混乱的原始数据转化为有序、可应用、可重用的数据资源集合。这一过程不是生产出来的，而是通过系统性整合加工实现的。它是企业挖掘数据潜力、实现数据资产化的第一步，可能涉及研究或开发阶段，具体取决于企业对目标场景的调研深度。数据资源化阶段包括通过数据采集、整理、聚合、分析等，形成可采、可见、标准、互通、可信的高质量数据资源。数据资源化是激发数据价值的基础，其本质是提升数据质量、形成数据使用价值的过程。[2]

具体来说，数据资源化的实现需要通过以下步骤。

（1）数据采集。根据需求收集数据，包括文本、图像、音频等原始未加工数据。

（2）数据整理。对采集到的数据进行标注、清洗、脱敏、标准化和质量监控等处理。

（3）数据聚合。将整理后的数据进行传输、存储和集成汇聚，形成统一的数据

---

[1] 华为公司数据管理部. 华为数据之道［M］. 北京：机械工业出版社，2020.

[2] 中国信息通信研究院. 数据价值化与数据要素市场发展报告（2024 年）［EB/OL］.［2024 - 10 - 20］. http：//www. caict. ac. cn/kxyj/qwfb/ztbg/202409/P020240926365684089988. pdf.

资源。

（4）数据分析。对数据进行详细研究和概括总结，为各种决策提供支撑。

实现数据资源化需要一套完善的数据资源管理流程和体系，确保数据的准确性、一致性、时效性和完整性，提升数据质量和安全性。此外，还需明晰数据资源主体的关系，关注如何为数据所有者、经营者和使用者创造价值，并明确其权利和义务，以保障合法权益。

3.3.3.2 数据资源化过程中的最新技术和工具

数据加工与整理的最新技术和工具涵盖了从数据挖掘、大数据存储、计算机信息处理到特定的数据处理工具和技术的广泛领域。数据资源化过程涉及的最新技术和工具主要包括以下内容。[1]

（1）数据挖掘技术是处理和分析大量数据以提取有用信息的关键技术。近年来，数据挖掘技术已经发展出多种新的方法和工具。例如 Web 数据挖掘，它包括 Web 使用挖掘、Web 结构挖掘和 Web 内容挖掘，旨在发现用户的访问模式和行为之间的内在关系。此外，模糊神经网络和基于生物信息技术的用户识别方法也是数据挖掘领域的热点问题。

（2）大数据存储技术是另一个重要的领域，随着数据量的爆炸式增长，传统的存储系统已经无法满足需求。分布式存储系统和关键技术的研究成为这一领域的重点。这些系统能够提供高性能、高可扩展性、低成本和易用性，以应对大数据时代的挑战。在计算机信息处理技术方面，“大数据”技术的应用已经成为解决信息处理难题的有效方法。这些技术不仅提高了计算机的存储性能和信息传递功能，还增强了信息安全。此外，内存计算技术也被证明是访问和处理数据的一种更智能的方式。

（3）数据增强是一种通过生成更多样本来缓解数据稀缺问题的策略。这种方法广泛应用于计算机视觉和自然语言处理领域，通过旋转、翻转、缩放等方式扩充数据集，从而提高模型的泛化能力。此外，生成对抗网络（Generative Adversarial Netword，GAN）也利用数据增强来解决数据集稀缺问题。

（4）特定的数据处理工具和技术也在不断发展。例如 ArcObjects 提供了解决 Shapefile 数据转换和加工问题的方法。同时，先进数据技术如数据定位技术、数据映射技术和数据处理范围等，为程序设计的数据处理提供了坚实的技术基础；迁移学习利用预训练的模型参数，特别是在不同任务之间迁移，可以有效提高数据的利用效率和模型的性能；使用自动化工具和算法加速数据清洗和预处理，可以显著提

[1] 王彤. 数据挖掘的新技术研究［D］. 天津：天津大学，2006.

高数据质量，从而提升数据的稀缺性和价值。

3.3.3.3 数据资源化过程中的数据质量提升

数据资源化过程也是企业数据质量提升的关键阶段，实现这一目标的关键在于资源化的同时完成对数据质量的评估和改进。

企业应制定全面的数据质量计划，包括具体的操作手册，涵盖数据的采集、标注、清洗和预处理等各个环节，以提升数据的准确性、完整性和一致性。

数据质量评估是确保数据质量的重要步骤。评估可以从多个维度进行，包括数据的准确性、完整性和一致性等。评估过程中需要使用数据质量管理工具，例如模糊综合评价法等多维度数据质量评估方法。此外，还需要考虑数据管理流程，确保数据在生命周期内的高效管理和使用。

在评估数据质量时，需要建立明确的评估指标和标准。这些指标应根据业务背景、需求和风险水平进行选择，并为每个指标分配权重。例如可以通过与实际情况或权威参考数据集进行比较来验证数据的准确性。

建立数据质量审查流程和测量标准，以监控和评估数据质量。通过定期审查和监控，可以及时发现和解决数据质量问题，并采取纠正措施。在发现数据质量问题后，需要进行深入分析，找出问题的根源，并制定相应的解决方案。例如可以通过重新收集数据来替换低质量的数据源。此外，还需要制定预防措施，防止问题再次发生。

数据质量评估和改进是一个持续迭代的过程。随着业务的增长和数据环境的变化，需要不断重新评估和改进数据质量。通过总结评估和改进过程中的经验，可以不断完善相关知识库，并根据需要制定优化方案，启动下一个评估和改进过程。

建立一个全面的数据质量管理机制，包括规范的数据质量评估监督、响应问责和流程改善方案。通过应用先进的质量管理工具，形成一个闭环的数据质量管理体系，确保数据质量的持续提升。

在数据公开时，应同时公开数据的质量信息，使用户能够了解数据的质量情况。此外，还可以通过与其他组织的数据质量进行比较，找出改进的方向和方法。

3.3.3.4 数据资源化成功案例

（1）瓴羊智能科技有限公司。

瓴羊智能科技有限公司（以下简称“瓴羊智能”）在数字化转型中采用了多种技术和策略来解决数据资源供给不足和数据价值挖掘不足的问题。

① 数据治理。瓴羊智能通过打通数据流、规范建模和运维成本等措施，帮助中小企业建立标准统一、准确可信的数据体系，推动数据要素流通和价值释放。

② 数据分析与经营分析。瓴羊智能重组工作流，为中小企业提供策略分析、

决策支持和行动指导的智能数据平台，提升商家全渠道经营效率。

③ 全链路数字化解决方案。瓴羊智能为政府部门、国企央企及千行百业提供全链路的数字化解决方案，帮助其挖掘数据价值，加速数智化进程。

④ 金融行业数智化解决方案。针对银行、证券、保险等金融机构，瓴羊智能推出金融行业数智化解决方案 Finplus，提供风控、营销、运营等综合服务，助力金融行业数字化转型。

⑤ 整合阿里巴巴集团数据技术团队。瓴羊智能整合阿里巴巴集团数据中台、业务中台、客服系统、供应链管理系统等多个数据技术团队，致力于发挥企业数据资产价值。

⑥ 数据资源供给体系。建立适应数据特征、符合数据资产价值实现规律的数据资源供给体系，打造数据融合应用典型案例。

瓴羊智能通过数字化转型，展示了数据资源化在实际业务中的应用。通过打通数据流、规范建模和控制运维成本，瓴羊智能不仅帮助中小企业建立了标准统一的数据体系，还推动了数据要素的流通和价值释放。这一过程正是数据资源化的核心，即将原始数据转化为可用、可信的数据资源，为进一步的分析和决策提供支持。瓴羊智能的实践证明了数据资源化在提升企业运营效率和决策质量中发挥了关键作用。

（2）兴业银行。

兴业银行在大数据架构转型中，通过云化计算和存算分离数据湖的实现，显著提升了大数据性能和资源利用率。

① 存储区与计算区分离。兴业银行实现了存储计算集群的分离部署，以更好地发挥存储节点和计算节点的性能。这种分离架构在原有分布式文件系统（Hadoop Distributed File System，HDFS）存储基础上引入了对象存储，将热数据存储于 HDFS 中，而海量归档数据则存储在对象存储中，从而解决了 HDFS 的扩展性瓶颈。

② 分布式缓存 Alluxio。在计算集群中引入了分布式缓存 Alluxio，以减少跨集群间的大量数据传输，提高数据处理效率。Alluxio 不仅作为多个集群的存储路径统一映射入口，简化了计算集群的读写对象复杂度，还起到了数据编排的作用。

③ 云原生数据湖仓技术。兴业银行采用了基于云平台的数据湖仓技术，这种技术具有弹性扩展能力、容灾性、低总拥有成本（Total Cost of Ownership，TCO）和几乎无限量的存储空间。云原生技术是下一代数据仓库技术和在线分析处理（Online Analytical Processing，OLAP）技术的未来，能够支持 PB 级数据集的亚秒级

查询响应，实现高性能、低成本管理云上数据资产。

这些技术的引入和应用，使得兴业银行的大数据平台架构具备了以下优势。

第一，提升性能。通过存储计算分离和分布式缓存，减少了数据传输的复杂度和延迟，提高了数据处理效率。

第二，提高资源利用率。云原生数据湖仓技术的弹性扩展能力使得资源可以更灵活地分配和利用，从而提高了资源利用率。

第三，增强数据处理能力。引入的分布式缓存和对象存储技术，使得数据处理更加高效，能够支持更大规模的数据集和更复杂的查询需求。

兴业银行的大数据架构转型是数据资源化在金融行业的一个典范。通过实现存储区与计算区的分离，以及引入分布式缓存 Alluxio 和云原生数据湖仓技术，兴业银行不仅提升了大数据性能和资源利用率，还为数据的深度分析和应用奠定了基础。这些技术的应用，使得兴业银行能够更有效地管理和利用数据资源，实现数据资源化的目标，即从大量数据中提取数据价值，支持业务发展。

（3）上海汽车集团财务有限责任公司。

上海汽车集团财务有限责任公司（以下简称“上汽财务”）在建设数据中台和实施汽车金融实时数据湖仓项目中，采用了多种技术和方法来沉淀业务数据和用户行为数据，具体如下。

① 数据湖仓一体架构。上汽财务采用了湖仓一体的技术架构，这种架构支持多源异构数据源，能够实现数据湖和数据仓库的一体化，从而提高数据应用的灵活性和效率。

② 大数据基础平台。通过大数据基础平台，上汽财务能够汇聚全域数据，检验数据质量，并支持数据应用的高效、低成本落地。

③ 数据建模与抽取。在数据中台的建设过程中，上汽财务涵盖了数据建模、抽取、开发等环节，采用向上多样化赋能、向下屏蔽多计算引擎的方法，以确保数据的高效处理和应用。

④ 数据实时计算。上汽财务利用数据实时计算技术，确保数据处理的实时性和准确性，从而更好地支持业务决策。

⑤ 云原生技术。在汽车金融实时数据湖仓项目中，上汽财务采用了云原生技术，实现了高可用性和高灵活性，以支持复杂的业务场景和数据处理需求。

⑥ 知识图谱技术。上汽财务还利用了知识图谱技术，将数据沉淀成知识，形成企业的知识图谱，提供从关系角度分析问题的能力。

⑦ 数据资产管理。上汽财务通过数据资产管理体系统一串接，形成一套可测量的价值量化方法，确保数据中台的成本、支出和收益得到有效管理。

上汽财务在建设数据中台和实施汽车金融实时数据湖仓项目中，采用了多种技术和方法来沉淀业务数据和用户行为数据。这一过程体现了数据资源化的重要性，即通过数据湖仓一体架构和大数据基础平台，上汽财务将分散的数据资源集中管理，提高了数据的应用灵活性和效率。数据资源化不仅涉及数据的收集和整合，还包括了数据的实时处理和分析，为业务决策提供了强有力的数据支持。

（4）青岛酷特智能股份有限公司。

青岛酷特智能股份有限公司（以下简称“青岛酷特”）在数据赋能驱动精益生产模式创新升级中，通过多种创新的数据使用场景、技能与方法来实现数据价值。

青岛酷特采用“数据驱动”的生产模式，利用自主研发的数十套信息化系统，包括定制数据库系统，将个性化定制产品生产的各个环节打通，从研发设计、制版、裁剪、生产、产品匹配到物流发货等全部生产过程均由数据驱动完成。这种模式将工业化和信息化进行了完美融合，显著提升了生产效率和灵活性。

青岛酷特通过酷特服装 C2M 产业互联网平台，实现从客户需求到生产指令的秒级转换，从而实现柔性制造和小单快反。该平台汇聚海量异构数据，并通过建模分析和工业经验知识软件化与模块化，支撑生产智能决策和业务模式创新。

青岛酷特建立了“AI 定制数据大脑”，包含版型数据库、款式数据库、工艺数据库和 BOM 数据库等，通过数据挖掘和分析，实现了智能研发系统的开发。这些系统涵盖了服装的几乎所有品类信息，为研发插上了数据和智能的翅膀。

消费者的定制需求通过酷特服装 C2M 产业互联网平台提交，该平台自动生成订单信息，并通过电子芯片和专用终端设备实现生产过程中的任务分解和指令推送。这种模式不仅提高了生产效率，还提升了客户的个性化体验。

数据赋能驱动精益生产创新遵循“数据资源行动—数据能力生成—精益价值实现”的内在机理路径。通过数据科学技术，企业在客户交互、流程管控和合作方式等方面实现了系统性精益变革，打造出数据化精益生产优势。

数据资产化是企业数据价值实现的核心。青岛酷特通过数据采集、数据组织、数据流通和数据利用等基本路径，实现数据资产价值。

青岛酷特通过数据赋能驱动精益生产模式的创新升级，展示了数据资源化在制造业中的应用。青岛酷特通过自主研发的信息化系统，实现了从客户需求到生产指令的秒级转换。在这一过程中，数据资源化发挥了关键作用，使得企业能够快速响应市场变化，实现个性化定制生产。青岛酷特的“AI 定制数据大脑”和酷特服装 C2M 产业互联网平台，都是基于数据资源化的基础上，通过数据的深度挖掘和分析，实现数据资产价值的最大化。

3.3.4 数据产品化

3.3.4.1 数据产品化的含义

数据产品化是企业将数据资源转化为可交易商品的关键步骤。企业通过创新和深入处理数据，创造出适应特定业务需求的数据产品。这些产品可能是数据集、数据信息的服务或基于数据的应用等形式。数据产品是数据在经济活动中发挥作用的关键形式。

像所有产品一样，数据产品也有自己的生命周期，包括初始阶段、成长阶段、成熟阶段和最终的衰退阶段。但与传统产品不同的是，由于数据的易于复制和变化的特性，数据产品在生命周期的早期阶段就可以大量生产，而且几乎不需要额外成本。这意味着数据产品的生命周期可能会有快速的变化和价值的快速转移。

在数据资源化之后，企业会根据数据的应用场景，将有价值的数据与服务终端或算法结合起来，形成数据产品。这些产品可以内部使用，也可以提供给客户。企业会根据产品的应用场景来组织数据，开发相应的服务或算法。数据产品的价值可以通过自用、共享、开放或交易来实现。标准化的数据产品可以重复使用，满足广泛的客户需求；而定制化的数据产品则通常只服务于特定的客户。

3.3.4.2 数据产品的分类

上海数据交易所根据用户需求和服务方式，将企业数据产品分为三种形态。

第一种是数据集，提供数据库形式的数据，满足客户对数据模型化的需求。

第二种是数据信息服务，基于数据资源库，为客户提供定制的信息类服务。

第三种是数据应用，通过应用程序界面，提供结合数据资源和模型应用的产品。

需求特征主要分为模型化需求和非模型化需求，如表3-1所示。模型化需求指的是使用数据来训练和优化模型或算法，以提升性能；非模型化需求则是利用数据分析结果来支持企业的决策过程。

服务方式则包括界面类和非界面类。界面类方式通常涉及用户主动操作的界面，例如搜索引擎；非界面类方式则通过软件程序的功能实现数据交换，例如通过API、文件传输、受控沙箱或联邦学习等方式。

表3-1 上海数据交易所数据产品分类

需求特征	服务方式	
	界面类（查询终端、SaaS应用）	非界面类（接口调用、数据库传输等）
非模型化需求（查询等）	数据应用（功能服务）	数据信息服务
模型化需求（机器学习等）	数据应用（联合建模功能服务）	数据集

事实上，还可以基于其他分类标准对数据产品进行分类。

（1）基于数据来源的数据产品分类。

个人数据、企业数据和政府数据：这些数据产品通常来自不同的数据源，例如个人用户、企业运营数据，以及政府公开或内部数据。这些数据产品可以用于市场分析、企业决策支持，以及公共政策制定等。

传感数据：随着智慧城市和智能移动设备的普及，传感数据成为一个重要的数据来源。例如，Wiki Sensing 平台支持从传感大数据到数据产品的转化，通过融合不同来源的传感数据，快速构建出数据应用产品。

（2）基于数据处理方式的数据产品分类。

数据加工分析产品：这类产品利用数据处理软硬件资源，针对用户需求对数据进行加工或分析处理，并将结果以合适的方式提供给用户。例如，利用 Python、Pandas 等工具进行数据分析，生成的数据报告或可视化图表就是一种典型的数据加工分析产品。

定制化数据产品：根据数据消费者的个性化特征，提供所需的数据产品或服务。这类产品通常涉及多源数据集成和定制化设计，例如基于多源数据集成的定制化设计与定价决策模型。

（3）基于应用场景的数据产品分类。

大数据平台：例如 Palantir 公司的 Gotham 大数据平台，该平台通过模型分析和辅助决策分析恐怖分子网络，被广泛运用于军事和安全领域。

关系型数据库产品：例如 IBM 的 Database 2、Query Management Facility 和 Data Extract 等，这些产品设计用于满足特定的数据库管理需求。

（4）基于数据类型的数据产品分类。

定量数据产品和定性数据产品：定量数据通常以数值形式存在，而定性数据则包括文字、照片、视频等非数值形式的数据。例如，社会科学研究中使用的自我评价量表就是一种基于定性判断的定量数据产品。

总结来说，数据产品的种类繁多，涵盖了从个人到企业、从政府到公共安全等多个领域。每种数据产品都有其特定的应用场景和处理方式，能够满足不同用户的需求。

3.3.4.3 数据产品化的方法

为了将数据资源转化为可以提供给用户使用、满足特定需求的数据产品，企业对自身业务数据或拥有的其他数据进行处理、分析和包装，最终形成对用户有价值的数据服务或工具。数据资源产品化的核心在于将原始数据或数据集转化为具有商业价值的数据产品，这些产品可以是数据集、报告、分析工具、API 服务、可视化仪表板等，它们能够帮助用户更好地理解数据，并在决策过程中发挥作用。

数据产品化的方法通常包括以下步骤。

第一步，明确目标和业务需求。数据产品化首先需要从业务角度出发，明确产品的目标和需求。这包括确定数据产品要解决的具体业务问题、目标用户群体，以及预期的业务成果。目标应该是具体、可衡量的，并且与企业的业务战略紧密相关。

第二步，构建数据产品框架。数据产品的架构通常包括数据层、服务层和应用层。数据层负责数据的采集、加工、存储和计算；服务层提供分析模型和算法，支持业务决策；应用层则是最终的用户界面和产品形态，直接与用户交互。

第三步，数据处理、分析和包装。对数据进行清洗、转换和标准化处理，提高数据的可用性，应用统计分析、机器学习等技术对数据进行深入分析，提取有价值的信息，根据分析结果开发数据产品，这可能包括构建数据模型、开发算法等。

第四步，跨学科合作和迭代优化。数据科学家需要与业务专家、产品经理等跨学科团队合作，确保数据产品满足业务需求并产生实际影响。数据产品应持续迭代和优化，以适应市场变化和业务发展。

第五步，关注用户体验。即使在技术驱动的数据产品中，也要关注最终用户的体验，确保产品易于使用并提供价值。

第六步，实施数据产品策略。数据产品策略应与业务战略相结合，从业务变革驱动因素出发，通过数据产品漏斗提炼成一组数据产品，并将产品发布到企业的数据基础设施上，以便在整个企业中使用和重复使用。

第七步，域所有权和生态建设。确保不同业务领域的团队拥有、构建和运行他们负责的数据产品，以实现有效的域所有权和责任分配。同时，构建开放的平台和生态系统，支持产品组合和服务的扩展。

3.3.4.4 典型的数据产品

（1）中国经济社会大数据研究平台。

该平台由同方知网（北京）技术有限公司推出，提供权威统计资料的电子表格数据下载、Excel电子格式的图表数据处理、跨表格和跨章节的指标挖掘分析、中国经济社会发展规划统计地理信息系统、用户自建数据库管理分析平台，以及决策支持分析平台等功能。该平台收录了大量来自国家统计局、商务部等机构的核心数据，可应用于医疗、IT、房地产等多个行业。该平台是在全面采集和挖掘国家各级统计部门、行业主管部门发布的经济社会发展年度数据、国家统计局发布的经济运行季月度数据、教育部发布的教育事业和教育经费等统计数据的基础上，面向教育科学研究和教育决策的需要，研制而成的大型统计数据库和统计数据应用与管理平台。该平台可用于经济与科研实证研究支持，包括引出研究课题、提供定量研究指标体系等。例如，通过深度数据挖掘算法和多维组配分析功能，用户可以进行跨表格、跨章节和跨年鉴的指标挖掘分析。该平台还帮助地方政府智库全面了解当地现状和全国甚至全球其他地区该领域的发展情况，并提出改善意见和方案。例如，通过统计年鉴导航、一框式检索、多维组配分析等功能，用户可以进行深入的数据分析和决策支持。该平台为产业投资决策提供支持，通过提供统计报表数据 Excel 电子格式下载，跨表格、跨章节和跨年鉴的指标挖掘分析功能，帮助用户进行投资决策。

（2）国产化数据库。

海量数据技术股份有限公司自主研发的国产化数据库产品，包括 AtlasDB T1、AtlasDB T2 和 AtlasDB N1 三款产品。AtlasDB T1 是企业级关系型数据库，AtlasDB T2 是分布式事务型数据库，AtlasDB N1 是实时大数据服务平台，广泛应用于金融、信息服务、通信及电力等行业。例如，在金融行业的高并发实时交易场景中，AtlasDB T2 作为分布式事务型数据库，专注于高并发实时交易场景，适用于金融银行等需要处理大量实时交易的行业，其支持弹性扩展，对应用透明，保障数据强一致性，帮助用户获得超高并发业务支撑能力；在金融大数据分析场景中，AtlasDB 系列产品能够有效替换传统的金融企业应用场景已有的国外产品，如 Oracle 数据库，从而实现国产化替代。此外，AtlasDB 系列产品还被应用于汽车金融领域，展示了其在金融大数据分析及服务中的应用潜力。

（3）地震信息播报机器人系统。

中国地震台网中心自主研发了地震信息播报机器人系统，通过与大型新闻客户端和互联网平台合作，实时提供各类地震信息产品，覆盖数亿人次网民，为社会公众提供及时、权威的地震信息服务。该系统基于移动互联网和云计算平台，能够通过互联网直接服务于数亿人次用户，实现了地震信息的快速传播和公共服务能力的提升。具体而言，该系统可以在 3 秒内自动产出五大类 26 项地震公共服务产品，为社会公众和新闻媒体提供及时、权威和丰富的地震信息。例如，在 2017 年四川九寨沟地震发生后，该机器人仅用 25 秒就生成了全球第一条关于此次地震的速报，包括地震参数、震中地形、历史地震和震中天气等十几项内容，并且还生成了一篇 1628 字的详细版报道，配以 9 张详尽的图片，极大方便了救灾工作的开展。此外，该系统还通过与大型新闻客户端和互联网平台等战略合作，实时提供各类地震信息产品，借助其平台优势和用户优势，具备了一分钟覆盖数亿人次网民的公共服务能力。例如，在 2019 年四川宜宾长宁县发生 6.0 级地震后，中国地震台网中心官方微博和微信公众号同步推送了第一条地震信息，用时仅 38 秒。

（4）高价值气象数据产品。

中国气象局在 2023 年度公布了第一批和第二批《中国气象局基本气象数据开放共享目录》，并向全社会免费提供了 12 类 108 种基本气象数据，包括地面、高空、海洋、气象卫星和数值天气预报等数据，并根据数据类型实现动态更新。此外，中国气象局还推动了高价值气象数据产品的应用，这些产品在相关行业中的应用表现良好，为数字经济的发展提供了支持。具体来说，2023年贵州气象数据应用成果案例展示了气象数据在实际商业环境中的应用价值，推动了气象数据安全有序流通交易，为数字经济高质量发展提供了可行性路径。这些高价值气象数据产品包括历史观测数据全球系列掩星、天目星座遥感数据等5种实况观测数据产品，以及全球数值天气预报、智能数字网格天气预报等预报产品，这些产品广泛应用于水利水电、能源生态、大气环境、城市安全、民用航空、航运海事等国计民生重要领域。在实际应用中，中国气象局还利用华为公司的盘古气象大模型，成功部署并应用了三个人工智能气象大型模型：PanGu、FengWu和FuXi，这些模型在短期和中长期预报指标上表现出与传统数值天气预报模型相当甚至超越的性能，引起了国内外气象部门的关注。此外，中国气象局还与北京理工大学共建联合实验室，联合开展气象探测前沿技术与系统研制，进一步提高了数据监测的精准度。

（5）中债标准估值数据产品。

中债金融估值中心有限公司（以下简称“中债估值中心”）是中央国债登记结算有限责任公司（以下简称“中央结算公司”）的全资子公司，致力于为金融市场提供权威的定价基准服务。中债估值中心的标准估值数据产品涵盖了广泛的债券和金融工具，具体包括以下几类。

国债、地方政府债、政策性银行债、企业债、商业银行债、银行间资产支持证券估值：这些产品为市场参与者提供了标准化的债券估值数据，帮助投资者准确评估债券的公允价值。

中期票据和短期（超短期）融资券估值：这些产品为短期融资工具提供了估值服务，帮助市场参与者进行短期资金管理。

非公开定向债务融资工具（Private Placement Note，PPN）和其他债务融资工具估值：这些产品为私募债券和其他非公开债务融资工具提供了估值服务，满足了市场对非标资产的估值需求。

同业存单估值：同业存单作为银行间市场的重要工具，其估值数据对于银行间市场的流动性管理至关重要。

公司债估值：公司债作为企业融资的重要工具，其估值数据对于投资者评估企业信用风险具有重要意义。

资产支持证券和资产支持票据估值：这些产品为资产证券化产品提供了估值服务，帮助投资者评估这些复杂金融工具的公允价值。

优先股、信用风险缓释工具、违约券、商业银行永续债和其他性质证券估值：这些产品涵盖了多种特殊金融工具的估值，满足了市场对复杂金融工具的评估需求。

此外，中债金融估值中心还提供新会计准则相关产品，如中债 SPPI 和中债预期信用损失（中债 ECL），以及估值历史数据和两个主要指数样本券：中债综合指数和中债总指数。这些产品和数据为市场参与者提供了全面的市场分析和历史数据参考。

中债金融估值中心的数据产品不仅覆盖了标准化债权资产，还包括非标准债权资产、权益类资产及金融衍生品四大类资产的数据服务，为超过 150 万亿元金融资产提供了定价基准服务。这些数据产品通过多种渠道提供，包括中央结算公司的中债综合业务平台、中国债券网的数据下载通道等。

3.3.5 数据资本化

在数据资产化路径中，最后一步数据资本化是指将数据作为一种金融资产进行一系列金融操作的过程，例如数据入股、增信、质押等，使数据由货币性资产向可增值的金融性资产转换。这一过程通过数据交易、流通等实现数据要素的社会化配置，进一步赋予数据金融属性，例如数据信贷融资与数据证券化。数据资本化是数据价值化的“第二次飞跃”，帮助数据产品实现从理论价值到实际市场价值的转变。在实现资本化后，资本市场将高度认可数据资产价值，数据要素发挥其价值的途径也将更多元。这是确定数据资产真正价值的关键步骤。

为了推动数据要素在市场上的交易和流通，市场参与者需要从两个方面着手。

第一，持续推动数据资源化。这意味着要沿着数据的价值链，通过正向的努力，提高数据资源的实用性和交易价值，使得数据产品能够作为数据资产被正式记录和评估。

第二，研究数据产品的创新应用。通过展示数据资产的经济价值，激励产业链中的各个参与者积极投身于市场规则的制定和完善中。

简而言之，数据资产化是企业将数据资产投入商业运作的行动，它不仅展示了数据资产的金融潜力，也是实现数据产品市场价值和确认其真正价值的重要步骤。同时，市场参与者需要通过提升数据的价值和探索数据资产的新用途来促进数据市场的活跃度和健康发展。

数据资本化的主要途径和方式包括以下三种。

3.3.5.1 数据信贷融资

数据信贷融资是指企业将其合法拥有的数据资产作为质押标的，从银行等金融机构获取资金的一种融资方式。例如，中国建设银行上海分行与上海数据交易所合作，推出了基于数据资产凭证的信贷服务产品“数易贷”，实现了数据资产“确权—评估—质押—贷款”的全流程贯通。此外，数据信贷融资还可以通过大数据技术来评估企业的信用状况和还款能力。例如，蚂蚁金服利用大数据模型发放贷款，为小微企业和创业者提供便捷的融资服务。这种模式不仅降低了融资门槛，还提高了金融服务的效率和安全性。

目前，我国数据信贷融资的法律框架主要由以下政策和法规构成，包括《商业银行互联网贷款管理暂行办法》《网络借贷信息中介机构业务活动管理暂行办法》等。这些法规明确了金融科技信贷平台的业务边界，禁止某些行为，例如直接或间接筹集资金、接受和收取贷款人的资金、担保贷款人本金或利息等。此外，《网络数据安全管理条例》也对数据安全提出了具体要求。

在监管方面，金融科技信贷平台被定义为信息中介，而非信贷中介，其在线借贷服务是一种金融信息中介业务，涉及财务担保和风险管理。监管主体包括中国人民银行、国家金融监督管理总局等，这些机构负责制定和执行相关监管政策。监管政策强调合法监督、适当监督、分类监督、协同监督和创新监督。例如，《商业银行互联网贷款管理暂行办法》允许助贷业务在合规发展通道内进行，同时允许大数据、风控建模、智能风控等企业围绕线上贷款业务健康发展。

在信息披露和风险控制方面，金融科技信贷平台必须将客户资金存入第三方托管银行，并加强信息披露和风险监测与管理。此外，还要求金融机构履行贷款管理主体责任，建立健全内部控制制度和完善贷后管理机制。

政府鼓励金融机构创新金融产品，支持大数据发展应用，并引导社会资本投资大数据发展应用。此外，还鼓励采取市场化方式设立大数据发展基金，支持符合条件的大数据企业依法进入资本市场融资。原中国银行保险监督管理委员会（现为国家金融监督管理总局）发布的《银行业金融机构数据治理指引》旨在引导银行业金融机构加强数据治理，提高数据质量和数据价值实现，提升经营管理水平。政府还通过政策性基金支持数字经济领域重大项目建设和高成长、初创型数字经济企业发展，鼓励金融机构对数字经济市场主体提供贷款、融资担保等金融服务支持。

3.3.5.2　数据证券化

数据证券化是一种将数据资产转化为可交易证券的过程，其核心在于利用数据资产未来产生的现金流作为偿付支持，通过结构化设计进行信用增级，形成可出售流通的权利凭证，从而获得融资。具体来说，数据证券化涉及以下几个关键步骤。

第一步，数据资产化。需要对数据资产进行评估和确认其价值。这包括对数据集进行评估和审计，以确保其作为基础资产的合法性和有效性。

第二步，信用增级。通过结构化设计，对数据资产进行信用增级，以提高其市场吸引力和投资者信心。这可能包括外部信用增强措施，例如保险、担保和信贷证；或内部信用增强措施，例如信贷转让、超额抵押和现金抵押等。

第三步，发行证券。将数据资产的未来预期收益转化为现金流，并以此为基础发行证券。这些证券可以是数据资产支持证券（DAS），允许数据提供方打包成证券发行给投资者，享有收益权或使用权。

第四步，融资和流通。通过发行证券，数据资产的持有者可以获得资金的流动性，同时投资者也获得了新的投资渠道。这一过程不仅促进了数据资产的变现和流通，而且为数据产业提供了强大的金融驱动力。

数据证券化不仅有助于激活数据要素的潜能和挖掘数据资产的价值，还为数据产业的发展提供了新的融资途径和市场机会。然而，这一过程也面临评估难、定价复杂和法律监管难等挑战。

3.3.5.3 数据交易

数据交易是指将数据作为商品进行买卖的过程，涉及个人数据、企业数据、市场数据等各种类型的数据。数据交易是市场经济条件下促进数据要素市场流通的基本方式，参与主体包括数据供给方、数据需求方、数据交易平台、评估机构、服务机构，以及外围的其他相关方。目前，我国已有多个数据交易成功案例。

中国首笔空间数据交易服务的成功案例：北京市测绘设计研究院通过北京国际大数据交易所完成。具体来说，北京市测绘设计研究院选取了自主获取的中轴线局部空间数据作为交易标的，通过北京国际大数据交易所完成了全国首笔空间数据交易服务。这次交易不仅标志着全国首家测绘地理信息单位入驻北京国际大数据交易所，还在空间领域实现了全国首次数据资产登记。该笔交易于 2023 年 7 月 6 日完成，为“京彩中轴　古今同辉”文化探访系列活动提供了数据支持。

中国首例个人数据交易的成功案例：贵阳大数据交易所完成的全国首笔个人数据合规流转交易。这一交易在 2023 年 4 月 25 日完成，标志着个人可以从数据产品的交易中获取收益，实现了个人数据的合规使用、规范交易和合法收益。在该案例中，好活（贵州）网络科技有限公司在贵阳大数据交易所的监督和协助下，收集了用户的简历数据，并将其加工成数据产品进行交易。这一案例不仅探索了个人数据交易的 B2B2C 模式，还实现了个人用户从数据交易中获得收益的目标。

无锡市首单跨境数据服务交易案例：无锡高新区无锡斑目信息技术有限公司与日本企业株式会社フンストップ・イノベーション于 2024 年 4 月 22 日在江苏无锡大数据交易有限公司平台上签约备案。该交易涉及的是“企业跨境合规用印数据服务”。这一交易在无锡大数据交易平台上完成交易备案登记，标志着无锡市首单跨境数据服务交易备案成功。此次交易的成功不仅促进了无锡市数字经济和数字贸易的发展，还展示了无锡市在跨境数据服务领域的创新力。

第4章

数据资产价值构成及其影响因素

数据资产是会计学的概念。数据资产是数据智能时代一类新型的、最具活力的资产。它是各类“具有资产属性的数据”的总称。数据资产有不同的表现形态，数据产品有不同的表现形式，例如数据集、数据服务和数据应用等。不同类型的数据资产，其价值类型和构成也不尽相同。对企业数据资产进行评估和入表，首先需要分析其价值类型与构成，其次是选择合适的评估方法。其实，数据资产与数据一样，都具有生命周期。其价值会随时间发生变化。因而，需要依据数据业务，不定期地开展评估。另外，数据或数据资产价值的实现，需要一定的应用场景。没有应用场景，或者说，数据不在实际的业务中应用，数据资产的价值就难以实现。而且，数据资产的价值，除了受时间和应用场景影响，还受市场、成本、质量等多种因素的影响。本章探讨数据资产的价值构成、影响数据资产价值的因素、数据资产价值评估模型等问题。

数据资产的基础和核心是数据。或者说，数据资产是数据在企业生产经营中的一种表现形态。它既可以是数据集，也可以是基于数据开发加工后形成的某种数据产品。数据自身的价值是形成数据资产价值的基础，但数据资产的价值并不等于数据集价值的简单加总。一方面，在实际的生产经营中，数据资产价值的实现，不仅取决于数据采集、加工与开发的成本，其还会激发其他生产要素的价值倍增；另一方面，数据具有潜在价值，但在不同应用场景中，在不同的技术或算法的作用下，其价值的实现会远远超出其潜在价值。因而，数据资产不同于传统资产，其价值构成会因应用场景等不同而不同。

4.1 数据资产价值构成

价值是经济学领域的基础概念，价值构成是经济学研究的基础问题。经济学价值理论依历史发展顺序形成的三大价值理论，即古典经济学价值理论、边际效用价值理论、新古典供求价值理论。这也是资产评估的理论基础。本书采用经济学中主流的价值理论流派作为分析框架，包括劳动价值论、效用价值论和均衡价值论。[1]

4.1.1 数据资产价值的总体构成

现有关于价值构成的概念性研究主要基于马克思主义政治经济学理论。马克思主义劳动价值理论指出了价值构成的原理，价值由生产资料的物化劳动、劳动者的必要劳动和剩余劳动三部分组成。从资本主义生产者的角度看，价值由补偿购买生产资料的不变资本 c 和补偿购买劳动力的资本 v 及劳动者创造的剩余价值 m 三部分成，即商品价值 $W=c+v+m$。其中，$c+v$ 构成商品的成本价值 k，商品价值就等于成本价值和剩余价值之和，用公式表示 $W=k+m$。剩余价值 m 本质上就是利润 p。这样，商品价值就等于成本价值与利润之和。商品的价值公式就从 $W=c+v+m=k+m$，进一步变为 $W=k+p$。[2] 从本质上来看，商品的价值构成由总体价值（成本价值 k）和增值价值（利润价值 p）构成。

在数据资产评估应用研究方面，关于数据资产价值的认识建立在经济学的价值理论基础之上。例如，张志刚等将数据资产价值划分为数据资产成本和数据资产应用两个部分。[3] 李冬青等提出了单资产价值的核心计算式：单资产价值 = 基础成本价值 + 阶梯价值。[4]《电子商务数据资产评价指标体系》（GB/T 37550—2019）将指标体系划分为数据资产成本价值和标的价值两大类。[5]

根据上述分析，数据资产的价值构成包括成本价值 k 和利润价值 p。数据要素不同于传统的生产要素，其价值贯穿于数据要素资产化的全过程。通过将数据要素资产化过程中的利润因素进行细分，可以进一步厘清数据资产的总体价值构成。数据要素资产化过程包括数据资源化和产品化的价值形成阶段、数据资产化的价值流

---

[1] 李姚矿. 新编资产评估学［M］. 北京：科学出版社，2021：7－8.

[2] 卫兴华，林岗. 马克思主义政治经济学原理［M］. 北京：中国人民大学出版社，1999：83－84.

[3] 张志刚，杨栋枢，吴红侠. 数据资产价值评估模型研究与应用［J］. 现代电子技术，2015，38（20）：44－47，51.

[4] 李冬青，刘吟啸，邓镭，等. 基于数据全生命周期的数据资产价值评估方法及应用［J］. 大数据，2023，9（3）：39－55.

[5] 全国电子业务标准化技术委员会. 电子商务数据资产评价指标体系：GB/T 37550—2019［S］. 北京：中国标准出版社，2019：1－8.

通阶段和数据资本化的价值增值阶段。在价值形成阶段主要形成的是数据资产的生产成本价值，价值流通阶段主要形成的是数据资产的在用价值，价值增值阶段主要形成的是数据资产的资本价值。在用价值和资本价值共同构成数据资产的利润价值。这样，数据资产的总体价值构成理应包括三部分：数据资产的成本价值、数据资产的在用价值和数据资产的资本价值。

成本价值、在用价值和资本价值三种价值构成的数据资产价值曲线在价值规律的作用下，围绕市场价值上下波动，如图4－1所示。市场价值是指在公开市场上售卖数据产品所产生的经济收益，由市场供给决定数据资产价值。[1] 成本价值构成数据资产价值的下限，同时成本价值也是所有价值的承担者。超出成本价值的曲线与市场价值直线构成两个区间。位于市场价值线下方的区间为收益区间，构成收益区间的数据资产价值曲线称为在用价值曲线。在用价值创造了数据资产的正常收益，其上限是市场价值。位于市场价值线上方的区间为溢价区间，构成溢价区间的数据资产价值曲线称为资本价值曲线。市场价值是市场供求关系均衡的结果，其货币表现是市场均衡价格。溢价是资本价值的追求目标，表示超出市场价值的超额收益。

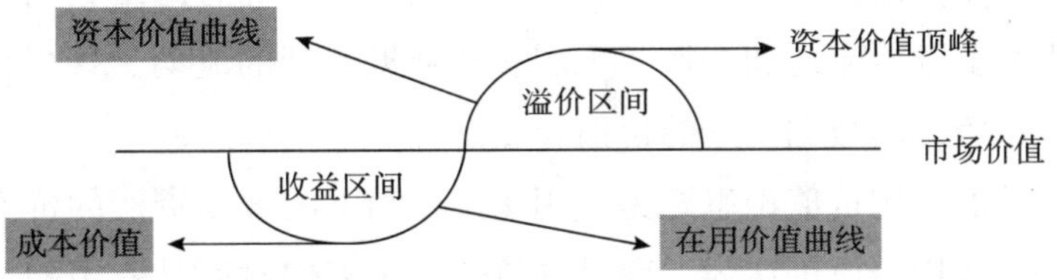

图4－1　数据资产价值曲线

4.1.2　数据资产价值构成的场景分析

数据资产的总体价值构成描述的是整体数据资产应包括的价值成分。事实上，对于具体场景中的某一类数据资产来说，其价值构成并非包括上述全部价值构成成分。数据资产化过程是数据价值创造、价值实现和价值增值的过程，包括生产场景、应用场景和市场交易场景。不同场景下的数据资产包含的价值构成不同。

4.1.2.1　基于生产场景视角的数据资产价值构成

生产场景主要包括数据资源化和数据产品化两个阶段。由于生产场景不包括数据资产的交易、利用、流通等环节，所以数据资产的价值构成主要由生产该数据资产的必要投入和消耗所决定，即由生产成本价值决定。因此，生产场景视角下的数

[1] CCSA TC601大数据技术标准推进委员会. 数据资产管理实践白皮书（6.0版）[R]. 大数据技术标准推进委员会，2023：22.

据资产价值主要由生产成本价值构成。

劳动价值论认为，价值是凝结在商品中的无差别的人类劳动。劳动有具体劳动和抽象劳动之分，具体劳动形成商品的使用价值，抽象劳动形成商品的价值。按照马克思主义劳动价值论的观点，认为社会必要数字劳动成为数据生产生活的价值源泉，将数据价值归纳为使用价值和交换价值。[1] 数据资源本身没有与应用场景结合，也就谈不上交换价值和收益。因此，生产场景下数据资源价值的构成只有其潜在的使用价值。数据资产使用价值主要由数字劳动来形成。数字劳动过程中需要对原始数据资源投入大量的数据基础设施、组织和智力资本，对数据进行收集、汇总、加工、处理和分析而获得数据的使用价值。数字劳动过程投入和耗费的各种资源的总和，就构成了数据资产的生产成本，包括获取成本、加工成本、运维成本、管理成本、风险成本等。

4.1.2.2　基于应用场景视角的数据资产价值的构成

企业生产出具有使用价值的数据产品，只有在数据市场上进行流通和交换，才能实现数据价值。数据资产的应用场景指数据产品进入数据要素市场，并通过交易和利用产生实际效用的数据资产收益过程。数据资产使用价值的实现必须以数据的流动、交易和应用为前提。目前，无论政府还是企业都拥有海量数据，但大部分数据仍无法在市场上进行流通和交换，无法实现数据资产的流动、共享和资源的优化配置，阻碍数据资源向数据资产的价值转变。

经济学领域的效用价值论思想为应用场景视角下的数据资产的价值构成分析提供了理论基础。效用价值论认为，商品的价值是由人们对商品效用的主观评价决定的，价值形成的前提是商品的有用性和稀缺性。商品的价值量由边际效用决定，即决定商品价值量大小的，不是它的最大效用，而是购买该商品最后一单位的边际效用。价值具有“主体性”的特征，这种特征往往表现为同一客体对于不同的主体有不同的价值、同一客体对于同一主体的不同方面有不同的价值；同一客体对同一主体的同一方面，在不同的时间也有不同的价值，即实现价值的多元性、多维性和时效性。[2]

应用场景视角下的数据资产，首先是具有使用价值的数据资源，包含数据产品生产阶段的生产成本价值。在此基础上，数据资产还通过交易、流通、利用，产生了实际效用，释放了潜在的使用价值，产生了实际的经济收益。数据流通是数据成为生产要素的关键。由于数据要素的共享性与非均质性，数据的使用者越多，其挖

[1] 吴欢，卢黎歌．数字劳动、数字商品价值及其价格形成机制：大数据社会条件下马克思劳动价值论的再解释［J］．东北大学学报（社会科学版），2018，20（3）：310－316．

[2] 李德顺．价值论：一种主体性的研究［M］．3 版．北京：中国人民大学出版社，2020：57．

掘出的价值越高，数据要素的“溢出效应”越强，生产效能得以持续倍增。[1] 因此，数据资产价值还应包含产生直接或间接经济收益的效用价值。数据资产的效用价值是实现状态的应用价值，也是其实际收益价值。效用价值是应用场景视角下数据资产价值构成的主要成分，也是数据资产价值评估重点考虑的关键因素。此外，风险因素始终贯穿数据资产流通全过程，风险价值也是数据资产应用场景的价值构成。概括地说，应用场景视角下数据资产的价值构成 = 成本价值 + 应用价值 + 风险价值。

可见，应用场景下数据资产的价值仅考虑数据资产采集维护的直接成本是远远不够的，更需要全面审视和量化应用效益、风险隐患等多个层面的价值体现，方能准确评估数据资产的真实价值。

4.1.2.3 基于资本交易场景视角的数据资产价值构成

数据资产的资本交易场景是指将数据资产作为资本投入金融资本流通市场，推动资本聚集，促进资源合理配置，实现数据价值倍增，并获取资本利润最大化的数据资本化过程。数据资本化使数据由货币性资产向可增值的金融资产转化。数据资本化主要包括数据信贷融资与数据证券化两种方式。[2] 数据信贷融资是用数据资产作为信用担保获得融资的一种方式，可将数据货币价值迅速变现，获得企业再生产所需资金。数据证券化可将数据货币价值转化为权益价值。数据证券化是以数据资产未来所产生的现金流为偿付支持，通过结构化设计增加信用增级，发行可出售流通的权利凭证，获得融资的过程。

数据资产向数据资本转变的关键是，在市场上用于交换的数据商品的交换价值是否被充分挖掘和无限放大，并生成价值增值（倍增）的数据资本。这类似于马克思提出的商品到货币的“惊险一跃”，即从数据价值实现向价值增值（倍增）的跨越。[3] 数据资本化是数据资产升级为数据资本的过程，其本质是个体资本向社会资本的转化，完成数据要素的社会化配置。数据资本化过程中，数据成为一种可以流通的资本，能够与股票、证券、基金、保险、期货、期权等金融工具相结合，通过资本运营实现增值。数据资本化阶段的目标不是获取数据的使用价值，而是为了实现数据投融资，通过关键数据行为获取数据资本的溢出价值。在数据资本运营和数据资本收益分配过程中，数据资本的价值已经远远超出了其市场价值，数据资本价值超越其市场价值所形成的超额价值部分，构成了数据资本的溢出价值。无论是市

---

[1] 马费成，吴逸姝，卢慧质．数据要素价值实现路径研究［J］．信息资源管理学报，2023，13（2）：4－11.

[2] 中国信息通信研究院政策与经济研究所．数据价值化与数据要素市场发展报告（2021年）［R］．中国信息通信研究院政策与经济研究所，2021：2，19－21.

[3] 李海舰，赵丽．数据成为生产要素：特征、机制与价值形态演进［J］．上海经济研究，2021（8）：48－59.

场价值还是溢出价值，都是市场均衡价值。均衡价值论认为，商品的价值由供求决定，需求量与供给量对等时的价格即均衡价格。在价值规律作用下，数据资本流通过程中所形成的溢出价值就是市场的公允价值。公允价值亦称公允价格、公允市价。熟悉市场情况的买卖双方在公平交易的条件下和自愿的情况下所确定的价格，或无关联的双方在公平交易的条件下一项资产可以被买卖或者一项负债可以被清偿的成交价格。在公允价值计量下，负债和资产按照在公平交易中，熟悉市场情况的交易双方自愿进行资产交换或者债务清偿的金额计量。

总体来看，数据资本化不仅是实现数据资本的市场价值，其根本目的是追求超越市场价值的溢出价值。在数据资产化过程中，数据资本的风险价值贯穿始终，在很大程度上促进了溢出价值的形成。因此，市场交易场景视角的数据资产价值构成就包括市场价值、溢出价值和风险价值，其构成公式 = 市场价值 + 溢出价值 + 风险价值。

4.1.3 数据资产价值的实现方式

数字经济时代，数据资产价值的实现过程是通过人们对数据要素的场景化利用来进行的。从生产力的视角来分析，数据资产价值实现过程是数据生产力释放的过程，需要大量的计算机算力配合适当的算法体系来提供技术支持。[1] 只有在算力、算法等技术水平提升的基础上，数据的处理和应用能力才会相应的提高。[2] 作者认为，数据资产价值的实现包括三个层面的因素，分别是技术层、对象层和应用层。技术层可以具体分为硬件设施层和软件逻辑层。硬件设施层由算力构成，软件逻辑层主要由算法、规则、模型构成。对象层由数据构成。应用层由业务场景构成。因此，数据资产价值的实现框架由数据、算力、算法、场景构成，如图 4 - 2 所示。

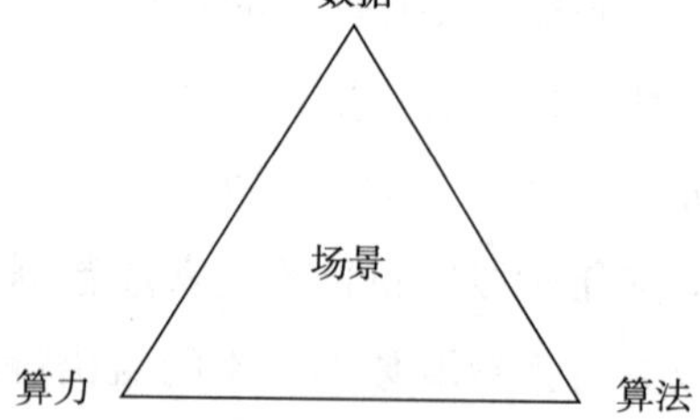

图 4 - 2 数据资产价值的实现框架

---

❶ 李直，吴越. 数据要素市场培育与数字经济发展：基于政治经济学的视角 [J]. 学术研究，2021 (7)：114 - 120.

❷ 戚聿东，刘欢欢. 数字经济下数据的生产要素属性及其市场化配置机制研究 [J]. 经济纵横，2020 (11)：63 - 76 + 2.

4.1.3.1　数据

数字经济时代，数据要素作为关键性生产资料，具有潜在价值，是使用资源、释放数据价值的逻辑起点。数据资产的价值实现路径主要体现在三个方面。[1]

一是数据独立作为生产要素产生价值创造效应。数据是组成数据资产的核心要素，代表着人类对客观事物的描述，利用数据能够对相关事物进行分析与预测。[2]数字经济时代，几乎所有事物都以“0”“1”编码的二进制字符串的形式存在。数据作为独立的生产要素，其携带的信息、技术等要素可以直接提升生产效率。[3]数据通过采集、整理、聚合、分析和处理等，转变为对人类具有使用价值的数据资源，并通过参与人类经济活动成为创造社会财富的重要源泉，由此形成数据资产。

二是数据与劳动、资本等其他生产要素的融合，产生倍增效应，使数据参与价值创造。[4]数据要素作为渗透性生产要素，借由网络通信、智能设备和数字技术等赋能其他生产要素产生价值倍增效应，可以提高劳动生产率、提升管理效率、增加产品和服务附加值。发挥数据的渗透性作用，还可以推动农业、工业和服务业的数字化和智能化转型，创造出更多的社会财富。[5]

三是数据替代其他生产要素产生价格归零效应，表现为生产要素去物质化和产品形态去物质化。在数字设备的支持下，数据要素作为关键性生产资料投入社会财富的生产，形成具有使用价值的数字产品和数字服务。这些产品和服务，除物理设备和知识信息之外，其核心组成部分是数据，例如以“0”“1”代码序列为主要内容的各类数据产品。

4.1.3.2　算力

算力是计算机设备或计算中心执行计算需求任务的信息处理能力。算力的作用，就是完成计算任务。数据智能时代，算力是人工智能的发动机和核心驱动力。计算系统的算力越高，处理数据的速度越快，能完成的任务也越复杂。在深度学习等复杂AI应用中，模型的训练和推理过程需要消耗大量的计算资源。提升算力，是加速AI技术发展的关键途径之一。

数字经济时代，算力基础设施越发重要。作为数据基础设施，算力是计算系统以及人工智能系统实现高效、准确处理任务的物质基础，为算法、数据、场景应用

---

[1] 李海舰，赵丽．数据价值理论研究［J］．财贸经济，2023，44（6）：5－20．

[2] 维克托·迈尔－舍恩伯格，肯尼思·库克耶．大数据时代：生活、工作与思维的大变革［M］．盛杨燕，周涛，译．杭州：浙江人民出版社，2013：104．

[3] 裴长洪，倪江飞，李越．数字经济的政治经济学分析［J］．财贸经济，2018，39（9）：5－22．

[4] 黄鹏，陈靓．数字经济全球化下的世界经济运行机制与规则构建：基于要素流动理论的视角［J］．世界经济研究，2021（3）：3－13，134．

[5] 周文，韩文龙．数字财富的创造、分配与共同富裕［J］．中国社会科学，2023（10）：4－23，204．

提供物理环境和硬件支撑，是算法、数据、场景的物理承载系统。计算、存储和网络是算力基础设施的三大部分。基于对算力的广义理解，中国信息通信研究院提出“综合算力”的概念。[1] 综合算力是集算力、存力和运力于一体的新型生产力。算力是以计算能力为核心，包含算力规模、经济效益和供需情况在内的综合能力。在数字革命背景下，算力是决胜信息时代的关键实力。算力作为数字经济时代的关键生产力要素，已经成为挖掘数据要素价值，推动数字经济发展的核心支撑力和驱动力。存力是以存储容量为核心，是承载数据的关键基础设施，包含性能表现、协同发展、技术创新在内的综合能力。运力是以网络传输性能为核心，是连接用户、数据和算力的桥梁，包含通信配套、传输质量、用户情况在内的综合能力。

算力基础设施支撑数据汇聚、处理、流通、应用、运营和安全保障全流程。安全高效的算力基础设施一方面使得数据生成流转的速度更快、覆盖范围更广，能够带动全社会数据规模的快速增长，增加数据要素供给量；另一方面能够有效促进数据要素的实时传输和高效流通，推动数据要素在不同领域、不同行业之间的共享和交换，加快数据要素市场化进程。算力基础设施以其高性能的计算资源，完成大规模数据的计算处理、模拟和分析，应用于模式识别、预测分析和深度学习等数据密集型任务，深入挖掘海量数据中的隐藏信息，是数据价值转换的新型生产力，已成为数字经济的“新能源”。

多样化的智能场景需要多元化的算力。不同的算法对算力有不同的要求，通常分为通用算力、智算算力和超算算力。当前，通用算力在算力需求中占据主流。以AIGC为代表的人工智能的应用，大模型训练等新应用都对智算算力提出了更高要求。随着我国算力规模的持续扩大，互联网、大数据、人工智能等与实体经济深度融合，算力一方面正在加速向政务、交通、工业、医疗等各行业领域渗透，成为传统行业智能化改造和数字化转型升级的重要支点；另一方面，围绕“大数据+大算力+大模型”，智能算力正在成为全球数字化转型升级的重要竞争力。[2]

4.1.3.3 算法

算法是人工智能的“大脑”，是指导计算机执行特定任务的一系列指令的集合。一个完整的算法体系包括数据结构、运算规则，以及控制运算的操作流程。它是计算机系统处理数据的逻辑控制机制，是数据合理运转和运算的方法、路径、策略。算法是人工智能实现智能化处理的核心，负责将原始数据转化为有价值的信息和决策，代表着用系统的方法描述解决问题的策略机制，决定了AI系统能够理解和处理信息的深度和广度。算法的本质在于实现人的目的，解决具体的现实问题，其核

---

[1] 中国信息通信研究院．中国综合算力评价白皮书［R］．中国信息通信研究院，2023：1-4.

[2] 中国信息通信研究院．中国算力发展指数白皮书［R］．中国信息通信研究院，2023：22.

心任务是创建问题抽象的模型和明确求解的目标，因而具有较强的工具属性。

在数据资源化、资产化和资本化进程中，数据的采集、存储、计算、流通、管理、安全等各个环节都需要相应的技术支持。随着5G、人工智能、隐私计算、数据水印、区块链等新兴技术的兴起与发展，层出不穷的数据技术为深挖数据潜在价值提供了契机与可能。无论是深度学习、自然语言处理，还是强化学习等AI技术，都离不开先进算法的支持。例如，深度学习算法通过构建多层神经网络，能够从海量数据中自动学习特征表示，从而实现复杂的模式识别与预测任务。当前，利用机器学习算法、数据挖掘算法、自然语言处理算法对大规模数据进行分析和挖掘，对非结构化数据（如文本、语音和图像等）进行分析和处理，发现数据隐藏的模式、趋势和关联规则，提取有价值的信息和知识，成为数据资产价值释放的主要任务。未来，数据技术算法将围绕“数据可用不可见”“数据可控可计量”“可溯源存证”等理念进行开发，确保数据可信、可流通。不同创新性企业针对数据加工的算法可以扩散到整个数据相关行业，让已存储的数据更有效地应用于更多经济场景之中，从而发挥出更大的价值。

4.1.3.4　场景

场景是数据资产价值实现的业务应用要素。价值实现以场景为核心。算法、算力、数据的运行都是围绕场景应用展开的。数据要素异质性明显，其价值高度依赖于应用场景。不同应用场景下影响价值的因素不完全相同，数据资产价值也会不同。脱离具体业务应用场景来谈数据资产价值毫无意义。因此，数据要素创造价值和数据产品价值实现都必须依托场景。

场景是数据智能时代新的商业逻辑。价值的产生一定依赖于具体的业务场景，尤其依赖带有强烈不确定性的业务场景。[1] 数据承载了产业运行的规律、机理等，具有非常重要的潜在价值，但数据本身并不能产生价值。只有把数据与具体的业务融合，才能在业务效率改善过程中实现这些潜在价值，该过程的本质是数据驱动业务变革，进而实现数据价值的过程。

在数据要素价值形成的过程中，场景是指在价值创造和价值实现过程中涉及的、涵盖行为情境、空间环境和情感情境的一系列元素集合，可分为业务应用场景和交易场景。[2]

数据产品的价值取决于经济主体的业务需求，而业务需求与应用场景密切相关。数据只有应用在具体的场景中，才会体现其价值。不同场景下的价值呈现也不相同，明确数据的应用场景是实现数据价值的基础，而拓宽数据的应用场景，对于

---

[1] 王汉生. 数据资产论［M］. 北京：中国人民大学出版社，2019：51－54.

[2] 欧阳日辉，龚伟. 基于价值和市场评价贡献的数据要素定价机制［J］. 改革，2022（3）：39－54.

进一步挖掘数据的潜在价值具有重要意义。数据价值的场景化应用已拓展到包括工业制造业领域、金融经济领域、教育领域、健康医疗领域。以及政府管理领域等在内的多个不同维度，深度渗透到企业的精准营销、智能制造、风险规避和广告推送等应用场景。[1] 比如，金融行业运用数据产品进行用户画像、根据风险指数的曲线（风控模型）构建信用等级、发展数字信贷、防范金融诈骗等。制造业利用工业大数据进行产品故障诊断、改进生产工艺流程等。零售业运用可视化的数据产品实现供需匹配、消费预测和广告投放等。

数据产品价值在交易中变现，需要基于交易场景。商业价值创造与交易场景相互依赖、相互促进，价值实现方式也与交易场景密切相关。“数据 + AI + X” 已经成为数据驱动商业的典型模式，其中 “X” 指的是行业场景知识。各行各业开始涌现出不同种类的平台型企业，它们依赖于数据驱动，取代了传统寡头企业的地位。

4.2 影响数据资产价值的因素

4.2.1 数据资产价值的影响因素

影响数据资产价值的因素是多方面的。一方面，从不同的维度分析，就会得到不同的影响因素。另一方面，客观上不同类型的数据资产（产品），其自身结构、应用场景都不尽相同，因而影响其价值的因素也不尽相同。但总体上看，无论哪类数据资产，也无论其产品的表现形式如何，其价值首先取决于自身的内在质量，也就是内在价值。其次，数据资产的价值必须在其使用之后才能实现，而且不同的业务场景、不同的业务模式和盈利模式，都会影响其价值的实现。也就是说，任何数据资产价值的实现都取决于特定的应用场景。因而，应用场景是影响数据资产的又一重要因素。实际上，这也是《数据资产评估指导意见》特别强调要重点关注数据资产质量因素和场景因素的重要原因。

众所周知，不是所有的数据（原始数据）都是数据资产，只有符合一定条件的数据资源才能成为数据资产。也就是说，原始数据需要一定的加工和预处理，才能够成为数据资源，数据资源再依据一定的应用场景开发，才能成为具有一定产品属性的数据资产，才能进行交易或服务。由原始数据到数据资产，实际上是数据资产价值的凝练过程，每个环节都需要投入一定的成本（人力、物力和财力），这些构成了数据资产的初始成本。数据资产的成本也是决定和影响其价值的又一重要

[1] 马捷，郝志远，李丽华，等. 数字化转型视域下的数据价值研究综述：内涵阐述、作用机制、场景应用与数据创新［J］. 图书情报工作，2023，67（15）：4－13.

因素。

数据成为资产，就具有了商品的属性，任何商品的价值或价格都会受到市场供给关系的影响。数据资产价值也不例外。但是数据资产不同于其他资产，一个用户或一个场景的应用或使用，并不会产生“消耗”，影响其他用户的使用。但是，如果一个数据产品的使用场景和用户多，其价值自然也就会更大。

安全或风险因素，也是市场因素中影响数据资产价值的共性因素。有时，还是决定性因素。在进行数据资产价值分析和评估时，应该客观考虑数据资产管理的安全和应用的风险因素。

数据资产的质量、应用场景、成本、市场因素是影响其价值的四个共性因素。除此之外，在分析数据资产价值时，还应该考虑其安全和风险等其他因素。

4.2.2　质量因素

数据资产质量是影响数据资产价值的内在属性因素。数据资产本身也是商品，具有使用价值。使用价值寓于数据资产自身之中，是构成数据财富的物质内容。使用价值的有用程度构成了使用价值的质量。数据资产的质量承载了其价值量，是决定数据资产价值量大小的首要因素。质量与价值呈正相关关系，高质量的数据资产拥有较多的应用场景，产生的市场溢价也会随之升高。一方面，高质量的数据资产具有较强的稀缺性，容易受市场供求关系影响，表现出较高的市场溢价；另一方面，高质量的数据资产会进一步提升为数据金融产品，进入金融资本市场，更容易获取超额利润。

数据产品概念模型是数据资产质量的核心要素。数据资产是对原始数据开发的结果，历经资源化、产品化、资产化和资本化，逐步实现价值递增。数据资源的开发主要是数据产品的开发，需要依据不同的数据产品概念模型设计开发数据产品。中国信息通信研究院发布的《数据要素白皮书（2023年）》中，按照数据的加工深度将数据产品形态划分为原始数据、标准化数据集、数据模型和数据分析结果、数据应用解决方案。[1] 数据产品随着其资源开发水平和程度不断加深，数据质量逐渐增强，数据价值含量随之依次递增。

数据产品的概念模型是数据产品的核心和基础，是对数据产品的符号结构、语义结构、效用结构的形式化描述和抽象化表达。数据及数据产品都是生产出来的，概念模型反映了人们对数据所描述对象的认识。人们对数据所映射的真实世界的认识越是深刻和全面，概念模型的质量就越高，所设计开发的数据产品质量就越高。

[1] 中国信息通信研究院．数据要素白皮书（2023）［R］．中国信息通信研究院，2023：31．

因此，开发高质量的概念模型就成为数据产品质量控制的核心要求。

数据产品的质量与价值是正相关关系，随着质量的提升，其价值会持续增加。当数据产品质量增加到一定程度时，其价值会进入一个持续平稳的区间，不会随着质量的提升而明显增加，如图4－3所示。

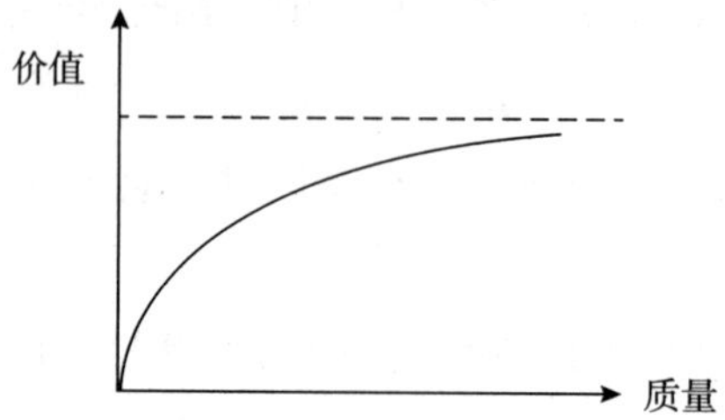

图4－3 数据资产价值的质量曲线

4.2.3 应用场景因素

应用场景是影响数据资产价值实现的效用因素。相同的数据资产，由于其应用领域、使用方法、获利方式的不同，会造成其价值差异。数据产品首先是一种信息商品，具有准公共物品的共享性，不能采用传统经济学中普通商品的价值评估方式，而是应该依据每个消费者对数据产品的不同评价分别确定不同的市场价值。应用场景不同，数据价值主体不同，使用目的不同，对数据的感知不同，导致数据价值主体对数据的评价也不同。

林达尔以公共物品理论为基础，重新建立一个类似私人物品竞争性均衡的公共物品均衡模型，称为林达尔均衡。[1] 在林达尔均衡框架下，每个消费者面临的价格符合其对公共物品的真实评价。林达尔均衡为进一步探讨数据产品的价值问题提供了理论依据。

作为准公共物品，数据资产的价值易发生变化，其价值可随应用场景、用户数量、使用频率和数据时效等的变化而变化，因此，数据资产具有价值易变性。数据资产的价值受多种不同因素影响，这些因素随时间的推移不断变化，某些数据当前看来可能没有价值，但随着时代进步可能会产生更大的价值。另外，随着技术的进步或者同类数据库的发展，可能会导致数据资产出现无形损耗，表现为价值降低。

应用场景因素主要包括使用范围、利用特征、商业模式、供求关系、数据关联性和应用风险等。使用范围应关注数据资产涉及的行业、领域和区域等；利用特征应关注数据资产的使用方式、开放程度和使用频率等；商业模式应关注数据产品及

---

[1] 靖继鹏. 应用信息经济学［M］. 北京：科学出版社，2002：38－39.

服务的模式、赋能模式和金融模式等；供求关系应关注数据资产的稀缺性、市场规模和价值密度等；数据关联性应关注数据资产的用户关联性、数间关联性和业务关联性等；应用风险应关注数据资产的管理风险、流通风险、数据安全风险、敏感性风险和监管风险等。

图4-4显示了数据资产价值的效用与价值的关系。当数据资产未能高度符合用户需求，产生效用较小，其价值量也较小。当应用场景因素高度符合用户需求和使用偏好，产生出较大的效用时，数据资产的价值就会增大，且上升曲率比较明显。在满足用户需求的前提下，再大的效用也不会增加用户感知的价值量，因此价值变化较为平缓。整体看，效用与价值呈现逻辑曲线关系。

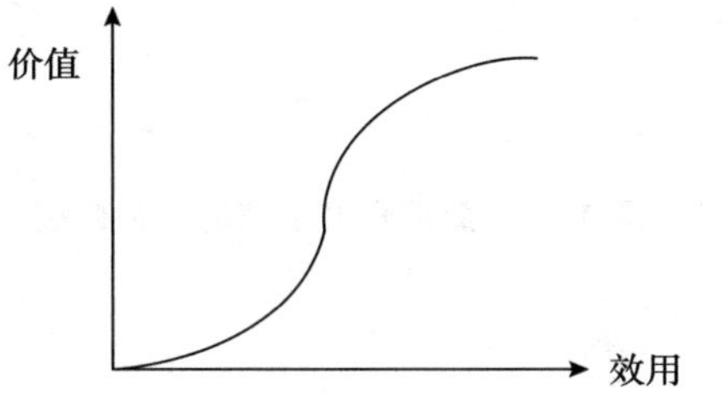

图4-4　数据资产价值的效用曲线

4.2.4　成本因素

数据资产成本是数据资产价值的基础构成要素，是影响数据资产价值形成的基底因素。成本是商品价值构成的基础部分，成本价值构成了商品价值的底线。在完全竞争的市场中，一个商品的社会平均成本越高，那么该商品的市场价值也会越高。也就是说，商品的市场均衡价值不会低于其社会平均成本价值，只能等于或高于其社会平均成本价值。在生产经营活动中，企业总是会通过提升技术、优化管理、转型升级和开发新的商业模式来降低自身成本，追求高于社会平均成本价值的利润。对于生产商来说，当其生产商品的边际成本等于其边际收益时，利润达到最大化，市场供需趋于平衡，其商品的市场价值趋于稳定。对于数据资产来说，由于其边际成本远远小于普通商品，其形成的利润空间往往远超普通商品，往往形成规模经济和网络外部性。❶

数据资产的价值实现需要物理层的数据算力、逻辑层的数据算法、对象层的数据和场景层的业务知识的支持。因此，广义上来说，数据资产不仅包括数据，而且包括算力、算法、场景知识。数据资产价值的成本因素就应该包括生产数据资产过

❶ 潘家栋，肖文. 新型生产要素：数据的生成条件及运行机制研究［J］. 浙江大学学报（人文社会科学版），2022，52（7）：5-15.

程中的算力建设、算法开发、数据采集和场景融合中的人力、物力、财力的投入和消耗，通常包括建设成本、运营成本和管理成本。建设成本包括数据规划、采集、核验和标注成本。运营成本包括数据的存储、整合、维护和折旧成本。管理成本包括人力成本、间接成本和服务外包费用。在数据资产生产初期，其投入的成本往往较高，收益不明显。由于数据具有可复制性的特点，随着其边际成本逐年下降，其总体收益效率会明显提升，如图 4 - 5 所示。

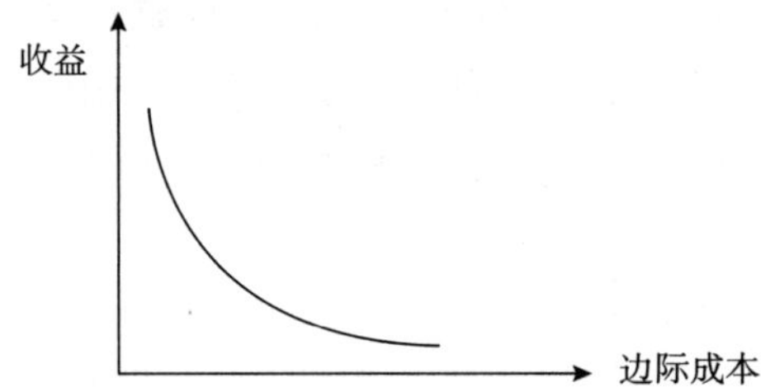

图 4 - 5　数据资产价值的收益曲线

4.2.5　市场因素

市场因素是数据资产价值实现、波动、变化和增值的外部环境因素，包括数据资产相关的主要交易市场、市场活跃程度、市场参与者和市场供求关系等。数据市场是数据资产交易、流通和资本化增值的外部环境。根据数据资产化的价值形态演进路径，数据市场可以分为数据要素市场、数据产品市场和数据资本市场。在数据要素市场，数据资产实现的是其资源价值；在数据产品市场，数据资产实现的是其效用价值；在数据资本市场，数据资产实现的是其金融增值价值。

市场不仅指数据产品交换的市场，而且包括数据要素供给方、需求方、中介方和管理方之间的经济关系，即数据产品从生产到消费之间的整个流通过程和领域。市场机制是传统西方经济学和信息经济学的核心研究范畴，也是数字经济活动的中心环节。市场机制以价值规律为基础机制，是价值规律的实现形式。具体表现为市场关系中的价格、供求、信贷、利率等要素间相互制约和相互联系的关系。通过供求机制、自由竞争和价格波动来实现社会资源的优化配置，其中供求机制是市场机制中基本的运行机制，对其他机制都将产生直接或间接的影响作用。

市场运行机制包含价格、供求、竞争、垄断、激励、利润、风险、安全、法律、政策、行政、财税和金融等各种错综复杂的因素之间的网络关系，是一个高度复杂的动态、多维、多层次的网络系统。在数据市场中，数据产品的市场价值是在多因素影响下的供求平衡的结果。在影响数据价值的众多市场机制中，供求机制、垄断机制和竞争机制是重要的三个因素，如图 4 - 6 所示。

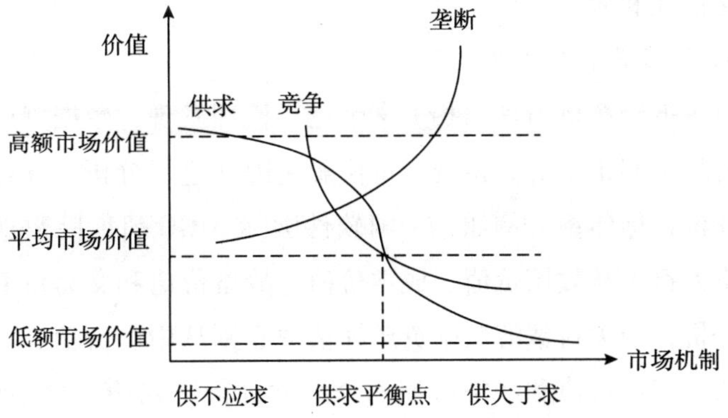

图 4-6　数据资产价值的市场机制曲线

供求机制与数据价值之间的影响关系是近似逻辑增长曲线关系。供求关系分为供不应求、供求平衡和供过于求三个阶段。在供不应求阶段，数据资产的市场价值维持在较高水平。随着需求减弱，供给增加，数据的市场价值略有下降，但仍然不明显。在供求平衡阶段前后，数据价值缓缓下滑，直至达到市场平均水平。在供大于求阶段，数据价值迅速下滑至较低水平。

垄断因素与数据价值关系呈现指数增长关系。垄断程度越高，其获取的市场价值越大；垄断程度越低，其获取的市场价值越小。竞争因素与数据价值呈反比的降幂关系。竞争程度越小，市场价值越大；竞争越激烈，市场价值相对越小。

综合来看，高额的市场价值，意味着低竞争、强垄断、高需求；低额的市场价值意味着高竞争、低垄断、弱需求。在供求平衡点，恰恰也是竞争激烈程度的平均值。

4.3　数据资产的价值评估模型

明确数据产品作为数据资产价值的计量载体，形成“以数据产品研发支出（成本）为基础的初始计量 + 以数据产品实际应用场景中收益（在用价值）+ 风险为参照的后续计量”的模式。

4.3.1　数据资产价值分析

数据资产的价值评估需要依据一定的评估标准及其评估指标体系。在数据资产价值评估实践中，评估标准将直接影响评估的结果。评估标准是衡量或判定评估对象价值程度的准则与尺度。这些标准、尺度通常包括若干方面，这些方面称之为数据资产价值的维度。评估指标体系是评估标准的具体化，是评估标准明确的形式化描述和表达。数据资产的价值评估指标体系构建在价值维度基础上，是对价值维度的进一步具体化描述和表达。

4.3.1.1 数据资产价值维度

作者通过对数据资产价值评估相关文献进行梳理发现，数据资产价值影响因素众多，不同学者从不同维度对数据资产价值影响因素进行分析，并在此基础上构建数据资产价值评价指标体系。例如，中国软件国际 AIGC 研究院数据治理资深专家及行业研究负责人符山从效用价值、成本价值、战略价值和交易价值四个维度进行数据资产价值分析；中关村数海数据资产评估中心则从内在价值、业务价值、绩效价值、成本价值、市场价值和经济价值六个维度进行研究；[1] 李然辉则将数据资产价值维度分为质量维度和应用维度，上海德勤资产评估有限公司与阿里研究院在此基础上进一步增加了风险维度。[2] 刘雁南等根据数据资产化过程将数据资产价值分为数据数量价值、数据质量价值、数据管理价值、数据应用价值和数据风险价值。[3]《数据资产评估指导意见》第 16 条指出，执行数据资产评估业务，需要关注影响数据资产价值的成本因素、场景因素、市场因素和质量因素。

从数据资产形成流通与应用的全流程看，数据资产化路径主要包括数据资源化、数据产品化、数据资产化和数据资本化这四个阶段。数据资源化阶段的主要任务是形成高质量的数据资源；数据产品化的任务是形成高价值的数据产品。数据资产化阶段的任务是通过流通、交易、利用来实现数据产品的价值，形成数据资产。数据资本化的任务是通过金融信贷等资本手段实现数据资产的市场化增值。

从价值形态演进来看，数据资产化路径是“价值形成—价值实现—价值增值”的过程。价值形成阶段的主要影响因素是数据资产的质量，价值实现阶段的主要影响因素是数据资产的应用；价值增值阶段的主要影响因素是数据资产的资本化市场。此外，在数据资产化过程中，数据的生产者、经营者、用户都会承担一定的风险。风险机制从整体上约束了数据资产化过程。因此，质量、应用、市场和风险就构成了数据资产的价值维度。

4.3.1.2 数据资产价值评估指标体系

评估指标是对评估客体的属性和特征的概念化及量化表达。评估指标体系是评估主体对评估客体的认知框架，由一组既有明确层次，又相互联系的指标构成。构建评估指标体系的过程就是认识评估客体的过程，就是建立一个能够反映评估客体特征和价值的信息系统的过程。评估客体的功能、属性、结构，以及与社会等关系

---

[1] 尹传儒，金涛，张鹏，等. 数据资产价值评估与定价：研究综述和展望［J］. 大数据，2021（4）：14－27.

[2] 上海德勤资产评估有限公司，阿里研究院. 数据资产化之路：数据资产的估值与行业实践［R］. 2019.

[3] 刘雁南，赵传仁. 数据资产的价值构成、特殊性及多维动态评估框架构建［J］. 财会通讯，2023（14）：15－20.

的复杂度是影响评估指标的重要因素。一般来说，评估客体结构越复杂、功能或属性数量越多，评估指标也就越多。

数据资产价值评估指标体系是构建价值评估模型需要参考的因素集。国内外众多学者基于影响因素构造了数据资产价值评估指标体系，并运用专家打分法、层次分析法、模糊综合评价法计算数据资产价值指数，通常这个数值用百分制来表示。[1]价值指数只反映了数据资产的相对价值水平，并不是数据资产的评估价值。通常将价值指数与价值评估模型相结合来计算数据资产的市场价值。

指标体系的构建要遵循科学性、简洁性和适用性的原则，突出可操作性，避免过于庞大烦琐。基于对数据资产的认识，依据数据资产化路径的价值增值逻辑构建了数据资产价值评估指标体系，共4个大类，14个一级指标，31个二级指标，如图4－7所示。

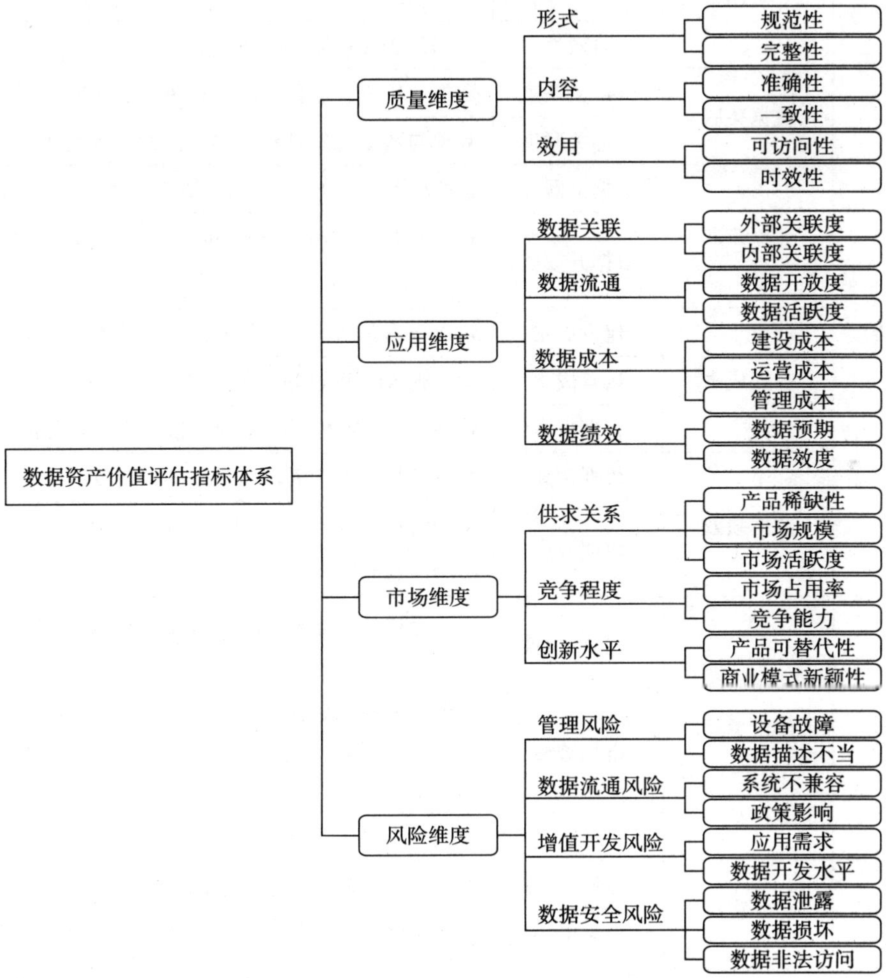

图4－7　数据资产价值评估指标体系

---

[1] 尹传儒，金涛，张鹏，等. 数据资产价值评估与定价：研究综述和展望［J］. 大数据，2021（4）：14－27.

数据资产价值评估指标具体说明如表 4 - 1 所示。

表 4 - 1　数据资产价值指标体系说明

评估维度	一级指标	二级指标	指标释义
质量维度	形式	完整性	数据描述是否全面，无遗漏
		规范性	数据资产符合数据标准、数据模型、业务规则、元数据和权威参考数据等要求的规范程度
	内容	准确性	数据是否真实可靠、无错误
		一致性	数据在不同系统和应用中是否保持一致
	效用	可访问性	数据能被访问的程度，一般用可获取性和可访问度来衡量
		时效性	数据是否能在需要时迅速获取
应用维度	数据关联	外部关联度	数据与用户、业务之间的逻辑匹配程度
		内部关联度	数据与数据之间具备逻辑关系的连接程度
	数据流通	数据活跃度	数据在生产、分配、交换、消费过程中的周转速率
		数据开放度	数据对外开放共享的程度，分为开放、公开、共享、非共享
	数据成本	建设成本	建设成本包括数据规划、采集、核验、标注成本
		运营成本	运营成本包括数据的存储、整合、维护、折旧成本
		管理成本	管理成本包括人力成本、间接成本和服务外包费用
	数据绩效	数据预期	数据满足使用者需求所带来的预期效用
		数据效度	单位数据量所包含的信息价值，即数据资产中信息的质量和深度
市场维度	供求关系	产品稀缺性	指其他机构或组织拥有相同或相近数据资产的可能性
		市场规模	数据资产交易市场能够吸纳数据产品或劳务的单位数量，包括数据资产、数据交易者、管理者、中介者、交易活动等要素的规模
		市场活跃度	数据在市场中交易、流通、周转的速度
	竞争程度	市场占有率	同类数据产品占数据市场的份额
		竞争能力	数据企业自身参与数据市场竞争并盈利的能力
	创新水平	产品可替代性	数据的异质性，代表数据产品被其他资源代替的可能性
		商业模式新颖性	在同质化竞争中，数据运营盈利方式的异质程度

续表

评估维度	一级指标	二级指标	指标释义
风险维度	管理风险	设备故障	支持数据运行的基础设施无法运行
		数据描述不当	数据不清晰、不完全，不具备归属且无法溯源
	数据流通风险	系统不兼容	数据结构、格式等无法与系统匹配
		政策影响	数据资产流通过程中的合法合规程度
	增值开发风险	应用需求	开发的数据产品能否被需求者吸收利用
		数据开发水平	数据采集、组织、存储、利用过程中的失败概率
	数据安全风险	数据泄露	未经授权或不当的披露敏感数据
		数据损坏	数据在传输和存储过程中是否保持完整，不被篡改、伪造、丢失
		数据非法访问	是指未经授权的个人或组织通过非法手段对数据进行访问、查看、修改、删除或窃取等操作的行为

归纳而言，影响数据资产价值的因素主要包括数据本身的质量、安全性、可用性、可靠性以及价值密度，同时还需要考虑成本、市场和环境因素。此外，数据的固有价值、市场供求关系以及用途的多样性和不确定性也会对数据资产的价值产生影响。

4.3.2 数据资产价值模型

数据需求侧对数据资产产品的需求通常包括模型化需求和非模型化需求。模型化需求：数据用于训练和优化使用者的模型或算法，提高模型算法的性能。非模型化需求：使用者利用分析（模型）形成的结果（信息或知识），支持企业的日常生产经营决策。基于需求特征和服务方式不同，数据资产产品形态可以分为数据集、数据信息服务和数据应用三类。[1] 形态一：数据集，即以数据库的形式提供，以满足客户模型化需求的数据产品。形态二：数据信息服务，即以数据资源库为基础，为客户提供满足其特定需求的信息类服务，表现为数据模型和数据分析结果。形态三：数据应用，即指以应用程序的方式，基于统一的用户界面，提供基于数据资源和模型应用的数据应用解决方案产品。

不同的场景视角下，不同类型的数据资产产品价值构成不同。中国信息通信研

[1] 上海数据交易所．数据资产入表及估值实践与操作指南［R］．上海数据交易所，2024：11.

究院在《数据价值化与数据要素市场发展报告（2021 年）》[1] 中，提出数据价值化的“三化”框架，即数据资源化、数据资产化和数据资本化。作者依据数据价值化路径，以数据产品形态为分析框架，分别讨论数据资源化、数据资产化和数据资本化场景下的数据资产的价值构成分析，并构建其价值构成的概念模型。

4.3.2.1 数据资源化场景下的数据资产价值模型

数据资源化是使无序、混乱的原始数据成为有序、有使用价值的数据资源。静态原始的数据资源，只有通过数据的采集、存储、处理、分析，才能形成动态可用的数据资产。数据资源化阶段包括通过数据采集、整理、聚合、分析等，形成可采、可见、标准、互通、可信的高质量数据资源。

数据资源化是指对数据“提纯”的过程，即提高数据资源质量的过程。数据资源化过程所投入的成本包括建设成本、运营成本和管理成本。从数据价值链的视角来分析，其投入成本可以进一步细分为采集成本、整理成本、挖掘成本和分析成本。数据资源化场景下的数据资产价值主要由其成本价值构成。不同的数据资产产品形态，其生产、加工、处理的资源化过程不同导致其成本价值构成机制也各不相同，如表 4－2 所示。

表 4－2 数据资源化场景下数据资产产品价值构成

数据资产产品形态	资源化过程	价值构成
数据集	采集＋标注＋序化	采集成本、整理成本
数据信息	采集＋标注＋序化＋聚合＋发现	采集成本、整理成本、挖掘成本
数据应用	采集＋标注＋序化＋聚合＋发现＋分析＋预测	采集成本、整理成本、挖掘成本、分析成本

依据上述价值构成分析，可以进一步构建数据资源化场景下的数据资产的价值概念模型。具体模型如下。

$$V_{\text{pro}} = \text{Pro}(C) = \text{Pro}(C_1, C_2, C_3, C_4) \tag{1}$$

$$C = C_n(n = 1,2,3,4) = C_n(C_1, C_2, C_3, C_4) \tag{2}$$

式（1）中，V_{pro}表示数据资产的生产价值；Pro 是成本 C 与生产价值 V_{pro}之间的构成函数，表示成本与生产价值之间的构成关系。Pro 的具体形式不定，应根据不同行业、不同类型的数据资产加以构建。在函数 Pro 构建过程中，应该根据不同的产品形态，选择不同的成本因素。式（2）中，C 是成本集合，包含 C_1，C_2，

[1] 中国信息通信研究院政策与经济研究所. 数据价值化与数据要素市场发展报告（2021 年）［R］. 中国信息通信研究院政策与经济研究所，2021：2.

C_3，C_4 四个成本因素。其中 C_1 表示采集成本，C_2 表示整理成本，C_3 表示挖掘成本，C_4 表示分析成本。

4.3.2.2　数据资产化场景下的数据资产价值模型

数据资产化是将数据资源转化为数据资产的过程，也是数据产品通过高效运营和价值评估，实现共享开放和流通交易，给使用者或所有者带来经济利益的过程。数据资产的获利形式通常包括：对企业顾客群体细分、模拟实境、提高投入回报率、数据存储空间出租、管理客户关系、个性化精准推荐和数据搜索等。

数据产品具有潜在应用价值，只有进入数据要素市场流通领域，发挥实际效用价值的数据产品才能成为数据资产化场景下的数据资产产品。数据资产作为新的生产要素，其价值内涵显著区别于其他有形资产，集中体现为直接成本价值、效用价值和风险价值。

直接成本价值指数据资产本身的采集、获取、存储、加工、维护、流通等过程所付出的各项直接成本或物化劳动支出。效用价值指企业或组织利用数据资产赋能业务决策、创新产品和服务、优化运营流程等所创造的经济价值和社会价值。这是数据资产价值的根本所在。效用价值是数据资产的应用价值，包括实际在用价值和潜在战略价值。目前比较常见的数据用途包括：精准化营销、产品销售预测和需求管理、客户关系管理、风险管控等。风险价值指数据资产面临的各种安全隐患、合规性风险、知识产权风险等所可能带来的经济损失和其他负面影响。

数据资产的价值实现，第一是取决于形成数据资产的数据资源自身的潜在价值；第二是取决于在数据资产产品开发过程使用的算法，算法将影响对数据资源潜在价值挖掘或发现的程度；第三是数据资产价值的实现需要依托一定的信息基础设施或者算力；第四是数据必须结合场景才有实际应用价值，否则数据就仅是一堆毫无意义的符号集。数据、算法、算力、场景构成了数据资产效用的溢价价值。不同类型的数据资产，其价值实现方式或过程不同，其溢价价值的构成也不尽相同，如表4－3所示。

表4－3　数据资产化场景下数据资产价值构成

数据资产产品形态	价值实现过程	收益价值构成
数据集	数据＋场景	数据收益价值、场景收益价值
数据信息	数据＋场景＋算法	数据收益价值、场景收益价值、算法收益价值
数据应用	数据＋场景＋算法＋算力	数据收益价值、场景应用价值、算法收益价值、算力收益价值

数据资产化场景的数据资产价值模型是数据资产的收益价值函数，具体模型

如下。

$$V_{rev} = \mathrm{Rev}(C,U,R) \tag{3}$$

$$C = \mathrm{TC}(pc,cc) \tag{4}$$

$$U = \mathrm{Pre}(d,s,a,g) \tag{5}$$

式（3）中，V_{rev}代表数据资产的收益价值；C代表总成本价值；U代表效用价值；R代表风险价值；Rev是收益价值函数，表示总成本价值C、效用价值U、风险价值R与数据资产的收益价值V_{rev}之间的函数构成关系。

式（4）中，pc代表生产成本价值；cc代表流通成本价值；TC代表成本价值函数，表示生产成本pc、流通成本cc与总成本价值C的构成关系。

式（5）中，d代表数据溢价；s代表场景溢价；a代表算法溢价；g代表算力溢价；Pre代表效用溢价函数，表示数据溢价d、场景溢价s、算法溢价a、算力溢价g与效用溢价函数Pre的构成关系。

4.3.2.3 数据资本化场景下数据资产价值模型

数据从资源到资本，需要经过资源化、产品化、资产化再到资本化的过程，经过资产化合规审查认定后的数据可进入数据资产金融产品交易市场。数据资本化是在资产化基础上数据资产金融价值属性的挖掘，基于数据资产收益及价值共识，赋予数据金融属性，赋能完成数据增信、数据质押融资、数据资产证券化、数据作价入股、数据信托等。数据资本化场景下，数据的金融属性进一步释放，数据资产作为金融产品进入资本交易市场，通过资本运营和收益来获取资本价值。[1] 数据资产的资本价值不仅包含市场平均收益价值，而且包含超过市场价值的超额收益价值，即溢出价值和风险价值。

超额收益价值是数据资产的资本价值主体，其主要来源是数据产品的垄断性、稀缺性、创新性和风险性。

垄断是一种市场结构，指一个行业里有且只有一家公司（或卖方）交易产品或者服务。数据产品的垄断性是指由国家或社会资本对某一领域数据行业的生产、加工、处理、流通、销售、利用等环节的独占和联合控制，其目的是排除或限制竞争。数据资产产品具有垄断性特点，其垄断程度越高，价值就越高。

数据产品的稀缺性用来描述数据的有限可获取性。数据智能时代，相对于人类无限的数据需求欲望，高效、优质的数据资源总是稀缺的。根据西方经济学的观点，资源的稀缺性会导致竞争，良性的竞争会引起资源的最优配置。在数据资源配置过程中，数据的稀缺性会形成高昂的超额收益价值。

---

[1] 朱秀梅，林晓玥，王天东，等. 数据价值化：研究评述与展望［J］. 外国经济与管理，2023，45（12）：3－17.

创新主要指数据驱动的创新，包括数字技术创新、数字服务创新、数字化商业模式创新、生产供应组织管理模式创新等。在数字经济背景下，数据驱动的创新是促进经济高质量增长的根本动力。由于数据要素的开发利用实现了数据驱动的创新，数据驱动的创新具有显著的规模收益递增性和外溢性，从而摆脱收益递减规律的束缚，实现了数据价值的最大化释放。[1]

风险性是指数据资产的资本运营风险。数据资产的资本运营过程存在很多不确定性，其预期收益通常不稳定，具有相当的风险。影响风险的因素通常包括投资额、市场需求量、开发周期、供给规模、产品质量和支付能力等。[2]

数据产品的垄断性形成了垄断价值，稀缺性形成了竞争价值，创新形成了创新价值，风险性形成了风险价值。垄断价值、竞争价值、创新价值和风险价值构成了数据资产的超额收益价值。其中，垄断价值、竞争价值、创新价值构成了数据资产的溢出价值。加工处理能力，更重要的是数据驱动的创新能力和商业决策能力。数据驱动的商业对数据价值的最大化利用不仅需要更多互补性要素投入，同时也需要构建包含更多主体、更多互补性资源和更广应用场景的数据商业生态。

数据资本化场景下，不同类型的数据资产，其价值资本运营、收益的增值过程和机制各异，其形成的超额溢价价值的构成也不尽相同，如表4－4所示。

表4－4　数据资本化场景下数据资产价值构成

数据资产产品形态	价值资本化增值过程	超额收益价值构成
数据集	数据垄断＋数据稀缺	垄断价值、竞争价值
数据信息	数据创新	创新价值
数据应用	数据创新＋数据稀缺＋数据风险	创新价值、竞争价值、风险价值

数据资本化场景下的数据资产价值模型是数据资产的资本收益价值函数，具体模型如下。

$$V_{cap} = \mathrm{Cap}(M,E,R) \tag{6}$$

$$M = Vrev = \mathrm{Rev}(C,U,R) \tag{7}$$

$$E = \mathrm{Exc}(l,i,k) \tag{8}$$

式（6）中，V_{cap}代表数据资本收益价值；M代表市场价值；E代表溢出价值；R代表风险价值。Cap代表数据资产的资本价值函数，表示市场价值M、溢出价值E、风险价值R与数据资产的资本收益价值V_{cap}之间的函数构成关系。

[1] 唐要家，唐春晖．数据价值释放的理论逻辑、实现路径与治理体系［J］．长白学刊，2022（1）：98－106．

[2] 靖继鹏．应用信息经济学［M］．北京：科学出版社，2002：69－73．

式（7）中，市场价值 M 就是数据资产的收益价值 V_{rev}，即 $M = V_{rev} = \mathrm{Rev}(C,U,R)$。

式（8）中，l 代表垄断价值；i 创新价值，k 代表竞争价值；Exc 代表超额收益函数，表示代表垄断价值 l、创新价值 i、竞争价值 k 与超额收益函数 Exc 的构成关系。

概括地说，本章论述了数据资产的价值构成、影响数据资产价值的因素、数据资产价值实现和数据资产价值评估模型四个重要的理论问题，在一定程度上构建了数据资产价值评估的理论基础。数据资产的总体价值构成包括三部分：数据资产的成本价值、数据资产在用价值、数据资产的资本价值，分别分析了基于生产场景视角、基于应用场景视角和基于资本交易场景视角的数据资产价值构成。从生产力的视角来分析，数据资产价值实现过程是数据生产力释放的过程，需要大量的计算机算力配合适当的算法体系来提供技术支持。数据资产价值的实现包括三个层面的因素，即技术层、对象层和应用层。数据资产价值的实现框架由数据、算力、算法和场景构成。影响数据资产价值实现的因素很多，其中成本、市场、质量和场景是四大主要影响因素。本章在分析他人对数据资产价值影响因素的基础上，从质量、应用、市场、风险四个维度构建了一个数据资产价值评估指标体系。

第5章

数据的应用场景与服务模式

数据资产不同于传统资产的魅力，就在于其价值的多变性。人们为了获得对某事物的认识，基于一定的场景生产了数据。同时，为了解决某一问题，又基于某一场景应用了数据。数据价值的形成和实现，都需要依托一定的场景。场景是数据生产和价值实现的必要条件之一。所以，正如一些专家所说，没有场景，数据就没有价值。场景，简单地说就是某主体于某时某地做某事。数据应用场景，就是指某主体于某时某地利用数据做某事。数据使用主体、数据和事件构成了数据应用场景的核心要素。服务模式是指在特定的社会、经济或行业背景下，为满足人们需求，通过一系列有组织、有目的的活动和服务，以达到提供全面、高效、个性化服务的方式。本质上，数据服务模式是指如何使用数据满足用户需求的方式。对于数据资源价值的实现，服务模式会影响其价值实现的方式和效率，以及用户对数据服务的满意度。因而，数据资源价值的实现，不仅要关注其应用场景，还要考虑其服务模式。本章拟对数据的应用场景和服务模式等作较为系统的论述。

数据价值的实现，需要数据、算力、算法和场景四大要素密切合作。其中，数据是原料，算力是基础，算法是手段，应用场景是数据价值实现的根本动力。评估是一种价值判断活动。数据资产评估的核心，就是对数据资产价值的分析、判断和测度。但是，数据资产的价值，一方面来源于构成数据资产的数据或数据资源的潜在价值；另一方面是数据资产在一定场景中应用后实现的现实价值。而且，数据资产的应用还存在一定的安全风险，会影响数据资产价值的实现，或会对数据资产价值造成一定的损失。通常，不同类型的数据，使用场景不同，价值也就不同。❶ 数据资产的现实价值和形成数据资产的数据资源的潜在价值往往是不同的。从数量上看，后者可能小于前者，也可能大于前者。或者说，数据资源的潜在价值能实现多少，以及如何实现，不仅与其应用场景有关，而且与算法和服务模式等因素有关系。

5.1 数据应用场景

场景是影视学的一个经典概念，但对于数据资源、数据资产或数据的应用场景来说是一个全新的概念。对不同类型的数据资源，应用场景不同，价值也就不同。国内外研究均表明，数据资产评估需要在无形资产评估方法的基础上，充分考虑数据的应用场景（用例）差异。❷ 场景通常是指一个事件发生的特定环境或背景，用来描述某个事件或行为发生的时间、地点和情况。每个场景都有它独特的氛围和情感，通过描述场景，我们可以更好地理解和感受其中的情境和情绪。例如，一个用户的消费场景，某消费者在何时何地购买了某种商品，甚至对购买的商品作了什么评价等，通过用户评价的一些表情符号就可以判断用户对此次消费的满意度等。所以，场景不仅仅是活动地点和环境的描述，更是对参与场景活动事件的记录和描述。对于数据资源应用场景的分析和描述，能够更好地了解数据资源是如何服务于生产经营的，也可以更好地理解为什么数据资产价值的实现与其应用场景有密切的关系。数据资源的应用场景，其实就是数据资源在生产经营中的具体活动与环境。具体就是，一个企业是如何利用数据资源服务于生产经营，并产生价值的。而且，数据资源的应用场景非常广泛，涵盖了不同的行业和领域。或者说，只要有数据应用，就一定有场景。

5.1.1 数据相关场景的概念

简单来说，场景就是一个特定的环境或背景，可以是真实的，也可以是虚构的。它包括了时间、地点、人物、事件等多个元素，是构成故事或事件或活动的重要基础。例如，在一部电影里面有一个角色在一个破旧的图书馆里寻找一本书的线索，这就是一个场景。不同场景营造出不同的氛围和情绪，带给人们不同的价值感

❶ 胡锴，曾彩霞，熊焰．面向场内交易的数据产品“估值—定价”组合方法研究：兼论数据知识产品创新度分级分类的应用价值［J/OL］．价格理论与实践，1－6［2024－08－17］．https：//doi.org/10.19851/j.cnki.CN11－1010/F.2024.07.179.

❷ 戴炳荣，闭珊珊，杨琳，等．数据资产标准研究进展与建议［J］．大数据，2020，6（3）：36－44.

受和心理体验。但无论何种场景，都包含时间、地点、主体和事件等要素。或者说，场景就是某主体于何时何地做某事。[1] 其中，事件是场景的核心要素。

5.1.1.1 数据应用场景

应用场景，通常是指用户（个人或组织，甚至机器等）在实际使用一个应用（比如数据产品或服务）时，可能所处的环境或情境。它涉及数据应用的时间、空间、设备支持、活动，以及用户等多个维度。具体来说，当信息系统设计师或数据产品开发者在设计一个数据产品时，他们需要考虑这个数据产品在某种场景下如何被用户使用。不同的使用方式，不仅影响用户的体验和满意度，而且会影响产品的服务效果和绩效，以及数据潜在价值的实现。

例如，一位用户在电商上购物的场景。用户在不同的时间段（早晨、中午、晚上）和不同的地点（家中、办公室、户外）可能会有不同的使用方式，有不同的购物需求。同时，设备的支持情况（手机、平板、电脑等）以及用户当时的社交和情绪状态，都会影响他们对产品的使用方式和期望。

数据资源应用场景是站在数据资源开发者的角度对场景的描述。因此，了解和定义数据的应用场景，不仅对于数据产品的设计、开发、使用和优化至关重要，而且有助于确保数据产品满足用户在各种实际情境下的需求，提升用户体验和满意度。另外，对于数据服务绩效的发挥、数据价值的实现都有极其重要的作用。对于数据资产的交易，交易双方应该考虑数据应用场景，针对不同的应用场景进行估价。

5.1.1.2 数据服务场景

数据服务场景是指，用户利用某数据产品或服务（服务本身也是一类特殊的数据产品）的具体环境和情境。它涵盖了数据服务的物理环境、社交环境，以及技术环境等多个方面。这是基于用户视角对数据应用场景的理解。

例如，一位用户在电商服务平台上购物的场景，这就是电商服务的场景。首先，用户在使用电商平台购物时实际的地点，例如家、商店、医院等，就是具体的物理场景。这些地方的布局、装饰、卫生状况等都会直接影响顾客对服务的感受。其次，用户在购物过程中与其平台的互动，这是交互环境。这包括商品的图片、视频，以及服务员的态度、技能，以及顾客之间的交流等。良好的社交环境有助于建立信任，提升顾客满意度。此外，技术环境也是数据服务场景中不可忽视的一部分。随着科技的发展，越来越多的数据服务开始融入先进的技术元素，例如智能设备、大数据分析等。这些技术不仅提高了服务效率，也为顾客带来了更便捷、个性化的体验。

[1] 索智杨，祝小静．面向智慧养老场景的数据资源分类体系框架构建研究［J］．图书与情报，2023（2）：127－136.

因而，在开展数据服务价值评估时，应充分考虑其服务场景。通过深入了解和分析数据的服务场景，用户可以更好地预测或估计数据服务的价值。同时，服务场景的优化和创新也有助于企业在激烈的市场竞争中脱颖而出。总的来说，数据服务场景是一个新的综合性的概念。它涉及数据服务的多个方面和层次。在开展数据资产评估时，评估师应该通过假设和分析数据的不同服务场景，提出不同的价值方案。

5.1.1.3 数据资产评估场景

数据服务的场景十分多样化，它们涵盖了多个行业和领域。例如，电力、旅游、海关、国际贸易、气象、制造等行业都是数据资产评估的典型应用场景。在这些场景中，数据资产的价值评估也涉及多个方面，包括投资决策、精准营销、内部管理等。

对于资产评估，数据资产评估是一个新的评估活动类型。数据资产评估场景，是指数据资产评估活动的场景。它包括数据资产评估主体（评估者）、数据资产评估客体（被评估数据资产），以及何时（评估基准日）、何地开展评估等评估要素。数据资产的价值类别或形态复杂多样，与评估目的、评估的具体场景密切相关。数据资产的价值属性，与数据资产自身特征或属性相关。数据价值的实现取决于其应用或服务场景。因而，在开展数据资产价值评估时，不能简单地仅仅考虑评估的目的，例如数据交易、会计入表等，还应考虑数据资产自身属性（如数据资产的质量），它决定数据资产的潜在价值，以及被评估数据资产的可能的应用与服务场景，换言之，即预测并考量评估数据资产未来可能产生的价值。

5.1.2 数据应用场景分类

数据应用场景非常广泛，涵盖了多个领域和行业。特别是近些年，随着企业数字化转型的发展，数据在企业生产、经营、管理等方面的应用越来越广泛、越来越深入，并产生了一些以数据为核心资产的数据驱动型、数据要素型和数据赋能型的企业。在实际的工作中，可以从不同角度对数据应用场景进行分类。场景是某主体于何时何地做何事。因而，可以依据构成场景的要素，例如主体、事件等进行分类。

（1）基于场景的“主体”进行分类。主体可以是个人、组织、机器等。例如，可以依据企业对场景进行分类，如电商企业中的数据应用场景、数据平台类企业中的应用场景、智能制造类企业中的数据应用场景等。

（2）依据场景的“事件”进行分类。事件就是数据场景中发生或开展的具体活动。例如，决策服务应用场景、用户行为分析应用场景（用户画像、需求分析等）、信用评估应用场景、数据管理应用场景等。数据管理应用场景可以进一步分为数据采集场景、加工处理场景、数据分析场景、数据可视化场景等。

（3）依据“主体+事件”进行分类。

第一种是数据在金融行业的具体应用场景。

信用评估：银行和其他金融机构利用数据分析评估客户的信用状况，以决定是否提供贷款或信用卡等金融服务。

欺诈检测：通过数据分析识别异常交易模式，及时发现并防止欺诈行为。

投资策略：金融机构利用数据分析预测市场走势，制定投资策略以获取更高的投资回报。

第二种是数据在医疗健康领域的应用场景。

疾病诊断与治疗：医疗机构利用大数据分析患者的病历、医学影像等资料，辅助医生进行疾病诊断和治疗决策。

健康管理：通过可穿戴设备等收集个人健康数据，进行健康监测和管理，以提供个性化的健康建议。

药物研发：利用大数据和人工智能技术加速药物研发过程，提高新药研发的成功率和效率。

第三种是数据在智慧城市与交通行业的应用场景。

城市规划：结合人口分布、土地利用等数据，进行科学合理的城市规划布局。

交通管理：利用大数据分析交通流量和拥堵情况，优化交通信号灯控制、公共交通路线规划等。

环境监测：通过传感器等设备收集环境数据，进行空气质量、水质等环境监测和分析。

总之，数据价值的实现，需要数据、算力、算法和应用场景四大要素密切合作。数据应用场景非常广泛，几乎涵盖了所有行业和领域。随着大数据技术的不断发展和应用范围的扩大，数据将在更多领域发挥重要作用。数据已经成为企业重要的资产，也是数据经济时代最具活力的生产要素。未来，需要依据用户的需求和数据的特征去开发更多的应用场景，促进数据价值的实现。

5.2 数据服务模式

数据只有应用才能产生价值。数据的应用既不能脱离具体的应用场景，也不能没有具体的应用方式。数据的应用方式就是其服务模式。数据应用场景与服务模式具有密切的关系。应用场景为数据服务提供了物质和技术支撑。数据服务充实了应用场景，是应用场景的核心。

5.2.1 数据服务模式的概念与类型

服务模式是指服务提供者向服务接受者提供服务的方式和形式。它涵盖了服务的流程、渠道、内容、价值交付方式等多个方面。数据服务模式是指数据服务者向数据服务用户提供服务的方式和形式。它涵盖数据全生命周期中从采集到处置的每个环节。

服务模式旨在满足用户需求，实现服务的高效传递和价值创造，并且通常是根据市场需求、行业特点、技术发展，以及企业自身的资源和能力等因素来设计和优化服务模式。以数据资源的服务模式为例，不同的服务模式决定了数据资源如何被获取、使用、交易，以及为用户创造价值的具体方式。

数据要素市场的持续发展，推动多元化的数据商业服务模式。从当前的数据市场看，数据（要素）商业服务模式主要有四种：数据中介服务、数据订阅服务、数据咨询服务和数据平台服务。

（1）数据中介服务。数据中介服务是指通过技术、法律或其他手段，在数据主体、数据持有者与数据使用者之间，为实现数据共享而建立商业关系的服务。

例如，深圳数据交易所。这类服务在数据流通和共享中扮演着关键角色，其具体内容和特点可以归纳如下。①产权界定。明确数据的所有权和使用权。②价值评估。评估数据的经济价值。③合规认证。确保数据流通符合相关法律法规。④安全审计。保障数据在传输和存储过程中的安全性。⑤公证、托管、担保、保险。提供法律保障，降低交易风险。⑥争议仲裁。解决数据交易中的纠纷。⑦数据标注、清洗、脱敏、脱密。提高数据质量和可用性。⑧数据分析、挖掘。挖掘数据潜在价值，为决策提供支持。协助数据主体、数据持有者与数据使用者之间建立商业关系，促进数据共享和交易。

（2）数据订阅服务。以数据聚合方（如企查查、万得、中国知网等）为代表，对数据进行初步聚合、清洗后，形成初步的数据集，然后以订阅的方式，周期性地将标准化的数据产品通过离线、数据包或在线 API 等方式发送给用户。用户按照既定周期支付固定的使用费。

（3）数据咨询服务。以市场研究机构和咨询机构为代表的数据服务商，它基于对数据的分析，为客户提供市场预测、洞见和建议。市场上的各类白皮书、蓝皮书等发展报告，都属于此类服务。

（4）数据平台服务。即数据洞察、解决方案和平台服务模式。这类服务本质上也是数据咨询服务，它结合用户的具体需求，利用各类数据为用户提供应用解决方案或为用户提供数据营销、风控解决方案。

5.2.2 具体数据服务模式

数据服务模式是指在特定应用场景下，为满足人们需求，数据提供者通过一系列有组织、有目的的数据活动向数据用户提供服务，以达到满足人们需求的服务方式。数据服务模式多种多样，目前数据服务模式通常有以下几种。

5.2.2.1 数据应用开发服务模式

数据应用开发是指通过运用各种信息技术和工具，将原始数据通过一系列的加工和开发使其转化为具有实际应用价值的数据解决方案的过程。这一过程涉及数据的收集、整合、清洗、转换、存储、分析和可视化等多个环节。具体来说，数据应用开发的主要活动包括以下内容。

（1）对原始数据的初加工。这包括对原始数据的去重、补全和规范化等，以满足对数据进行深度加工的需要。

（2）数据建模与分析。这包括定义和分析数据需求，以及设计满足这些需求的数据结构。建模对数据价值的实现至关重要。建模的过程，实质上是对数据价值的认识过程。

（3）数据设计。这涉及物理数据库的设计、信息产品的设计、数据访问服务的设计，以及数据整合服务的设计。数据设计是数据价值实现的重要环节。通过数据建模和分析，会形成某种潜在价值。依据数据的物理模型，通过数据设计，使数据应用于具体的生产经营等业务场景，实现其价值。

（4）数据模型和设计质量管理。这包括开发数据建模和数据库设计标准，审阅数据模型和数据库设计质量，以及管理数据模型版本和整合。

数据应用开发的主要目的是使企业的数据资源价值最大化，帮助企业作出更好的决策。随着互联网和智能化技术的不断发展，传统企业开始将业务和产品数字化，形成了大量的结构化和非结构化数据。这些数据可以通过数据开发进行处理、分析和利用，从而实现对业务流程、市场需求和客户行为的深入洞察，帮助企业进行全面的规划和战略决策。同时，数据资产开发也帮助企业优化产品和服务，提高客户满意度，降低成本，并打造智能化系统和平台，提高工作效率和生产力，实现数字化运营和管理。

数据资源的应用开发是生产高质量数据产品的重要内容。数字经济的发展，需要数据要素市场的健康发展。数据要素市场的发展，首先需要充足的、高质量的数据产品供给。对数据资源的开发就是生产高质量数据产品的主要方法。因而，数据资源的开发，对于数据资产化和数据要素市场的发展都具有重要意义。

5.2.2.2 数据资产租赁服务模式

数据资产租赁服务是指数据出租方在约定的时间内，使用其持有的数据资产完成数据租赁方所要求的特定计算任务，而数据租赁方最终只获得计算结果，数据出租方则获取租金的行为。这种服务在数据较为敏感、无法直接在机构之间流通时显得尤为重要，它可以通过一种隐私保护的、可审计的方式，使数据租赁方能够利用数据出租方的数据完成特定的计算任务，从而促进数据价值的充分形成。

在现实中，大数据企业经常提供这样的数据租赁服务，允许客户在一定时间内使用企业的数据资源。由于数据的复制成本几乎为零，并且涉及用户的隐私信息，受到法律保护，因此数据出租方无法像传统的资产租赁那样直接将数据资产转让给数据租赁方，而是通过完成计算任务的方式获得收益。

数据资产租赁服务模式是当前比较常见的一种数据服务模式。从具体的服务方式看，还可以分为数据平台服务模式和数据中心服务模式。

（1）数据平台服务模式。数据资产服务商通常为用户提供一个统一的数据服务平台。例如，中国知网知识发现平台，为各个图书馆提供各类文献发现与获取服务。

（2）数据中心服务模式为广大用户提供数据存储与管理等服务。例如，华为数据云、腾讯数据云等提供相关的服务。

总的来说，数据资产租赁服务为数据的合法、安全、有效利用提供了一种新的模式，有助于推动数据产业的发展和创新。

5.2.2.3 数据资产管理和咨询服务模式

数据资产管理和咨询服务是指针对企业或组织的数据资源，提供一系列的管理和咨询解决方案，旨在帮助用户有效地管理和利用数据，实现数据价值的最大化。数据管理是一个综合性的过程，它涉及数据的规划、组织、存储、保护、维护和利用。具体来说，包括数据的分类、描述、命名、安全控制、备份和恢复等操作，以确保数据的完整性、可靠性、可用性和安全性。数据管理的目标是将数据转化为有用的信息，以支持业务决策和运营活动，并帮助组织合理利用数据资源，提高数据的质量和效率。数据资产管理不同于数据管理，这不仅仅是因为，不是所有的数据都是数据资产，重要的是数据资产更加突出数据的价值，因而数据资产管理，需要通过一些方法和手段，实现数据资产价值的保值和增值，而不是简单实现数据资产的完整性和安全性等。

数据咨询服务则是指为客户提供专业的数据应用建议和解决方案，以解决其在数据管理和应用等方面的问题或需求。这包括对数据管理策略的制定、数据流程的优化、数据质量的提升等方面的咨询。数据资产咨询服务能够基于客户的实际数据资产情况和需求，提供定制化的解决方案，帮助客户更好地管理和利用数据资产。

总的来说，数据资产管理和咨询服务在现代企业中扮演着越来越重要的角色，它们能够帮助企业更好地理解和利用数据，提升业务决策的质量和效率，进而推动企业的发展和创新。

5.2.2.4　数据资产审计和合规分析服务模式

数字经济的发展和数据要素市场的建设，数据的合规性在数据的整个生命周期的重要性越来越突出。数据的来源、开发、加工和使用等任何环节的不合规，都会损害数据所有者的权益，都会扰乱数据要素市场。因而，数据资产审计和合规服务在数据管理和保护领域扮演着至关重要的角色。数据资产审计是对企业或组织的数据资产进行全面评估和检查的过程。它旨在确定数据资产的价值、安全性、合规性和有效性，并提供对数据资产的保护和管理建议。这一过程涉及数据的价值评估，即确定数据对企业运营和决策的重要性及贡献度，同时还会对数据的保护和管理提出具体的建议。数据资产审计的目的是帮助企业更好地了解和利用数据资源，确保数据的安全和合规性，进而实现数据价值的最大化。

数据合规服务则是通过一系列措施，例如指导手册、合规培训、企业内部合规评估和第三方尽职调查等，来确保企业在进行商业活动时遵守相关法规，降低潜在风险。数据合规服务的功能在于构建一道保护屏障，帮助企业在外部扩张和内部发展过程中保持良性发展态势。它还可以更全面地界定企业及其员工个人的责任，形成和谐的劳动关系。

综上所述，数据资产审计和合规服务都是为了确保数据的安全性和合规性，帮助企业更好地管理和利用数据资源，实现数据价值的最大化。如需更多信息，建议查阅数据管理和合规方面的专业书籍或咨询相关领域的专家。

此外，在大数据时代，数据资源服务开始向知识服务方向发展，从数据整理转变为数据挖掘和分析，从被动接收用户委托服务变为主动跟踪用户需求。但是，随着信息技术的发展，由数据到知识，并非必须经过信息这个过程和环节。可以通过对数据的挖掘和分析直接形成知识，即第 1 章提及的“暗知识”。甚至，在一些行业和领域，数据中蕴含的暗知识，比当前认识的“显性知识”还要多。也就是 DIKW 模型在新的数据智能时代有其局限性。另外，数据资产的服务模式还可以总结为以下两种。

（1）专业整合的社会化服务模式。由于个人或小微企业可能无法有效开发、管理和使用自身的信息，需要社会性的信息资源管理机构进行整合并传播。

（2）跨平台的智能化服务模式。利用“互联网 +”和大数据技术，实现不同企业业务系统的融合对接，打通不同平台之间的信息资源，帮助企业更快速精准地获取用户需求。

概括地说，应用场景和服务模式都是影响数据资源价值实现的重要因素。在一定程度上，没有应用场景的数据就没有价值。准确地说，没有应用场景，数据价值就无法实现。因而，有无应用场景是判断数据资源或数据资产有无价值的重要依据之一，也是判断数据资源是否能够成为数据资产的重要前提或条件。客观地说，数据伴随着人类社会的发展而发展，其应用非常广泛，无论是在企业的生产经营，还是在每个人的生活中，时时处处都有数据应用，而且数据的应用场景非常丰富多彩。例如，企业在决策、产品研发、市场推广等场景中都会应用各类数据或数据资源。再如人们在购物时，也会依据各个商家的价格数据决定选择购买哪家商品。数据服务模式，决定数据满足用户需求的程度，也影响数据价值实现的效果。在开展数据服务时，以什么样的方式为用户提供服务，这一方面取决于数据服务主体的经营方式和技术水平，另一方面取决于数据自身的特征或表现形式。当然，信息技术也会影响数据服务的模式。但更重要的是用户需求，能够满足用户需求的数据服务模式才是真正好的服务模式。

下　篇

第6章
数据资产评估体系

数据资产评估是一项系统性的工作。它不是简单地对数据资产价值进行计量。从数据资产的全生命周期看，数据资产评估应包括数据资产合规分析与评估、数据资产质量评估、数据资产价值评估和数据资产风险评估等。从评估活动看，数据资产评估涉及多个主体。而且，对数据资产价值评估需要遵循一定的原则和方法，因而本章将围绕数据资产评估体系相关问题进行论述。以下这些问题是本章论述的重点内容。

（1）数据资产评估的对象是什么？

（2）数据资产评估的维度或目的（合规、质量、价值、风险）？

（3）数据资产评估体系由哪些要素构成？

（4）数据资产评估的主体是谁（不同评估维度或目的，评估的主体不同）？

（5）数据资产评估的依据和价值尺度是什么？

（6）数据资产评估的参照系是什么，如何建设（按市场法，确立价格、市场价格、公允价格）？

（7）数据资产的价值主体、价值客体是什么？

数据资产评估是一种价值判断活动，属于人类的社会活动，由多种要素组成。人类活动具有目的性、对象性和社会性等特征，它总要实现一定的目的，并受这种完整的目的和动机系统的制约，且指向一定的对象。数据资产评估体系就是构成数据资产评估活动的各种子系统按照一定的秩序和内部联系组合而成的整体、动态的运动系统。

从构成人类活动的基本结构来看，数据资产评估体系由评估目的、评估原则、评估维度、评估要素、评估流程、评估保障等构成。从活动的本质来看，活动最高层次、最基本的要素就是主体和客体，其他因素都围绕主体和客体因素在主体和客体交互过程中衍生。数据资产评估活动的核心，就是评估活动主体与客体等评估要素相互作用的过程。具体来说，就是评估主体借助评估标准或尺度，基于某种参照系对评估客体进行价值判断和估值的活动。其他子系统都是围绕评估主体和客体要素子系统的活动来运行。总体来说，数据资产评估体系是以评估目的为导向，以评估原则为依据，以评估要素为核心，以评估流程为主线，以合规、质量、安全和价值测度为任务，以评估保障为支撑的动态、交互、多层次的运动系统。

基于作者对数据资产评估体系的认知，本章主要解决以下问题：数据资产评估的目的和原则是什么；数据资产评估体系由哪些维度构成；数据资产评估的主体是谁；数据资产评估的对象是什么；数据资产评估的维度有哪些；数据资产评估的参照系是什么，如何建设；如何开展数据资产评估。希望通过对上述问题的解答，能为数据资产评估活动提供一个清晰的框架和指导。

6.1 数据资产评估的目的与原则

人类的任何活动都是有目的的，是主体在活动之前预先构成的某种价值状态。目的的选择和确立，要以一定对象及条件的认知为基础，但核心的东西是价值和评价。数据资产评估体系是一个人工开放系统，评估目的统摄整个活动过程。评估原则是在评估目的的具体化方法框架下，指导、制约着具体评估活动。评估目的从认知层面统摄评估活动，评估原则从方法层面制约评估活动，二者共同构成评估活动的指导框架。

6.1.1 数据资产评估的目的

数据资产评估的目的，是指数据资产评估行为及结果的使用要求与预期用途。

动机和目的往往是活动的先决条件。[1] 目的要素是数据资产评估活动保持连贯、稳定、有效和可信的必要条件，是活动开展的领导、聚合、驱动力量，表现为目标导向性、价值引领性和需求驱动性。任何活动不论其具体的形式与过程如何，它的目的都是确定的，均是由活动主体的确定需求或潜在需求所引发的。评估目的是数据资产评估活动的逻辑起点和前置条件。在开展数据资产评估活动前，评估主体应当结合评价场景（如入表、交易等）、数据资产特性、结果应用等因素来确定其评估目的。

[1] WILSON T D. A re - examination of information seeking behavior in the context of activity theory [J]. Information Research, 2006, 11 (4): 1 - 18.

数据资产评估是实现数据要素资产化，推动数据要素入表的核心环节，其目的就是要实现数据资产合规高效流通使用，促进数据资产的质量提升和价值实现。宏观上这是我国开展数据资产评估和入表的总目的。微观上，企业开展数据资产评估的目的是了解自己的资产结构。但无论如何，数据资产评估或入表都不是终点，而是推动数据资产实现价值的起点。通过评估或入表，了解其价值，参与生产经营或市场流通，推动数字经济的发展，是开展数据资产评估的真正目的。

2022年12月19日，《中共中央 国务院关于构建数据基础制度更好发挥数据要素作用的意见》发布，又称“数据二十条”，明确了以促进数据合规高效流通使用、赋能实体经济为主线，强调坚持共享共用、释放价值红利，强化优质供给，促进合规流通，充分实现数据要素价值、促进全体人民共享数字经济发展红利，为深化创新驱动、推动高质量发展、推进国家治理体系和治理能力现代化提供有力支撑。[1] 中国信息通信研究院在《数据要素白皮书2023》中揭示了数据要素的概念聚焦于数据价值释放，其内核是提高生产效率与资源配置效率。[2] 数据要素价值红利的释放，需要数据要素高效合规安全的流通，其中数据要素价值的货币化计量是其流通交易的核心逻辑。

数据资产评估是指资产评估机构及其资产评估专业人员遵守法律、行政法规和资产评估准则，根据委托对评估基准日特定目的下的数据资产价值进行评定和估算，并出具资产评估报告的专业服务行为。对数据资产价值的定性化判定和定量化货币估算是数据资产评估的核心任务，也就是判断、识别数据资产有没有价值及估算其价值量的大小。数据资产评估的根本目的就是基于明确的数据资产价值，促进数据资产的有效流通，释放数据要素的价值。

评估目的直接决定了数据资产评估的条件和价值类型。不同的评估主体基于不同的应用场景会有不同的需求，从而产生不同的评估目的，这可能会对数据资产评估范围的界定、价值类型的选择、评估假设的选取、评估方法的确定等方面产生影响。由政府、企业、机构等组织发起的评估，其目的是针对其所拥有的数据资产情况进行估值，从而确定组织所拥有的无形资产、存货和总资产的价值；由交易双方发起的评估，其目的是针对交易过程中的数据资产价值进行估值，从而确定数据交易的定价；由第三方（如行业监管机构）发起的评估，针对行业及相关行业的数据资产进行客观公正评价，推动和规范相关行业发展。[3] 具体来说，基于具体的数据

[1] 中共中央 国务院. 中共中央 国务院关于构建数据基础制度更好发挥数据要素作用的意见［G］. 中华人民共和国国务院公报，2023（1）：28－33.

[2] 中国信息通信研究院. 数据要素白皮书（2023）［R］. 中国信息通信研究院，2023：5－7.

[3] 高昂，朱虹，甘克勤. 数据资产管理标准化实践［M］. 北京：中国标准出版社，2019：31.

资产评估使用场景，其评估目的包括但不限于：转让、收购、作价出资、授权许可、质押融资、财务目的、税务目的、司法目的、资产证券化、企业清算等。

6.1.2 数据资产评估的原则

数据资产评估的原则是指评估主体对数据资产的货币价值进行估算的操作过程中所要遵循的基本理念、方针、准则，为数据资产评估专业人员在执行资产评估业务过程中的专业判断提供方法依据，属于数据资产评估活动的方法论范畴。基于数据资产属性和资产评估活动的特征，在具体的数据资产评估业务工作中应该遵循"场景优先、分类评估、货币计量、假定推断、条件约束和参照可比"等原则。

6.1.2.1 场景优先原则

"场景第一、数据第二、算法第三"是数据智能时代新的商业逻辑。纯粹的数据不产生价值，纯粹的算法更不产生价值。价值的产生一定依赖于具体的业务场景，尤其依赖带有强烈不确定性的业务场景。[1] 通常意义上，场景是指人与周围景物的关系总和，其核心是场所与景物等硬要素，以及空间与氛围等软要素。[2] 数据资产评估的场景就是数据资产评估活动所必需的一系列业务元素与条件的集合。数据资产评估场景的核心是围绕数据资产相关主体开展的活动。对能带来预期收益的数据资产进行评估，并非仅仅针对单纯的数据集合进行价值判断和货币计量，而是要把数据资产内置于具体的业务应用场景中分析，包括法律场景、政策场景、技术场景、安全场景、质量场景、市场场景、风险场景等，在场景中综合考虑影响其价值释放的具体因素。

同一数据资产在不同的应用场景下，通常会发挥不同的价值。其价值取决于其对企业价值的贡献度。数据资产评估专业人员应当了解相应评估目的下评估对象的具体应用场景，选择和使用恰当的价值类型和评估方法。

6.1.2.2 分类评估原则

分类是人类的基础思维形态，是认识世界的基本方法，也是其他逻辑思维方法的基础。分类是人类生存和进行社会活动的需要，也是人类最为复杂的一种认识活动。[3] 类是本质相同或相似的事物的集合。分类就是依据事物的属性或特征把事物的集合进行分门别类的过程。图书情报学领域的知识分类组织法鲜明地体现了逻辑分类思想。知识分类组织法是指按一定的秩序框架，将文献知识分门别类地加以类聚的序化过程。它的基本原理是"以类聚事"，即根据事物的不同属性，将属性相

[1] 王汉生．数据资产论［M］．北京：中国人民大学出版社，2019：51－54.
[2] 郜书锴．场景理论：开启移动传播的新思维［J］．新闻界，2015（17）：44－48，58.
[3] 陈洪澜．知识分类与知识资源认识论［M］．北京：人民出版社，2008：125.

同或相近的事物聚为一类，将属性相异的事物加以区别。[1]

数据资产拥有不同的价值类型，反映了数据资产评估场景的多样化属性和特征。对数据资产进行价值估算，首先面对的就是价值类型的选择问题。中国资产评估协会制定的《资产评估价值类型指导意见》规定了资产评估的价值类型，包括市场价值、投资价值、在用价值、清算价值和残余价值。不同价值类型的数据资产，其价值评估方法也不同，评估结果也不同。价值类型是决定和制约数据资产评估场景的重要因素。因此，在数据资产评估流程中，首先要根据评估目的、市场条件、评估假设、评估对象自身条件等因素，确定和选择待评估数据资产的价值类型，确保评估方向和评估结论的合理性、科学性和适用性。

数据资产还可以依据其具体的表现形式——数据产品进行分类。不同类型的数据产品，如数据集、数据应用和数据服务等，其价值类型、实现方式、应用场景等都不尽相同。因此，开展评估时，宜采取分类实施的办法。

6.1.2.3 货币计量原则

评估不同于评价。评价是评价主体依据评价标准对不同评价客体的价值进行判断和比较的过程，是一种主观性较强的价值判断活动。通常评价主体基于自己的价值尺度从评价客体集合中选择出符合自己需要的价值相对较高的评价客体，或者判断对自己需求满足程度最高的评价客体。[2] 评价并非要单纯测度评价客体的绝对价值，而是判断、预测评价客体对于评价主体的相对价值。[3] 评估是一种事实判断，一般是依据现实条件对事物进行价值的约算，强调客观性，以及价值、贡献量等，结果体现为数值或率。数据资产评估是对数据资产的货币价值进行计量的业务活动，其结果是数据资产在数据要素市场中的货币价值形态，体现为一定货币形态下的市场预期价格。中国资产评估协会制定的《资产评估执业准则——资产评估报告》明确规定：资产评估报告一般以人民币为计量币种，使用其他币种计量的，应当注明该币种在评估基准日与人民币的汇率。简单的说，数据资产评估是对数据资产定价的过程。

6.1.2.4 假定推断原则

对于人类而言，未来的世界永远充满了不确定性。几乎所有的不确定性现象，都不可能被绝对精准地预测。预测行为是对未来潜在的、多元的、可能的发展路径的选择和判断，其仅仅能做到的是对未来路径不确定性在一定程度上的消除，而不

[1] 蒋永福，李景正. 论知识组织方法［J］. 中国图书馆学报，2001，27（1）：3－7.

[2] 索传军. 论学术评价的价值尺度：兼谈“唯论文”问题的根源［J］. 中国社会科学评价，2021，25（1）：122－131.

[3] 索传军，于淼，牌艳欣，等. 数据驱动的学术评价理论框架研究［J］. 图书情报工作，2024，68（1）：5－12.

是对不确定性绝对精准的消除。因此，本质上预测是面向未来的、假定推断的方法。对数据资产价值的估算，是一个面向未来的、可能性的分析预测行为，是一个假定模拟场景下的推理、判断的合理估计过程。也就是说，数据资产评估所推演出的结论——数据资产价值，是一个潜在的、可能的货币价格，并非真实的、现实的市场价格。这种估值仍然可以应用在数据资产的实际业务交易流通场景中，但前提是数据资产评估推演逻辑的一致性。应当正确理解数据资产评估结论，评估结论不等同于评估对象可实现价格，评估结论不应当被认为是对评估对象可实现价格的保证。尽管数据资产价值的估算推断结论是一个假设的、模拟的结果，但这种预测结果是当前的经济发展水平和技术条件下作出的最合理、最优的决策选择，其意义在于最大程度地消除了未来预期价值的潜在不确定性。

6.1.2.5　条件约束原则

数据资产评估是对随着市场条件变化的动态资产价格的静态反映，这种反映受到多因素条件约束的复合影响。对这种条件约束的影响反映得越准确，评估结果越合理。条件约束通常包括评估假设、评估基准、评估范围等影响因素。

评估假设是依据现有知识和有限事实，通过逻辑推理，对数据资产评估所依托的事实作出的合乎情理的推断和假定。评估假设是数据资产评估结论成立的前提条件。评估基准日是数据资产评估结论所对应的时间基准。确定评估基准日就是为数据资产评估选择一个时间基准，确定在该时间基准点上的价值。评估范围是数据资产评估对象的外延集合。数据资产评估不是要对机构所拥有的一切数据资产进行评估，而是对那些符合入表条件的资产进行评估。企业数据确认为资产应该具有以下三大特征：一是企业具有经济资源的控制权，并不要求所有权；二是经济资源是未来产生经济收益的现时权利，能够带来其他企业不能获得的经济收益；三是由企业的历史事项形成，构成对企业历史信息的反映。[1] 确定评估范围就是要将符合入表条件的数据资产予以登记、确认，并列入评估对象集合的过程。

6.1.2.6　参照可比原则

任何评价、评估活动都是基于参照系比较的结果。理论上，任何评估都有参照物或参照系。参照系就是评估主体用以对评估客体的价值作出判断所需参照的比较因素系统。作者认为，从形式上看，参照系就是与评估客体同质且相关的一组同类实体的集合。[2] 数据资产是一种新型的生产要素和资源类型，数据资产评估和管理

---

[1] 罗玫，李金璞，汤珂．企业数据资产化：会计确认与价值评估［J］．清华大学学报（哲学社会科学版），2023，38（5）：195－209，226.

[2] 索传军，张璇，李木子．论评价参照系的内涵、作用与构建：兼论学术谱系的功能与作用［J］．中国人民大学学报，2022（4）：180－190.

是一个全新的领域。在缺乏实践和理论支撑的困境下，国内外研究普遍将数据资产作为无形资产进行参照确认。[1]

从价值估算方法来看，数据资产价值的主流评估方法通常包括成本法、收益法、市场法三种基本方法及其衍生方法。成本法是根据形成数据资产的成本进行评估。收益法是通过预计数据资产带来的收益估计其价值。市场法是根据相同或者相似的数据资产的近期或者往期成交价格，通过对比分析，评估数据资产价值的方法。数据资产评估方法的使用逻辑存在一个隐含的理论前提，即市场中的交易双方信息对称且掌握标准化资产信息、通用性技术标准或者较为普遍接受的市场交易参照物。[2]

6.2　数据资产评估的维度

数据资产评估应包括四个评估维度：合规评估、质量评估、价值评估、安全与风险评估。数据资产的合规评估是评估的前提，质量评估是评估的基础，价值评估是评估的核心，安全与风险评估是评估体系的保障。

6.2.1　数据资产合规评估

数据资产合规评估是对数据资产的法律属性进行全面的审视、分析与研判，以确定数据资产的生成、获取、开发、利用等环节符合相关法律法规、行业标准，防止侵犯国家数据安全和个人信息安全。数据资产的法律属性是数据资产合规评估的主要内容，主要包括授权主体信息、产权持有人信息，以及权利路径、权利类型、权利范围、权利期限、权利限制等权利信息。其中，数据产权的归属是合规评估的关键问题。

产品交易的本质是产品所有权的转移。[3] 只有所有权清晰的产品才能进行交易。传统意义上，所有权是产权体系中的最基本也是最首要的权利属性，决定着其他产权的分配，且所有权和其他产权不可分割。[4] 数据资产是一类新型的生产要素，具有虚拟性、可复制性、共享性等特征，导致数据在生成、获取、开发、利用等过程中存在或产生多个权益主体，例如数据所有者、控制者、开发者，并由此衍生出多

---

[1] 中国信息通信研究院．数据资产化：数据资产确认与会计计量研究报告 2020［R］．中国信息通信研究院，2020：26－27.

[2] 朱晓琴，王宣童．数字经济背景下数据资产评估研究述评与展望［J］．财会月刊，2023（6）：78－84.

[3] 张平文，邱泽奇．数据要素五论：信息、权属、价值、安全、交易［M］．北京：北京大学出版社，2022：256－257.

[4] 王芳．关于数据要素市场化配置的十个问题［J］．图书与情报，2020（3）：9－13.

种权益类型，致使所有权和使用权分离，且涉及的不同主体之间利益关系复杂，权利归属难以确定。《中共中央 国务院关于构建数据基础制度更好发挥数据要素作用的意见》明确提出了探索数据产权结构性分置制度的指导意见，要求根据数据来源和数据生成特征，分别界定数据生产、流通、使用过程中各参与方享有的合法权利，推进“共同使用、共享收益”的新模式，建立数据资源持有权、数据加工使用权、数据产品经营权等分置的产权运行机制，建立公共数据、企业数据、个人数据的分类分级确权授权制度。❶

基于数据易复制的特点，在合规评估过程中要明确数据资产化过程中相关数据主体的合法权益，需要对数据资产的持有权、使用权、经营权、处置权等进行合理界定，明确数据资产的法律状态，以实现数据权属的合理合法转移，从而实现数据变现或数据资产收益的流入。关于数据权属，目前在政府政务或政府资金支持下产生的数据权属明确，这类数据归国家所有，属于国有数据。

6.2.2 数据资产质量评估

数据资产质量是指数据资产在特定业务场景下，数据特征符合和满足主体需求及数据应用的程度。数据资产质量通常从两个方面考虑，一是数据自身质量，二是与主体需求在使用过程中的符合程度。数据质量评估是数据资产价值评估的基础，高质量数据会产生较高的数据价值。数据资产质量评估，还应立足用户视角，其中数据模型的质量是质量评估的核心。影响数据质量高低的因素包括数据的颗粒度、活性、关联度、规模度等。❷

若数据资产评估的目的是评价数据资产的质量，具体而言需要达到三个目的。一是评估数据资产的质量，二是发现数据资产存在的质量问题，三是提高数据资产质量的价值。❸

参照《信息技术 数据质量评价指标》（GB/T 36344—2018）以及中国资产评估协会发布的《数据资产评估指导意见》，数据资产评估质量指标体系通常包括 6 个指标：准确性、一致性、完整性、规范性、时效性和可访问性。❹ 准确性是指数据资产准确表示其所描述事物和事件的真实程度，包括内容准确率、精度准确率、数据唯一性、记录重复率和脏数据出现率。一致性是指不同数据资产描述同一个事物

❶ 中共中央 国务院．中共中央 国务院关于构建数据基础制度更好发挥数据要素作用的意见［G］．中华人民共和国国务院公报，2023（1）：28－33.

❷ 张驰．数据资产价值分析模型与交易体系研究［D］．北京：北京交通大学，2018.

❸ 汤珂．数据资产化［M］．北京：人民出版社，2023：63.

❹ 全国信息技术标准化技术委员会．信息技术 数据质量评价指标：GB/T 36344—2018［S］．北京：中国标准出版社，2018：1－6.

和事件的无矛盾程度，一般用相同数据一致性和数据关联一致性来描述。完整性是指构成数据资产的数据元素被赋予数值程度，包括元素填充率、记录填充率、数据项填充率。规范性是指数据资产符合数据标准、数据模型、业务规则、元数据和权威参考数据等要求的规范程度，包括值域合规率、元数据合规率、格式合规率、安全合规率。时效性是指数据资产真实反映事物和事件的及时程度，包括周期及时性和实时及时性。可访问性是指数据资产能被正常访问的程度，一般用可获取性和可访问度来衡量。在进行数据资产价值评估时，数据质量应达到应用场景下所要求的基准。

6.2.3　数据资产价值评估

数据资产评估是对数据资产的货币价值进行计量的业务活动，其结果是数据资产在数据要素市场中的货币价值形态，体现为一定货币形态下的市场预期价格。数据资产价值评估是对数据资产价值的测算，并给出相应值。对数据资产的价值进行评定和估价，是数据资产评估的核心任务。数据资产价值评估是数据资产交易和流通的需要，更是数据资产化的需要。从数据的使用角度来看，数据资产价值主要体现在数据是否有用、是否够用、是否可用、是否好用等方面。[1]

数据资产价值评估的结果就是以货币形式表达数据资产的价值。数据资产的内容，即信息属性，是其价值所在。数据资产的价值属性取决于不同使用者和应用场景。使用者和应用场景不同，意味着数据资产价值评价就会不同。数据资产价值评估活动所涉及的价值，并不是市场中的交易事实或历史数据，资产价值的判断方式是评估方在特定时段对资产内在价值的估计，而非确定的实际交换价格。[2]

客观上，数据资产价值评估模型的构建是数据资产价值评估的核心内容，也是数据资产评估的难点。数据资产的价值构成通常包括成本价值、在用价值和风险价值。其中，在用价值和风险价值构成了数据资产的标的价值。《电子商务数据资产评价指标体系》（GB/T 37550—2019）将指标体系划分为数据资产成本价值和标的价值两大类。数据资产的成本价值是数据资产全生命周期过程中，数据的产生、获得、标识、保存、检索、分发、呈现、转移、交换、保护与销毁各阶段产生的直接成本与间接成本所对应的价值。数据资产的标的价值是指数据资产持续经营所带来的潜在价值。[3] 数据资产价值评估就是要给出成本价值和标的价值的对应货币价格。

[1] 叶雅珍，朱扬勇．数据资产［M］．北京：人民邮电出版社，2021：98－100.

[2] 汤珂．数据资产化［M］．北京：人民出版社，2023：85－88.

[3] 全国电子业务标准化技术委员会．电子商务数据资产评价指标体系：GB/T 37550—2019［S］．北京：中国标准出版社，2019：1－8.

价值评估模型就是建立数据资产价值的经济社会影响因素与预期价值的关系模型。当前，数据资产价值评估的模型通常沿用资产评估的市场法、成本法和收益法。

价值评估模型构建需要考虑复杂的社会影响因素，通常包括成本因素和应用因素。成本因素是指按照重置该项数据资产所发生的成本，主要包括前期费用、直接成本、间接成本、机会成本和相关税费等。前期费用主要包括数据规划等费用；直接成本主要包括建设成本、运维成本和其他等；间接成本主要包括软硬件、基础设施和公共管理等成本。应用要素主要包括使用范围、应用场景、商业模式、供求关系、数据关联性和应用风险等。中国资产评估协会发布的《数据资产评估指导意见》提出，在提供评估保障和确保评估安全的前提下，分析数据资产的基本属性和基本特征，对数据资产进行数据评价，获得可供价值评估使用的质量要素、成本要素和应用要素等参数，再采用收益法、成本法或市场法完成价值评估。

6.2.4 数据资产安全风险评估

数据具有生命周期。数据在其生命周期中的不同阶段，例如收集、整理、保存、传输、利用等，不同的加工处理过程均存在不同程度的风险，例如数据存储过程中被泄露的风险，数据传输过程中被篡改和删除的风险，数据利用过程中被非授权访问的风险等。《信息安全技术 大数据安全管理指南》（GB/T 37973—2019）要求数据在采集、存储、处理、传递、利用过程中遵循数据最小化、责任不随数据转移、最小授权、可审计追溯的原则，保证数据来源明确、过程透明、利用合规、风险可控、灾难应急和灾后可恢复。❶

安全与风险评估主要指识别、分析数据要素在采集、存储、处理、传递、利用、交易等数据生命周期运行过程中的安全因素和潜在风险因素。通过评估数据安全风险，制定数据安全管理制度规范、进行数据安全分级分类，完善数据安全管理相关技术规范，保证数据被合法合规、安全地采集、传输、存储和使用。❷

数据资产安全，是指通过采取必要措施，保障数据得到有效保护和合法利用，并持续处于安全状态的能力。数据资产安全状态指数据资产的保密性、完整性和可用性。数据资产安全不仅指数据本身的安全，而且包括支撑数据运行的物理、技术环境和管理制度。数据资产安全评估一方面要评估数据资产自身的安全性，另一方面也要评估组织已采取安全措施的有效性。具体来说，安全评估内容应该包括数据

❶ 全国信息安全标准化技术委员会. 信息安全技术 大数据安全管理指南：GB/T 37973—2019［S］. 北京：中国标准出版社，2018：1-16.

❷ 中国信息通信研究院云计算与大数据研究所，CCSA TC601 大数据技术标准推进委员会. 数据资产管理实践白皮书［R］. 中国信息通信研究院云计算与大数据研究所，2019：21.

分级分类、数据安全保密、数据异地异质备份、数据灾难恢复应急、数据监控预警等方面。

数据资产安全评估应该重点分析数据资产的分级分类状态。《数据安全法》明确规定了数据的分级分类保护制度。❶ 开展数据分类分级工作，首先需要对数据进行分类分级，识别涉及的重要数据和核心数据，然后建立相应的数据安全保护措施。《数据安全技术 数据分类分级规则》（GB/T 43697—2024）明确了数据分类分级的框架和原则。❷ 数据分类框架一般先按照行业领域分类，再按业务属性分类的原则进行分类。数据分级则是根据数据在经济社会发展中的重要程度，以及一旦遭到泄露、篡改、损毁或者非法获取、非法利用、非法共享，对国家安全、经济运行、社会秩序、公共利益、组织权益、个人权益造成的危害程度，将数据分为核心数据、重要数据和一般数据三个级别。在评估数据安全受到破坏后的影响时，将影响分为影响对象和影响程度两个维度。影响对象包括国家安全、经济运行、社会秩序、公共利益、组织权益、个人权益；影响程度从大到小依次分为特别严重危害、严重危害和一般危害。

6.3 数据资产评估体系的构成

数据资产评估是评估主体依据一定的评估标准，利用一定方法，基于评估参照系和一定的评估信息，通过评估信息分析和处理后，对评估客体（数据资产）作出的价值量的判定和估算。数据资产评估是一项价值判断活动，包括主体、客体、尺度（评估标准或指标体系）、参照系等组成要素。数据资产评估活动主体应该依据评估客体的性质和评价目的，选择不同类型的评估参照系，科学地进行评估。

在数据资产评估要素运行的过程中，要坚持评估安全原则，保障评估数据不被泄露、损坏、丢失或被非法获取、非法利用和非法共享。

6.3.1 数据资产评估体系的构成要素

6.3.1.1 评估主体

主体是一个活动系统中最基本的要素之一，是活动系统中具有能动性的“人”的因素。数据资产评估过程涉及的评估主体有评估人、委托人、数据资产持有人和

---

❶ 中华人民共和国数据安全法［EB/OL］.［2024-07-26］. http://www.npc.gov.cn/npc/c2/c30834/202106/t20210610_311888.html.

❷ 全国网络安全标准化技术委员会. 数据安全技术 数据分类分级规则：GB/T 43697—2024［S］. 北京：中国标准出版社，2024：1-24.

评估报告使用人等。评估人指数据资产评估机构中从事价值判断和计量业务的专业评估人员。委托人是指委托资产评估机构为其提供评估服务的当事人，包括法人组织、非法人组织、政府部门或者自然人等。数据资产持有人是指评估对象的产权持有人。报告使用人是指法律法规明确规定的，或者评估委托合同中约定的有权使用数据资产评估报告或评估结论的当事人。

6.3.1.2 评估客体

客体是被主体直接作用的、掌握的和控制的对象，是数据资产评估活动所要作用的对象。数据资产评估的客体是指被评估的具体标的或者被评估的数据资产，即资产评估的具体对象。数据资产评估的客体是待评估的数据资产的某种具体的表现形态。例如，对原始数据集进行初步加工之后形成的“数据资源”，对数据资源针对某种应用场景开发加工之后形成的“数据产品”（API 或数据服务等）。《数据资产评估专家指引》揭示了数据资产的基本状况通常包括：数据名称、数据来源、数据规模、产生时间、更新时间、数据类型、呈现形式、时效性、应用范围等。[1] 执行数据资产评估业务时，资产评估专业人员可以通过委托人提供、相关当事人提供、自主收集等方式获取数据资产的基本状况。

6.3.1.3 评估标准或价值尺度

价值判断必须有标准。评估标准是指衡量或判定评估对象价值程度的准则与尺度。数据资产评估标准由评估目的决定，是评估目的的具体化。评估目的不同，评估标准也就不同，进而评估结果也不同。在具体的评估活动中，评估标准通常形式化为一系列评估指标体系，每个指标反映评估客体的某一方面价值。对于数据资产评估来说，评估指标主要来源于影响数据资产价值的各类因素。

评估标准及其指标体系是价值尺度的具体表现形式。所谓价值尺度，是指衡量客体对于主体有无价值和价值大小的标尺。数据资产评估主体利用价值尺度去衡量数据资产的价值，价值尺度直接作用于数据资产，是人们评估数据资产价值的标尺。

数据资产评估的标准或价值尺度有经济价值尺度和社会价值尺度。经济价值尺度是指任何事物对人和社会在经济上的意义，通常表现为可以得到的社会经济效益的、可计量的货币形式。经济价值尺度包括成本、收益和市场。围绕不同的经济价值尺度就形成了成本法、收益法和市场法 3 种不同的评估方法。社会价值尺度指客体对社会个体或社会群体的效用或客体在社会的影响力。通常，数据资产的社会价值难以量化。

[1] 《数据资产评估专家指引》所揭示的数据资产的基本状况，本质上是待评估数据资产的属性。

6.3.1.4 评估参照系

任何评价、评估活动都是基于参照系比较的结果。理论上，任何评估都有参照物或参照系。参照系作为评估客体的参照物，在评估系统中发挥着重要的参考作用。何谓参照系？从语言学角度，可以将参照系定义为具体价值判断中的价值术语（例如优、良、中、差、劣）等的限制条件；从操作角度，可以将其定义为评估主体用以对评估客体的价值作出判断所需参照的比较因素系统；从功能角度，可以将其定义为评估主体用以对评估客体的价值予以不同程度的肯定或否定的比较因素系统。[1] 作者认为，从形式上看，参照系就是与评估客体同质且相关的一组同类实体的集合。[2]

数据资产价值判断与估值的参照系统是数据要素市场条件，表现为与待评估数据资产同类同质的产品，或与数据资产估值相关的市场参数指标。数据资产评估活动不能脱离市场条件单独进行，其通常设定交易假设和公开市场假设作为前提条件。交易假设假定待评估的数据资产已经处于交易过程中。公开市场假设假定数据资产可以在充分竞争的市场上自由买卖，其价格高低取决于一定市场供给状况下独立的买卖双方对数据资产的价值判断。无论是交易假设还是公开市场假设，均是将数据要素市场条件作为参照因素系统。离开数据要素市场条件，数据资产的估值将无法进行。因而，采用市场法对数据资产进行评估的前提条件，就是要有活跃的数据交易市场，要有丰富的可以参考的，以往交易的数据资产标的。

6.3.2 数据资产评估体系的运行保障

数据资产评估体系的运行需要人员、工具、过程、任务的支持和保障。数据资产评估体系运行保障的核心目标是确保评估过程的数据安全，防止评估数据在评估运行过程中发生泄露、篡改、损毁或被非法获取、非法利用、非法共享。[3]

针对业务相关的敏感数据进行数据安全管控，确保评估数据的安全，是数据资产评估运行保障的核心任务。敏感数据的安全管控一般包括敏感数据识别、敏感数据模糊化处理、敏感数据资产评估监控、敏感数据实时监控、敏感数据审计管理等环节。数据安全管控通常采用数据水印技术、敏感数据脱敏技术、区块链交易技术、数据防护和数据回收技术来建立技术防护体系，确保数据管控的各个环节任务的实现。

---

❶ 冯平．评价论［M］．北京：东方出版社，1995：67．

❷ 索传军，张璇，李木子．论评价参照系的内涵、作用与构建：兼论学术谱系的功能与作用［J］．中国人民大学学报，2022（4）：180－190．

❸ 中国电子技术标准化研究院．数据资产评估指南［M］．北京：电子工业出版社，2021：104－107．

建立数据资产评估安全体系是确保敏感数据安全管控的保障机制。数据资产评估安全体系面向数据资产价值评估的规划、申请、执行、归档、销毁等全过程，通过建立相关的制度与规范，确保评估流程、操作的规范性与安全性。具体来说，数据资产评估安全体系包括数据资产权限评估体系、数据资产评估审核审批体系、数据资产评估执行控制体系，以及数据资产评估监控体系。

6.4 数据资产评估的流程

数据资产评估流程主要解决的是数据资产评估操作实践问题，关注流程设计、流程任务和流程管理等环节。其一，通过流程设计明确数据资产评估工作包含的步骤；其二，通过流程任务明确相关方的责、权、利；其三，通过流程管理活动对流程进行整体监控，确保评估活动顺利进行。数据资产评估流程通常包括：评估准备、评估执行、评估报告撰写和评估档案归集等步骤。

6.4.1 评估准备

6.4.1.1 明确业务基本事项

数据资产评估机构应当对专业能力、独立性和业务风险进行综合分析和评价。受理资产评估业务应当满足专业能力、独立性和业务风险控制要求。数据资产评估机构受理资产评估业务前，应当明确下列资产评估业务基本事项。

（1）委托人、产权持有人和委托人以外的其他资产评估报告使用人。

（2）评估目的。

（3）评估对象和评估范围。

（4）价值类型。

（5）评估基准日。

（6）资产评估报告使用范围。

（7）资产评估报告提交期限及方式。

（8）评估服务费及支付方式。

（9）委托人、其他相关当事人与资产评估机构及其资产评估专业人员工作配合和协助等需要明确的重要事项。

6.4.1.2 订立业务委托合同

为了保护资产评估当事人的合法权益和公共利益，规范数据资产评估委托合同的订立、履行等行为，数据资产评估机构受理资产评估业务应当与委托人依法订立资产评估委托合同，约定资产评估机构和委托人权利、义务、违约责任和争议解决等内容。订立数据资产评估委托合同时未明确的内容，资产评估委托合同当事人可采取订立补充合同或法律允许的其他合同作出约定。

6.4.1.3 编制资产评估计划

数据资产评估专业人员应当根据资产评估业务具体情况编制资产评估计划，合理确定计划的繁简程度。数据资产评估计划包括资产评估业务实施的主要过程及时间进度、人员安排等。在评估过程中，如果评估计划无法按时推进，可以根据具体情况与委托人、相关当事人沟通，适时调整计划。

6.4.2 评估执行

6.4.2.1 进行评估现场调查

执行数据资产评估业务，应当根据评估业务的具体情况和数据资产的特性，对评估对象进行针对性的现场调查，获取资产评估业务需要的资料，了解评估对象现状，关注评估对象法律权属。

现场调查手段通常包括询问、访谈、核对、监盘、勘查等。数据资产评估专业人员可以根据重要性原则采用逐项或者抽样的方式进行现场调查，也可以采用线上方式进行调查。

6.4.2.2 收集整理评估资料

数据资产评估专业人员应当根据资产评估业务具体情况，收集资产评估业务需要的数据资产基本信息、权利信息、相关财务会计信息等资料，进行核查验证、分析整理和记录，形成评定估算和编制资产评估报告的依据。这些资料具体包括委托人或者其他相关当事人提供的涉及评估对象和评估范围等资料；从政府部门、各类专业机构以及市场等渠道获取的其他资料。

数据资产评估专业人员应当要求委托人或者其他相关当事人提供涉及评估对象和评估范围的必要资料。数据资产评估专业人员应当要求委托人或者其他相关当事人对其提供的资产评估明细表及其他重要资料进行确认。确认方式包括签字、盖章及法律允许的其他方式，保证资料的真实、完整、合法。

数据资产评估专业人员应当依法对资产评估活动中使用的资料进行核查验证。核查验证的方式通常包括观察、询问、书面审查、实地调查、查询、函证、复核等。因法律法规规定、客观条件限制无法实施检查验证的事项，应在工作底稿中予以说明，分析其对评估结论的影响程度，并在评估报告中予以披露。

6.4.2.3 评定估算形成结论

执行数据资产评估业务，资产评估专业人员应当根据评估目的、评估对象、价值类型、资料收集等情况，分析资产评估基本方法的适用性，选择恰当的评估方法。资产评估专业人员应当根据所采用的评估方法，选取相应的公式和参数进行分析、计算和判断，形成测算结果。资产评估专业人员应当对形成的测算结果进行综合分析，形成合理评估结论。对同一数据资产采用多种评估方法时，应当对所获得的各种测算结果进行分析，说明两种以上评估方法结果的差异及其原因和最终确定评估结论的理由。

数据资产评估专业人员执行资产评估业务时，不论选择哪种评估方法进行评估，都应当保证评估目的与评估所依据的各种假设、前提条件，所使用的各种参数以及性质和逻辑上的一致。尤其在运用多种评估方法评估同一评估对象时，更要保证每种评估方法运用中所依据的各种假设、前提条件，数据参数的可比性，以便能够使运用不同评估方法所得到的测算结果具有可比性和相互可验证性。

6.4.3 评估报告撰写

数据资产评估专业人员应当在评定、估算形成评估结论后，编制初步资产评估报告，并按照法律法规、资产评估准则和资产评估机构内部的质量控制制度，对初步资产评估报告进行内部审核。

6.4.3.1 编制出具评估报告

在编制数据资产评估报告时，可以从数据资产的来源、加工、形成进行描述，关注资产评估相关准则对评估对象产权描述的规定。编制数据资产评估报告需要反映数据资产的特点，通常包括下列内容。

（1）评估对象的详细情况，通常包括数据资产的名称、来源、数据规模、产生时间、更新时间、数据类型、呈现形式、时效性、应用范围、权利属性、使用权具体形式以及法律状态等。

（2）数据资产应用的商业模式。

（3）对影响数据资产价值的基本因素、法律因素、经济因素的分析过程。

（4）使用的评估假设和前提条件。

（5）评估目的、价值类型、评估依据、评估方法、评估程序实施过程和情况、评估结论等信息的内容。

（6）数据资产的许可使用、转让、诉讼和质押情况。

（7）数据资产评估报告的使用限制说明。

6.4.3.2 必要信息披露

无论是单独出具数据资产的资产评估报告，还是将数据资产评估作为资产评估报告的组成部分，都应当在资产评估报告中披露必要信息，使资产评估报告使用人能够正确理解评估结论。披露信息通常包括以下内容。

（1）数据资产基本信息和权利信息。

（2）数据质量评价情况，评价情况应当包括但不限于评价目标、评价方法、评价结果及问题分析等内容。

（3）数据资产的应用场景以及数据资产应用所涉及的地域限制、领域限制及法律法规限制等。

（4）与数据资产应用场景相关的宏观经济和行业的前景。

（5）评估依据的信息来源。

（6）利用专家工作或者引用专业报告内容。

（7）有关评估方法的内容：包括评估方法的选择及其理由；各重要参数的来源、分析、比较与测算过程；对测算结果进行分析，形成评估结论的过程。

（8）其他必要信息。

6.4.4　评估档案归集

数据资产评估结束后，应对评估过程中形成的原始记录、支持材料、成果等资料进行归集，形成评估档案。数据资产评估档案，是指数据资产评估机构开展资产评估业务形成的，反映资产评估程序实施情况、支持评估结论的工作底稿、资产评估报告及其他相关资料。

数据资产评估档案包括工作底稿、资产评估报告，以及其他相关资料。工作底稿应当真实完整、重点突出、记录清晰，能够反映资产评估程序实施情况、支持评估结论。工作底稿分为管理类工作底稿和操作类工作底稿。

管理类工作底稿是指在执行资产评估业务过程中，为受理、计划、控制和管理资产评估业务所形成的工作记录及相关资料。管理类工作底稿通常包括数据资产评估业务基本事项的记录，数据资产评估委托合同，数据资产评估计划，数据资产评估业务执行过程中重大问题处理记录，数据资产评估报告的审核意见。

操作类工作底稿是指在履行现场调查、收集资产评估资料和评定估算程序时所形成的工作记录及相关资料。通常包括现场调查记录与相关资料、收集的评估资料、评定估算过程记录等。

现场调查记录与相关资料主要涵盖：委托人或者其他相关当事人提供的资料（如资产评估明细表，评估对象的权属证明资料，与评估业务相关的历史、预测、财务、审计等资料，以及相关说明、证明和承诺等）；现场勘查记录；书面询问记录；函证记录等。收集的评估资料主要有市场调查及数据分析资料，询价记录，其他专家鉴定及专业人士报告，其他相关资料。评定估算过程记录通常包括重要参数的选取和形成过程记录，价值分析、计算、判断过程记录，评估结论形成过程记录，与委托人或者其他相关当事人的沟通记录，以及其他相关资料。

数据资产评估机构应当按照法律法规建立健全数据资产评估档案管理制度，严格执行保密制度，妥善、统一管理数据资产评估档案，保证评估档案安全和持续使用。

6.5 数据资产评估的保障

数据资产评估的保障是指为确保数据资产评估有序、规范和可持续发展的支撑体系。评估保障规定了数据资产评估活动的资源条件保障，包括制度、人才、技术、平台等方面的支撑。

6.5.1 制度保障

制度保障通过数据资产评估相关的标准规范、制度流程和人员管理等体系建设，规范数据资产评估行为。制度保障具体要求：建立评估的管理制度，并持续改进；明确评估流程和评估规范；明确评估专业人员的能力要求，并建立能力考核机制；明确评估成果的范围、内容和形式。

数据治理为大数据时代的数据资产评估制度构建提供了全局、资产、融入、生态等全新视角。[❶] 数据治理并不仅仅是数据智能技术的自然应用。实际上，数据治理需要技术、管理、制度、人员等多维要素的协同。[❷] 数据治理是一个动态的、系统化的生态体系，涉及价值、理念、法律法规、制度伦理、技术、管理、组织等众多相关因素，还涉及不同主体的共建、共治、共享，需要运用信息生态学的理论，构建切实可行的数据治理价值体系。

当前，以关注政策深层价值理念、强调分层治理方式、倡导多元主体互动、鼓励工具灵活运用为特点的敏捷治理模式正逐渐占据主导地位。[❸] 引入生态治理理念，构建敏捷型的数据资产评估生态治理模型，是当前数据资产评估顶层设计的关键。数据资产评估生态治理模型构建需要综合运用行政、法治、市场、社会等多种手段，通过理念、标准、制度、技术、工具、流程、人才、资金等要素多管齐下、多措并举，灵活有效应对大数据情境下复杂多变的安全风险和环境，创建安全、可持续的“建数”“管数”“用数”生态，实现数据安全、规范评估管理。

大数据时代，数据资产评估的生态治理价值理念包括多元共治、协同共生、动

❶ 刘越男．数据治理：大数据时代档案管理的新视角和新职能［J］．档案学研究，2020（5）：50－57．
❷ 王宁．人事档案数字化管理中数据安全与隐私保护研究［J］．山西档案，2023（6）：176－180．
❸ 范玉吉，张潇．数据安全治理的模式变迁、选择与进路［J］．电子政务，2022（4）：114－124．

态管控、精准治理，通过构建动态、精准、即时的治理体系促进数据安全风险预测化、管控精准化、防御纵深化、应对即时化。❶ 其治理原则通常包括合法合规、自主可控、分级分类、全程监控、风险防范等。❷ 数据资产评估的治理体系应以数据资产价值计量为核心目标，构建数据内容质量新标准；以生态理念为价值导向，探索档案数据管理新范式；以制度建设为手段，建设数据管控新模式；以技术防范为基石，构筑数据保障新途径；构建多元、协同、融合一体的数据治理新机制。

构建完善的法律法规、标准规范等制度体系，切实关注数据时代涌现的新问题、新矛盾、新焦点，完善相关配套的体制机制改革，完善、细化相关制度内容，使数据资产评估有法可依、有据可循，切实保障数据内容安全，同时要避免因产权不清、权责不明、隐私泄露等问题侵害个人权益。当前，在数据合规、安全领域已经出台了一系列相互配套的法律法规、标准规范等制度体系。今后，数据资产评估制度构建应该以《保守国家秘密法》《网络安全法》《数据安全法》《个人信息保护法》等法律为指导，深入研究数据权属划分和个人数据隐私保护问题。具体来说，宏观层面要研究、制定数据资产评估的组织框架、决策机制、战略规划系统；中观层面要完善、细化数据资产评估的行业法规、标准规范，为数据标准化工作提供建设指南；微观层面要考虑数据要素的权属划分，涉及数据要素的所有权、处置权、使用权，以及所涉隐私、知识产权、保密等问题。

6.5.2 人才保障

数据要素作为新兴的生产资源，如何管理数据要素才能为组织创造价值？数据如何管理才能成为数据资源、数据资产？数据资产的价值如何判断、如何评估，才能实现数据资产入表等，这方面的人才都是当前我国社会经济发展亟需的。

目前，我国在数据管理和数据资源评估等方面还存在诸多亟待研究解决的问题。一是企业数字化转型慢，数据管理水平不高，难以适应国家数字经济发展的要求。二是数据资产价值判断与评估还缺乏较为系统科学的理论与方法。数据要素作为经济社会发展的重要资源，如何实现由数据到数据资源，再到数据资产转换。如何判断和评估数据资产的价值，实现资产入表，加快企业数据资产价值增值等。三是数据供给质量低。高质量数据是实现智能化生成和科学决策的基础，但我国当前大多数企业存在数据管理水平低、数据供给质量低等问题，难以满足智能化生成的需要。因而如何提高数据质量还有待探索。四是数据流通机制不畅，应用潜力释放不够。近些年，虽然我国信息化水平日益提高，各组织机构中的数字（或信息）资

❶ 金波，杨鹏．大数据时代档案数据治理研究［J］．档案学研究，2020（4）：29－37．
❷ 丁家友．大数据背景下的档案数据保全探析［J］．档案学通讯，2019（1）：34－39．

源也越来越多，但由于缺乏统一的标准等，信息孤岛（或信息烟囱）现象十分突出，数字资源跨行业、跨部门共享能力还很低，造成大量数据资源重复建设或浪费。因而，我国当前不仅需要加强数据管理的理论研究，而且亟需培养数据管理、数据资产管理与评估方面的高级专门人才。

数据资产评估涉及信息资源管理、信息管理、工商管理等多个学科领域，需要将多个学科的相关课程（或知识）进行有机整合，将不同学科的知识和技能有机地结合起来，形成新的知识体系和相关教学资源，培养出具备数据管理和数据资产评估综合素质的高级专业人才。作为数据资产管理和评估方面的高级专业人才，应该具备复合型的专业知识。在价值观层面，要了解国家数据要素和数字经济发展政策，具备科学的世界观，具有强烈的数据意识和敏捷的数据思维，愿意为国家数字化经济建设与发展作出贡献。在知识水平方面，应按照项目课程体系规划要求，学习有关课程，掌握数据政策与法律法规、数据管理、数据治理、数据分析方法、数字内容分析与挖掘、数据质量评价、数据资产评估和数据管理成熟度评估等专业知识。在综合能力方面，应该能够结合本专业的知识学习，与数据管理、数据资产评估相关知识进行有机融合，总体上应具备较广阔的视野，以及分析与解决复杂问题的能力。

6.5.3 技术保障

随着信息技术的飞速发展，数据资产评估与信息技术的联系越发紧密。数据资产的信息属性使得数据资产评估建立在信息技术发展的基础之上。数据资产评估信息化正在成为资产评估的主流形态。数据资产评估信息化就是利用信息时代的数据智能技术，结合数据资产评估方法，能够有效收集、处理、分析数据资产评估数据，为数据资产评估提供方便可靠的参考依据。

从信息科学的角度来看，数据资产评估过程本质上是信息处理的过程。评估过程就是评估主体对评估客体信息以及评估参照信息的获取、整序、分析和解释的过程。[1] 围绕信息处理全过程的新一代数据智能技术构成了数据资产评估的技术保障，包括数据获取采集技术、数据鉴别筛选技术、数据整序加工技术、数据分析技术、数据安全技术。数据资产评估所依赖的技术可以分为基础技术体系和核心技术体系两大类。基础技术体系为核心技术体系的开发提供技术思想和理论支持。核心技术体系建构在基础技术体系之上，是面向数据资产评估核心任务的技术解决方案。

人工智能、物联网、新一代移动通信、智能制造、空天一体化网络、量子计

[1] 索传军. 学术评价论［M］. 北京：科学技术文献出版社，2020：171－186.

算、机器学习、深度学习、图像处理、自然语言处理、4K高清、知识图谱、类脑计算、区块链、虚拟现实、增强现实等前沿技术正在大数据的推动下蓬勃发展。[1]数据智能时代所涌现出来的前沿技术形态构成了数据资产评估的现实技术条件和基础技术体系。

核心技术体系融合了数据资产评估领域和信息技术领域的系列关键技术和算法模型，构建了跨界创新和扩展性强的综合技术体系。核心技术体系应该遵循如下要求。

（1）应集成多类型的数据资产评估算法，支持常见和基础的数据资产评估模型，对影响数据资产价值的主要因素进行量化处理，最终得到合理的评估值。例如基于重置成本的动态博弈法、基于回归价格的市场价格法、基于数据知识图谱的智能关联分析法等。

（2）可使用数据标记水印、敏感数据脱敏、区块链等技术，保证数据在收发、处理和评估的过程中，不受数据泄露、数据遗失和数据篡改等风险威胁，实现数据资产评估全流程可信、可监控和可追溯。

（3）可采用知识图谱和人工智能技术，解决数据资产质量评估、市场价值回归分析、数据集聚类及分类、数据集相关性评估等业务问题。

6.5.4 平台保障

平台保障将数据资产评估框架、评估方法和评估流程等通过软件系统固化、落地和验证，为评估工作的申请与执行提供规范、可靠、智能的工具和环境支持。

数据资产评估平台建设原则应该遵循法律法规、标准规范、权属明晰、取价参考和环境因素等评估依据，通过评估准备、评估执行、出具报告和档案归集等评估流程，在技术和制度保障下，采用数据质量评估方法，选用成本法、收益法、市场法和综合法等数据资产价值评估方法，实施质量要素、成本要素、应用要素和流通要素等要素的评估，并通过评估机构安全管理、数据安全管理和安全评估机制实现评估安全。

从平台功能实现的角度分析，平台应支撑数据资产登记管理工作和数据资产评估管理工作。数据资产登记管理工作包括对数据资产登记申请、受理、审核、登簿、发证等登记工作的流程管理，相关操作的自动化辅助，工作协同支持和日志管理。数据资产评估管理工作包括数据资产评估流程管理、数据资产质量评估管理、数据资产价值评估管理、数据资产评估监控与审计管理、数据资产评估工具管理、

[1] 中国信息通信研究院云计算与大数据研究所，CCSA TC601大数据技术标准推进委员会. 数据资产管理实践白皮书［R］. 中国信息通信研究院云计算与大数据研究所，2019：53.

数据资产评估模型管理和数据资产评估报告管理等。

平台的核心模型是数据架构。数据架构是“数据组件、数据组件间的关系、数据组件与环境关系，以及数据组件设计原则和演进记录”。[1] 国际数据管理协会（简称“DAMA 国际”）定义数据架构是为识别、解决组织的数据需求，并通过设计和维护等指导数据集成、控制数据资产，最终满足组织数据需求、实现组织业务战略一致的总蓝图。[2] 国家标准《数据管理能力成熟度评估模型》（GB/T 36073—2018）将数据架构定义为“组织通过数据模型定义数据需求，指导对数据资产的分布控制和整合，部署数据共享和应用环境，以及元数据管理的规范”。[3] 具体地说，从形式上看，数据架构是一个组织实现其业务战略由物理空间向数字空间转型发展，解决数据化转型的规划文本或技术文档。从内容上看，数据架构是一个组织在数字空间对业务发展的重构与再组织。从功能上看，数据架构是一个组织基于数据思维，科学地解决向数字化转型的方法论。从目标上看，数据架构是一个组织在数字空间如何对其业务进行数字化分解与重组，以实现在万维网数字空间发展的战略目标。[4]

概念模型库和数据库是平台数据架构的支持资源库，是平台业务运行所需调用的数据资源保障。概念模型是平台数据的静态逻辑结构和动态运算关系，规定了数据类型、数据结构、数据关系，以及数据资产评估的数据算法模型。数据库是平台数据运行需要调取的信息资源数据集合。推动数据资产价值评估业务信息化建设，利用数字技术或手段对数据资产价值进行预测和分析，需要构建数据资产价值评估标准库、规则库、指标库、模型库和案例库等，支撑标准化、规范化和便利化的业务开展。

概括地说，数据资产评估不仅包括质量评估和价值评估，还包括数据合规评估和数据安全风险评估。因而，作者从四个维度构建了数据资产评估的理论体系框架，为数据资产评估理论体系的建设奠定了基础。数据资产评估是一项系统性的活动，涉及多个评估要素。数据资产评估不仅要遵循一定的原则和方法，还要有一定的制度和人才保障。

---

[1] 祝守宇，蔡春久. 数据治理：工业企业数字化转型之道［M］. 北京：电子工业出版社，2020：89－91.

[2] DAMA 国际. DAMA 数据管理知识体系指南［M］. DAMA 中国分会翻译组，译. 2 版. 北京：机械工业出版社，2020：135－140.

[3] 全国信息技术标准化技术委员会. 数据管理能力成熟度评估模型：GB/T 36073—2018［S］. 北京：中国标准出版社，2018：1.

[4] 索传军，牌艳欣. 面向图书馆数字化转型的数据架构内涵、方法与策略［J］. 情报理论与实践，2024，47（3）：27－35.

第7章 数据合规分析与评估

数据合规是一个多元化的领域，在经济、法治和技术等层面都有促进数据价值的作用。数据合规是指组织在开展涉及数据的活动中严格遵守法律法规及监管要求、行业规范、企业内控制度的行为。其核心在于保障数据的合法合规采集、存储、流通、应用和销毁，防范数据泄露、滥用、非法交易等风险，维护数据主体的合法权益，营造规范有序的数据市场秩序。

数据合规要求企业及其员工在处理和管理数据时，遵守一系列规则和要求，这些规则包括国际条约、国内法律法规、行业准则、商业惯例、社会道德，以及企业自身的章程和规章制度等。数据合规的目的是确保数据的处理和管理活动合法合规，保护数据安全和个人隐私，同时促进数据价值的合法利用和发展。数据合规包含多个层面和多个方面。数据合规的主体是企业和从事数据业务的个人。数据合规要求从事数据业务相关的各类主体自觉遵守各方面的规定，包括法律法规、标准规范、行业准则、社会道德、组织的规章制度等。数据合规分析与数据合规评估二者既有密切联系，但又不完全相同。通常，数据合规分析从定性的角度对数据活动的合规进行分析和判断。而数据合规评估通常要对某数据活动合规程度作出判断。从数据资产入表看，合规是判断数据资产能否入表的前提，企业数据资源能否入表，首先需要解决数据的合规问题。数据合规包括数据来源合规、数据内容合规、数据管理合规、安全合规和流通交易合规等多个方面。另外，尽管数据不同于数据资源和数据资产，但数据合规分析、评估与管理的方法同样适用于数据资源和数据资产的合规分析和评估。

随着共享经济和平台企业的兴起和快速发展，以用户为中心的平台企业掌握了海量的“用户”数据，部分企业和社交网络未能有效保护用户数据的安全，甚至，还有个别企业通过销售用户数据牟利。总之，数据应用得越广泛、越充分，用户的隐私和权利受到的挑战就越大。在此背景下，数据生成、加工和服务各个环节的“不合规”都可能导致风险，对个人、社会和国家安全等多个方面带来隐患，严重影响数据的利用和数据合法拥有者的权益。数据利用和保护是双刃剑，利用得越充分，保护的难度就越大。但二者并非对立关系。实际上，只有得到合法保护，合规的数据才能得到有效利用，进而实现其价值。

7.1 数据合规概述

数据合规是指组织在开展涉及数据的活动中严格遵守法律法规及监管要求、行业规范、企业内控制度的行为。其核心在于保障数据的合法合规采集、存储、流通、应用和销毁，防范数据泄露、滥用、非法交易等风险，维护数据主体的合法权益，营造规范有序的数据市场秩序。数据合规是判断数据资源能否入表的关键前提，解决合规问题需要企业构建与会计准则相适配的一套数据资产管理制度。从经济学视角看，在数字经济体量和深度不断扩展的大背景下，明确数据合规的边界是提升数据获取和使用效率（成本和收益）的重要因素。从法学视角看，在依法治国，建设法治政府、法治社会的背景下，数据合规法治成为意义重大的时代课题。从数据管理的技术视角看，数据的法治和保护以及数据合规也具有强烈的技术属性，有效的数据合规有助于形塑合规技术（包括隐私技术）在系统化、集成化、智能化、生态化四个方面迭代优化。[1] 另外，将数据合规的态度和价值观融入企业合规战略框架和价值体系中，有助于弥补企业合规漏洞，增强企业内控和经营管理水平，降低市场风险。[2] 数据合规评估有利于规范组织及其成员在数据收集、存储、使用、加工、传输、应用等活动的行为，使其符合国家法律法规、监管规定、行业准则和国际条约、规则，以及组织的章程、相关规章制度等要求。其中《网络安全法》《数据安全法》《个人信息保护法》是数据合规的重要法律依据。

7.1.1 数据合规的定义

《中央企业合规管理办法》（以下简称“本办法”）[3] 所称合规，是指企业经营管理行为和员工履职行为符合国家法律法规、监管规定、行业准则和国际条约、规

[1] 刘磊，燕丽．数据合规实务、技术与法律解码［M］．北京：法律出版社，2022：17.
[2] 刘磊，燕丽．数据合规实务、技术与法律解码［M］．北京：法律出版社，2022：13－17.
[3] 本办法是指2022年国务院资产监督管理委员会发布的《中央企业合规管理办法》。

则，以及公司章程、相关规章制度等要求。

本办法所称合规风险，是指企业及其员工在经营管理过程中因违规行为引发法律责任、造成经济或者声誉损失以及其他负面影响的可能性。

本办法所称合规管理，是指企业以有效防控合规风险为目的，以提升依法合规经营管理水平为导向，以企业经营管理行为和员工履职行为为对象，开展的包括建立合规制度、完善运行机制、培育合规文化、强化监督问责等有组织、有计划的管理活动。

由企业合规的定义可知，数据合规是指企业经营管理行为和员工履职行为符合国家法律法规、监管规定、行业准则和国际条约、规则，以及公司章程和相关的数据管理规章制度等要求。数据合规也可以理解为，组织在开展涉及数据的活动中严格遵守法律法规及监管要求、行业规范、企业内控制度的行为。依据此定义，合规应包括合规风险和合规管理。对于数据类企业，也是如此。数据合规同样包括数据合规、数据风险分析和数据合规管理。数据具有生命周期，数据合规要求数据在其整个生命周期中都要遵循合规要求，都要施行合规管理。

7.1.2　数据合规分析的范围与内容

数据合规对于企业来说至关重要，它不仅是法律要求的必然结果，也是企业可持续发展的关键因素之一。通过实施数据合规策略，企业可以降低法律风险和罚款风险，提高数据安全性，增强客户信任度，促进业务的可持续发展。从企业的发展来看，企业应在内部建立合规文化，通过培训、宣传等方式提高员工的数据合规意识，确保员工在处理数据时能够遵守相关法律法规和企业规定。

7.1.2.1　数据合规分析的范围

数据合规分析是指对企业或组织在数据收集、存储、处理、传输和共享等全生命周期中，对数据处理行为的合规进行评估和分析的过程。这一过程旨在确保企业的数据处理活动符合相关法律法规、行业准则和标准的规定，以及保护用户隐私和数据安全的要求。因而，数据合规包括数据全生命周期中所有的数据活动。无论是数据采集，还是加工和利用，都应遵守合规的相关法律法规和行业规范、标准等的要求。

数据合规是数据工作者应遵守的基本原则。数据合规不仅涉及数据的全生命周期中的所有活动，而且涉及每种数据活动所使用的技术手段和工具等。例如，在数据采集活动中，对采集的数据内容要符合国家和行业等的相关法律法规、条例和规章制度等要求，而且采集的方式和手段也要合规。对于个人信息的采集，不能在被采集人不知情的情况下采集等。再如，对于一些数据的开发和加工，开发者也不能利用技术手段超出授权范围进行数据加工。

7.1.2.2 数据合规分析的内容

开展数据合规分析主要包括以下三个方面的内容。一是确定数据合规审查的范围、相关的法律依据，以及所采用的工具，收集相关的资料，例如全流程合规审查、数据合规审查、权属审查和安全监管。二是审查相关的资料文档是否合法合规，例如网络系统的安全技术保障措施是否有效，必要时对相关人员进行访谈。三是审查完成后，形成相应的数据资源入表合规审查报告，对存在的问题给出相应的整改建议。具体来说，开展数据合规分析主要涉及以下几个方面。①法律法规合规。数据合规要求企业遵守与数据处理相关的法律法规，例如欧洲的《通用数据保护条例》（GDPR）、美国的《健康保险流通和责任法案》（HIPAA）和《加州消费者隐私法》（CCPA）等，以及地区、行业特定的数据保护法规。②数据安全合规。保护数据免受未经授权的访问、泄露、篡改或破坏，确保数据的机密性、完整性和可用性。这通常涉及数据加密、访问控制、防火墙、安全审计等技术手段。③数据隐私合规。尊重和保护个人隐私权，确保个人数据的收集、使用、处理和存储都符合隐私保护原则。企业应当向个人明确告知其数据将如何被使用，并获得个人的同意或授权。④数据治理合规。建立健全数据治理体系，包括数据质量管理、数据生命周期管理、数据合规审计等方面，以确保数据的准确性、一致性和完整性，以及数据处理的合规性。

7.1.3 数据合规评估标准

数据合规评估是在数据合规分析的基础上，依据某一标准作出的判断。由于数据来源及其表现等的多样性，企业在数据合规分析时，也要依据自己数据的情况选择一定的标准。

7.1.3.1 企业开展数据合规分析和评估常用的标准

一是法律法规。首先要以国家和地区的相关数据保护法律法规为基础，例如《网络安全法》《数据安全法》《个人信息保护法》，以及其他行业特定的法规要求。对于一些跨国公司，存在国际业务时，对于数据的跨境业务，必须考虑相关国家的与数据业务相关的法律法规，以及国际条约。

二是数据业务相关标准。这些标准，既包括国际标准，例如《信息安全管理体系》（ISO 27001：2022）、《隐私信息管理体系》（ISO 27701：2019）；还包括国家标准。当存在地方标准时，也必须考虑。另外，不同行业可能有特定的规范和标准，例如金融行业的《金融数据安全 数据安全分级指南》等，都需要考虑。

除了以上提到的一些标准，对于特定的数据产品（或数据资产），若企业与合作伙伴、客户签订的合同中有“关于数据处理和保护的约定”，也必须遵守。对于不同类型的企业，例如，数据驱动型企业、数据要素型企业和数据赋能型企业，对数据合规性可能存在不同的要求。对于前两类数据企业，往往在数据应用方面有更高的要求。在遵守相关的国际、国家、行业和企业自身的标准外，还要关注当前国际和国内最佳实践标准。参考同行业内领先企业的数据合规实践和公认的良好做法。

三是数据技术标准。数据作为新型生产要素，由于其复制成本低，以及数据在传输、保存和访问等环节易出现安全隐患，开展数据合规评估时，需要考虑被评估数据资源或数据资产在各个方面或环节的安全技术标准。例如，数据加密标准、访问控制标准、数据备份与恢复标准等技术方面的规范。

四是伦理道德标准。伦理道德标准是建立在是非观念上的行为准则。数据处理伦理指如何以符合伦理准则的方式获取、存储、管理、使用和销毁数据。[1] 数据伦理是指在数据的收集、存储、使用、传播和销毁等过程中所应遵循的道德原则和规范。它关注的是如何确保数据的处理方式是公正、合法、尊重个人权利和符合社会价值观的。例如，保护个人隐私，防止数据被滥用、误用或未经授权的访问；确保数据的准确性和可靠性，避免基于错误或误导性的数据作出决策；在数据的利用中考虑可能产生的社会影响，避免造成歧视、不公平或其他有害后果等。数据伦理要求确保数据的使用符合道德和伦理原则，不造成歧视、侵犯隐私等不良影响。

7.1.3.2 标准在数据合规评估中具有重要作用

标准为数据合规评估提供了明确、具体和可衡量的依据。通过遵循相关的标准，评估人员能够对数据处理活动是否符合法律法规、行业规范，以及道德准则进行准确判断。

例如，国际标准 ISO 27001 等，为数据安全管理提供了全面的框架和要求，包括访问控制、加密技术、风险评估等方面的标准。国家标准《信息安全技术 个人信息安全规范》等，对个人信息的收集、存储、使用、共享等环节设定了详细的规范。

在数据合规评估中，标准有助于确保评估的一致性和公正性。不同的评估人员依据相同的标准进行操作，可以减少主观因素的影响，提高评估结果的可信度和可比性。同时，标准也能够帮助企业明确自身在数据管理方面的差距和改进方向，促进其不断完善数据合规体系，降低法律风险和声誉损失。总之，标准是数据合规评估的重要基石，为保障数据处理的合法性、安全性和可靠性提供了有力的支持。

---

[1] DAMA 国际. DAMA 数据管理知识体系指南［M］. DAMA 中国分会翻译组，译. 北京：机械工业出版社，2021：28.

最近几年，国家或相关行业出台的与数据合规有关的标准有《信息安全技术 个人信息安全规范》（GB/T 35273—2020）、《信息安全技术 个人信息安全影响评估指南》（GB/T 39335—2020）、《信息安全技术 汽车数据处理安全要求》（GB/T 41871—2022）、《信息安全技术 个人信息处理中告知和同意的实施指南》（GB/T 42574—2023）、《信息安全技术 电信领域数据安全指南》（GB/T 42447—2023）、《健康医疗数据合规流通标准》（T/GDNS 002—203）。

例如，广东省2023年发布了《健康医疗数据合规流通标准》（T/GDNS 002—2023）。该标准由广东省计算机信息网络安全协会发起，中国广电广州网络股份有限公司、广东省人民医院、南方医科大学南方医院、中山大学附属第一医院等多家单位共同起草编写。

此标准洞察数据安全流通领域发展的最新需求，规定了健康医疗数据合规流通的总体原则、管理体系、流通框架、流通过程及流通监管的要求，内容涵盖医疗数据合规流通的全链条环节，旨在促进健康医疗数据高效应用、合规流通和共享，提升其对健康卫生事业和个人生命健康权益的优化效益，并为数据流通共享和创新应用中的国家安全、社会公共利益与个人隐私及相关信息权益提供更高层次的保障。

例如，该标准指出，数据来源于自行生产的，应当提供建设和运维的系统情况、传感器、智能设备数量和运行及平均采集规模等情况说明；数据涉及个人信息采集的，应当提供涉及个人信息的数据采集字段、采集方式和已经获得个人同意证明和提供时已经获得单独同意的证明，同意范围包含用于健康医疗数据流通。

7.1.4 企业开展数据合规评估的工具

从数据资产评估和入表的实践看，数据合规分析与评估是一个难点。数据的复杂性，以及相关标准的复杂性，都对数据合规分析与评估者提出了很高的要求。但从数据管理实践看，数据合规评估是其重要内容。目前，已经开发了一些数据合规评估工具或系统，以下是一些常见的数据合规评估工具。

（1）数据合规评估系统。按照行业标准和规范要求，以及对数据安全防护技术的深刻理解，对企业数据进行合规性评估，提供全流程数据交易安全评估服务，包含智能核查分析、材料存证、自动生成评估意见等功能，帮助评估方缩短评估周期，降低合规评估成本，提升合规安全评估效率。

（2）个人信息保护影响自评估平台。企业选择不同场景，填写检查项，平台就评估过程进行自动固证，自动化生成评估报告，助力企业履行法定义务，提供合规自证证据，降低合规风险。

（3）ComplianceRank（原 GDPR Tracker）。这是一个在线平台，通过简洁明了

的方式展示各公司对欧盟《通用数据保护条例》（GDPR）的遵守情况。它的核心是一个JSON驱动的数据库，提供了一种结构化的方式来记录和更新各个公司的数据处理信息，包括但不限于隐私政策、数据主体权利请求途径、数据处理器列表等。

（4）EthicsNet。一个用于注释和研究伦理数据集的工具。它提供了众包注释和伦理人工智能研究的功能，帮助开发者构建伦理数据集和进行相关研究。

（5）PySyft。一个用于隐私保护机器学习的工具包。它提供了秘密共享、联邦学习和差分隐私等功能，帮助开发者在保护数据隐私的同时进行机器学习。

在选择数据合规评估工具时，需要考虑其功能、易用性、适用性，以及与企业现有系统的兼容性等因素。同时，不同的工具可能适用于不同的合规场景和要求，因此需要根据具体情况进行选择。

7.2 我国数据合规分析相关的法律

7.2.1 与数据合规评估相关的法律

我国为了维护互联网环境与公民个人信息的安全，制定并发布了一系列的网络、数据和信息相关法律法规，例如《网络安全法》《数据安全法》《个人信息保护法》等。这三部法被称为数据合规领域的“三驾马车”，是开展数据合规分析和评估的重要的法律依据。

7.2.1.1 《网络安全法》

《网络安全法》是为保障网络安全，维护网络空间主权和国家安全、社会公共利益，保护公民、法人和其他组织的合法权益，促进经济社会信息化健康发展而制定的法律。该法律于2017年6月1日起实施，是我国第一部全面规范网络空间安全管理的基础性法律，对数据和个人信息保护提出了大量框架性要求。该法律涉及数据合规的有以下内容。

（1）明确了网络数据和个人信息的定义。网络数据是指通过网络收集、存储、传输、处理和产生的各种电子数据；个人信息是以电子或者其他方式记录的能够单独或者与其他信息结合识别自然人个人身份的各种信息，包括但不限于自然人的姓名、出生日期、身份证件号码、个人生物识别信息、住址、电话号码等。

（2）规定网络运营者收集使用个人信息应遵循合法、正当、必要的原则，不得出售个人信息，同时需明示并取得用户同意。

（3）实行网络安全等级保护制度，网络运营者需履行相应安全保护义务。

（4）要求网络产品、服务提供者不得设置恶意程序，发现风险时应采取补救措施并报告，还应为产品、服务持续提供安全维护。

（5）关键信息基础设施的运营者需履行更多安全保护义务，例如设置专门安全管理机构和负责人、定期进行安全检测评估、对重要系统和数据库进行容灾备份等；其采购网络产品和服务，可能影响国家安全的，应通过国家安全审查；在中华人民共和国境内运营中收集和产生的个人信息和重要数据应在境内存储，因业务需求确实需要向境外提供的，应进行安全评估。

（6）规定网络运营者为用户办理相关服务时应要求用户提供真实身份信息。

（7）强调网络运营者应制定网络安全事件应急预案，发生危害网络安全事件时及时启动并报告。

（8）禁止个人和组织从事非法侵入他人网络等危害网络安全的活动，不得提供相关程序、工具或帮助；网络运营者应为公安机关、国家安全机关依法维护国家安全和侦查犯罪的活动提供技术支持和协助。

这些规定旨在保护网络数据安全和个人信息权益，促进网络运营者在数据处理过程中遵循合规要求，确保网络安全和信息化的健康发展。

7.2.1.2　《数据安全法》

自 2021 年 9 月起实施的《数据安全法》为我国数据安全搭建了基本的法律框架。《数据安全法》的立法目的是规范数据处理活动，保障数据安全，促进数据开发利用，保护个人、组织的合法权益，维护国家主权、安全和发展利益。

数据作为国家基础性战略资源，其安全问题至关重要。通过立法，可以厘清不同面向的数据安全风险，构建全面、系统的数据安全保护管理制度框架，采取必要措施确保数据处于有效保护和合法利用的状态，并具备保障持续安全的能力。这有助于在数据的流通与共享更加常态化的趋势下，解决数据权利保护的基础性问题，在安全和产业发展之间找到平衡，同时也有利于应对复杂的数据安全问题，以及全球范围内在数据领域的利益协调与主权斗争。此外，立法也能与其他相关法律法规进行衔接与协调，完善国家数据安全协同治理体系，提升国家整体数据安全保障能力。

《数据安全法》将数据作为关键要素首次写入法律，从立法上确认了对“数据权益”的保护；❶ 同时明确了数据管理者和运营者的数据保护责任。《数据安全法》中与数据合规相关的主要内容如下。

（1）数据定义。《数据安全法》明确了数据的定义。数据是指任何以电子或者

❶ 赵治纲. 数据资产入表：理论与实务［M］. 北京：中国财政经济出版社，2024：78.

其他方式对信息的记录。数据处理包括数据的收集、存储、使用、加工、传输、提供、公开等。

（2）数据安全保护义务。该法明确指出，开展数据处理活动应建立健全全流程数据安全管理制度，采取相应技术措施和必要措施保障数据安全。重要数据的处理者要明确数据安全负责人和管理机构，落实数据安全保护责任。开展活动时应加强风险监测，发现风险及时补救，发生数据安全事件要立即处置并报告。重要数据的处理者需定期开展风险评估并报送报告。收集数据应合法、正当，不得窃取或以其他非法方式获取数据。数据交易要遵循不危害国家安全、公共利益，不损害个人、组织合法权益的原则，数据服务商或交易机构需提供并说明数据来源证据，审核交易双方身份并留存记录。该法从国家法律层面，对数据合规分析与评估提出了明确的要求。

（3）数据分类分级保护制度。国家建立数据分类分级保护制度，根据数据的重要程度及遭篡改、破坏、泄露等对国家安全、公共利益或个人、组织合法权益造成的危害程度，实行分类分级保护。国家数据安全工作协调机制统筹协调有关部门制定重要数据目录，加强对重要数据的保护。关系国家安全、国民经济命脉的数据属于国家核心数据，实行更严格管理制度。各地区、各部门要确定本地区、本部门及相关行业、领域的重要数据具体目录并重点保护。

（4）数据安全审查制度。国家建立数据安全审查制度，对影响或可能影响国家安全的数据处理活动进行审查。审查内容包括数据内容是否涉及国家安全、处理行为是否危害国家安全，是否评估风险及具备风险应对机制，企业和操作人员是否具备资质、是否进行安全背景审查及技术和安全教育等。

（5）数据安全风险评估、报告、信息共享、监测预警机制。国家建立此机制，要求有关部门加强数据安全风险信息的获取、分析、研判、预警工作。

（6）数据安全应急处置机制。发生数据安全事件，有关主管部门应依法启动应急预案，采取措施防止危害扩大、消除安全隐患，并及时向社会发布相关警示信息。

（7）数据出口管制。国家对与维护国家安全和利益、履行国际义务相关的属于管制物项的数据依法实施出口管制。该法非常明确地规定了数据跨境流动的要求。这是开展具有数据跨境业务合规性分析的重要依据之一。

（8）数据中介责任。数据中介应要求数据提供方说明数据来源，审核交易双方身份，留存审核和交易记录。

（9）政务数据安全与开放。受政府委托建设、维护电子政务系统的企业，不能擅自留存、使用、泄露或向他人提供政务数据。同时要构建统一政务数据开放平台，推动政务数据开放利用。

这些内容旨在规范数据处理活动，保障数据安全，促进数据的开发利用，并保护个人、组织的合法权益以及维护国家的安全和发展利益。企业和相关组织在进行数据处理活动时，需遵循这些规定，确保数据合规。

7.2.1.3 《个人信息保护法》

《个人信息保护法》作为我国个人信息保护领域的基础性法律，强调维护公民个人的隐私、人格、财产等利益。《个人信息保护法》于2021年8月20日表决通过，自2021年11月1日起施行。该法共分为8章74条，旨在保护个人信息权益，规范个人信息处理活动，促进个人信息合理利用。

《个人信息保护法》规定了个人信息的定义。个人信息是以电子或者其他方式记录的与已识别或者可识别的自然人有关的各种信息，不包括匿名化处理后的信息。个人信息的处理包括收集、存储、使用、加工、传输、提供、公开、删除等。该法也规定了个人信息处理的基本原则。处理个人信息应当遵循合法、正当、必要和诚信原则，不得通过误导、欺诈、胁迫等方式处理个人信息，且应具有明确、合理的目的，并采取对个人权益影响最小的方式，限于实现处理目的的最小范围，保证信息质量。《个人信息保护法》中涉及数据合规的内容主要包括以下方面。

（1）适用范围。明确在中华人民共和国境内处理自然人个人信息的活动适用本法，同时规定在中国境外处理中国境内自然人个人信息的活动，若以向境内自然人提供产品或者服务为目的，或分析、评估境内自然人的行为，也适用本法。对于境外的个人信息处理者，要求其在中国境内设立专门机构或指定代表，负责处理个人信息保护相关事务，并报送相关信息。

（2）处理个人信息的原则。①合法、正当、必要和诚信原则，不得以误导、欺诈、胁迫等方式处理个人信息；②明确性和相关性原则，处理个人信息应当具有明确、合理的目的，并与处理目的直接相关；③最小程度原则，处理活动对个人权益产生的影响应最小，且不得过度收集个人信息，限于满足处理目的的最小范围；④公开透明原则，个人信息处理者应公开处理规则，并向个人明示处理的目的、方式和范围；⑤完整性和准确性原则，个人信息处理者应当保证个人信息的完整性和准确性，避免因信息不准确、不完整而损害个人权益；⑥安全保障原则，个人信息处理者需采取必要措施保障个人信息的安全。

（3）合法性基础。包括符合取得个人的同意；为订立、履行合同或实施人力资源管理等所必需；为履行法定职责或法定义务所必需；为应对突发公共卫生事件或紧急状况所必需；为公共利益实施新闻报道、舆论监督等在合理范围内处理个人信息；在合理范围内处理个人自行公开或其他已合法公开的个人信息；法律、行政法规规定的其他情形等，个人信息处理者方可处理个人信息。

（4）告知与同意要求。原则上处理个人信息应取得个人同意。基于个人同意处理个人信息的，且同意应当由个人在充分知情的前提下自愿、明确作出。法律、行政法规规定应当取得个人单独同意或者书面同意的，从其规定。个人信息处理者在处理个人信息前，应以显著方式、清晰易懂的语言向个人告知特定事项，但根据法律、行政法规规定应当保密或不需要告知的情形除外。

（5）个人信息的保存期限。除法律、行政法规另有规定外，保存期限应为实现处理目的所必要的最短时间。

（6）共同处理。两个以上个人信息处理者共同决定个人信息的处理目的和处理方式的，应约定各自的权利和义务。共同处理个人信息侵害个人信息权益造成损害的，依法承担连带责任。

（7）委托处理个人信息。个人信息处理者委托处理个人信息的，应当与受托人约定委托处理的目的、期限、双方的权利和义务等内容，并对受托人的个人信息处理活动进行监督。受托人应按照约定处理个人信息，未经同意不得转委托。

（8）合并分立时的个人信息转移。当个人信息处理者发生合并、分立等情况，涉及个人信息转移的，变更后的个人信息处理者应当继续履行个人信息处理者的义务，接收方应当继续履行原处理者的义务。没有变更个人信息处理者的，个人信息处理者应当将相关情况告知个人，并取得个人的单独同意。

（9）敏感个人信息处理。将生物识别、宗教信仰、特定身份、医疗健康、金融账户、行踪轨迹等信息，以及不满 14 周岁未成年人的个人信息认定为敏感个人信息。处理敏感个人信息应当取得个人的单独同意，法律、行政法规规定处理敏感个人信息应当取得书面同意的，从其规定。个人信息处理者只有在具有特定的目的和充分的必要性，并采取严格保护措施的情形下，才可以处理敏感个人信息。

（10）个人信息跨境传输。个人信息处理者因业务等需要，确需向中华人民共和国境外提供个人信息的，应当具备相应条件，例如通过安全评估、按照规定进行个人信息保护认证、与境外接收方订立合同等，以保障个人信息跨境传输的安全。

另外，该法规定了个人信息处理者的义务。个人信息处理者应当采取必要措施保障个人信息的安全，对其个人信息处理活动负责，并履行相关合规义务，例如建立内部管理制度、留存数据处理记录等。该法还规定了个人的权利。个人依法享有对其个人信息的查询权、复制权、删除权、更正权、保持完整性和准确性权、投诉权、要求说明权、可携带权、限制权、拒绝权和诉讼权等。

概括地说，企业在处理个人信息时，需遵循上述规定，确保数据处理活动的合规性，以保护个人信息权益，并避免相应的法律风险。具体的数据合规要求可能因行业、业务模式和处理的个人信息类型而有所不同，企业应根据自身情况进行全面的合规评估和管理。同时，随着技术发展和监管环境的变化，企业还需持续关注相关法律法规的更新和变化，及时调整和完善自身的数据合规策略和措施。

7.2.2 我国与数据合规分析相关的行政法规

行政法规是指国务院为领导和管理国家各项行政工作，根据宪法和法律，按照法定程序制定的有关政治、经济、教育、科技、文化、外事等各类法规的总称。[1]行政法规的效力仅次于宪法和法律，其具有规范性、强制性和普遍性等特点。行政法规通常是为了执行法律的规定或者规范行政管理活动中的具体问题而制定的，对全国范围内的行政管理具有普遍的约束力。我国在数据领域有多项行政法规，例如以下几项。

（1）《计算机信息系统安全保护条例》（2011 年修订）。该条例是中华人民共和国国务院于 1994 年 2 月 18 日发布，并在 2011 年 1 月 8 日根据《国务院关于废止和修改部分行政法规的决定》进行修订的一项重要法规。该条例旨在保护计算机信息系统的安全，促进计算机的应用和发展，保障社会主义现代化建设的顺利进行。

（2）《工业和信息化领域数据安全管理办法（试行）》。该办法于 2022 年 12 月 8 日由工业和信息化部印发，旨在规范工业和信息化领域数据处理活动，加强数据安全管理。该办法明确了工业和信息化领域数据的定义和范围，包括工业数据、电信数据和无线电数据等；规定了数据分类分级管理，包括分类分级标准、重要数据和核心数据的识别认定等；强调了数据全生命周期安全管理，要求数据处理者对数据处理活动负安全主体责任，实行分级防护；还对数据安全监测预警与应急处置、数据安全检测、评估与认证等方面作出了规定。

（3）《网络数据安全管理条例》目前还处于征求意见稿阶段。2021 年 11 月 14 日，国家互联网信息办公室对外公布了《网络数据安全管理条例（征求意见稿）》，向社会公开征求意见。该征求意见稿的主要内容包括总则、一般规定、个人信息保护、重要数据安全、数据跨境安全管理、互联网平台运营者义务、监督管理、法律责任以及附则等方面。

其明确了国家统筹发展和安全，坚持促进数据开发利用与保障数据安全并重，加强数据安全防护能力建设，保障数据依法有序自由流动，促进数据依法合理有效利用。国家建立数据分类分级保护制度，按照数据对国家安全、公共利益或者个人、组织合法权益的影响和重要程度，将数据分为一般数据、重要数据、核心数

[1] 赵治纲. 数据资产入表：理论与实务［M］. 北京：中国财政经济出版社，2024：80.

据，不同级别的数据采取不同的保护措施。

征求意见稿还对数据处理者的安全责任和义务、个人信息保护、数据跨境安全管理、互联网平台运营者的特殊义务等方面作出了具体规定，旨在规范网络数据处理活动，保障数据安全，保护个人、组织在网络空间的合法权益，维护国家安全、公共利益。

例如，数据处理者向境外提供在中华人民共和国境内收集和产生的数据，属于以下情形的，应当通过国家网信部门组织的数据出境安全评估：出境数据中包含重要数据；关键信息基础设施运营者和处理100万人以上个人信息的数据处理者向境外提供个人信息；国家网信部门规定的其他情形。

互联网平台运营者应当建立与数据相关的平台规则、隐私政策和算法策略披露制度，及时披露制定程序、裁决程序，保障平台规则、隐私政策、算法公平公正。日活用户超过1亿人次的大型互联网平台运营者平台规则、隐私政策制定或者对用户权益有重大影响的修订的，应当经国家网信部门认定的第三方机构评估，并报省级及以上网信部门和电信主管部门同意。

互联网平台运营者不得利用数据以及平台规则等从事以下活动：利用平台收集掌握的用户数据，无正当理由对交易条件相同的用户实施产品和服务差异化定价等损害用户合法利益的行为；利用平台收集掌握的经营者数据，在产品推广中实行最低价销售等损害公平竞争的行为；利用数据误导、欺诈、胁迫用户，损害用户对其数据被处理的决定权，违背用户意愿处理用户数据；在平台规则、算法、技术、流量分配等方面设置不合理的限制和障碍，限制平台上的中小企业公平获取平台产生的行业、市场数据等，阻碍市场创新。同时，在网络数据的处理和使用过程中，个人和组织也应当遵守相关规定，加强数据安全保护意识，保障数据的合法、安全和合理使用。

7.2.3 与数据合规分析相关的地方性法规

随着《网络安全法》和《数据安全法》的出台，各地也相继配套出台了地方性法规，以更好地规范企业对数据的处理，促进数字经济的发展。例如，北京市出台了《北京市数字经济促进条例》，上海市出台了《上海市数据条例》，天津市出台了《天津市促进大数据发展应用条例》。出台地方性法规的省份还有广东省、浙江省、陕西省、河南省、河南省和四川省等。

《四川省数据条例》于2023年1月1日正式施行，是四川省数据领域的第一部基础性法规。其主要聚焦数据资源体系建设、数据流通利用、数据安全管理三大环节。在数据资源体系建设方面，推进数据资源统一管理，建立“一数一源一标准”

管理机制，健全数据治理体系，统筹规划基础设施布局等。在数据流通利用方面，建立公共数据共享、开放机制，探索公共数据授权运营机制，统筹规划数据要素市场，加强数据领域省际合作等。在数据安全管理方面，实行数据安全责任制和分类分级保护制，建立数据安全风险评估、风险报告、信息共享、监测预警、应急处置、监督检查等机制，并明确了相关主体的数据安全保护义务。

成都市首部数据领域地方性法规《成都市数据条例》也于2024年9月1日起施行。该条例提出自然人、法人和非法人组织依法享有相关数据权益；明确开展经营活动时的相关规范，如不得强制或变相强制索要用户数据授权，不得滥用技术手段诱导用户沉迷、过度消费等；规定政务部门和公共服务组织应明确公共数据的共享、开放属性并及时调整更新，不得违规新建公共数据平台及通道；强调自然人、法人和非法人组织可合法收集非公共数据，但不得过度收集或用非法手段获取他人数据；鼓励市场主体等将非公共数据资源接入公共数据运营服务平台，推动建立数据交易场所，探索设立数据流通服务平台；还提出要推动数据领域科技创新平台建设，鼓励打造产业集聚区等。

7.2.4 与数据合规分析相关的部门规章和行政规范文件

7.2.4.1 部门规章

国务院各部委、委员会、中国人民银行、审计署和具有行政管理职能的直属机构以及法律规定机构，可以根据法律和国务院的行政法规、决定、命令，在本部门的权限范围内，制定规章。目前涉及数据合规的部门规章主要包括《儿童个人信息网络保护规定》《网络安全审查办法》《汽车数据安全管理若干规定（试行）》《国家健康医疗大数据标准、安全和服务管理办法（试行）》等。

《国家健康医疗大数据标准、安全和服务管理办法（试行）》[1]于2018年7月12日由国家卫生健康委员会印发，旨在加强健康医疗大数据服务管理，促进“互联网+医疗健康”发展，充分发挥健康医疗大数据作为国家重要基础性战略资源的作用。

《汽车数据安全管理若干规定（试行）》[2]是为了规范汽车数据处理活动，保护个人、组织的合法权益，维护国家安全和社会公共利益，促进汽车数据合理开发利用，根据《网络安全法》《数据安全法》等法律法规制定的规定。

---

[1] 国家卫生健康委员会．国家健康医疗大数据标准、安全和服务管理办法（试行）[EB/OL]．[2024-08-14]．https：//www. cac. gov. cn/2018-09/15/c_1123432498. htm.

[2] 汽车数据安全管理若干规定（试行）[EB/OL]．[2024-08-14]．https：//www. gov. cn/zhengce/zhengceku/2021-09/12/content_5640023. htm.

该规定于2021年7月5日经国家互联网信息办公室2021年第10次室务会议审议通过，由国家互联网信息办公室、国家发展和改革委员会、工业和信息化部、公安部、交通运输部于2021年8月16日发布，自2021年10月1日起施行。其主要内容包括明确了汽车数据的定义和范围，汽车设计、生产、销售、使用、运维等过程中的涉及个人信息数据和重要数据，以及汽车数据处理的相关活动；倡导汽车数据处理者在开展汽车数据处理活动中坚持“车内处理”“默认不收集”“精度范围适用”“脱敏处理”等数据处理原则；规定汽车数据处理者应当履行个人信息保护责任，处理个人信息应取得个人同意或符合法律规定的其他情形，处理敏感个人信息需符合更严格的要求；强调汽车数据处理者开展重要数据处理活动，应遵守境内存储规定，进行风险评估并报送报告，确需向境外提供的需通过安全评估，且不得超出评估范围；提出国家有关部门要做好汽车数据安全管理和保障工作，对于违反规定的汽车数据处理者，将依法进行处罚；要求汽车数据处理者建立投诉举报渠道，处理用户投诉举报，依法承担相应责任等。

该规定旨在防范化解汽车数据安全风险，保障汽车数据依法合理有效利用，维护国家安全利益、保护个人合法权益。具体规定内容可参考《汽车数据安全管理若干规定（试行）》。

7.2.4.2 行政规范性文件

行政规范性文件是除国务院的行政法规、决定、命令以及部门规章和地方政府规章外，由行政机关或者经法律法规授权的具有管理公共事务职能的组织（统称行政机关）依照法定权限、程序制定并公开发布，涉及公民、法人和其他组织权利义务，具有普遍约束力，在一定期限内反复适用的公文。目前涉及数据合规的行政规范文件有以下几种。

（1）《“数据要素×”三年行动计划（2024—2026年）》。

2023年12月31日，国家数据局会同中央网信办、科技部、工业和信息化部、交通运输部、农业农村部、商务部、文化和旅游部、国家卫生健康委员会、应急管理部、中国人民银行、金融监管总局、国家医保局、中国科学院、中国气象局、国家文物局、国家中医药局等部门联合印发《“数据要素×”三年行动计划（2024—2026年）》。发挥数据要素的放大、叠加、倍增作用，构建以数据为关键要素的数字经济，是推动高质量发展的必然要求。为深入贯彻党的二十大和中央经济工作会议精神，落实《中共中央 国务院关于构建数据基础制度更好发挥数据要素作用的意见》，充分发挥数据要素乘数效应，赋能经济社会发展，特制定本行动计划。

（2）《App违法违规收集使用个人信息自评估指南》。

为指导App运营者对其收集使用个人信息的情况进行自查自纠，2019年3月，

App专项治理工作组发布了《App违法违规收集使用个人信息自评估指南》。随着App违法违规收集使用个人信息评估工作的开展和深入，以及《App违法违规收集使用个人信息行为认定方法》（以下简称《认定方法》）的发布、《信息安全技术 个人信息安全规范》（GB/T 35273—2020，以下简称《规范》）的修订，编制组结合各方经验及反馈，及时对指南进行了修订。在2020年3月对外发布《网络安全标准实践指南——移动互联网应用程序（App）收集使用个人信息自评估指南（征求意见稿）》公开征求意见，并于同年7月发布了最新版《网络安全标准实践指南——移动互联网应用程序（App）收集使用个人信息自评估指南》（以下简称“新版《指南》”）。

围绕《认定方法》中六类违法违规行为，新版《指南》进行逐条解读、细化。从结构而言，删减了征求意见稿中每个评估点的法律依据，行文更简洁实用。在内容上，更广泛地引入了相关法律法规、标准规范的要求，将六个评估点细化为71个条款，且多处以注释的形式补充了App个人信息保护合规路径及其违法违规典型问题，有助于App运营者透过表象深入理解法律法规、标准规范要求，便于其在自评估时有的放矢查找问题。从细节改动来看，文字更简练准确，要求更贴近实际应用，充分体现了个人信息保护与用户良好体验相结合的编制思路。

（3）《App违法违规收集使用个人信息行为认定方法》。

2019年12月30日，中国网信网公布了关于印发《App违法违规收集使用个人信息行为认定方法》的通知。该《认定方法》有六个要点，分别详细介绍了可被认定为“未公开收集使用规则”的行为，可被认定为“未明示收集使用个人信息的目的、方式和范围”的行为，可被认定为“未经用户同意收集使用个人信息”的行为，可被认定为“违反必要原则，收集与其提供的服务无关的个人信息”的行为，可被认定为“未经同意向他人提供个人信息”的行为，以及可被认定为“未按法律规定提供删除或更正个人信息功能”或“未公布投诉、举报方式等信息”的行为。《认定方法》系《网络安全法》框架下针对广泛应用的App的个人信息保护配套性规章，违规者将面临《网络安全法》项下的法律责任。《认定方法》是为了落实《网络安全法》等法律法规，其列举的六个条款也分别对应《网络安全法》第41条、第42条、第43条和第49条的相关规定。因此，违反《认定方法》的App运营者可能面临《网络安全法》项下的责令改正、警告、没收违法所得、罚款、责令暂停相关业务、停业整顿、关闭网站、吊销相关业务许可证或者吊销营业执照等法律责任。《认定方法》列举了主要违法违规行为，可以为App运营者提供合规指引。《认定方法》分为六个部分，基本覆盖了App运营者收集、使用用户个人信息的所有场景，包括隐私政策的发布、用户同意的获取、必要性原则的把握、数据共享的界限、用户权利的保障及投诉举报机制等。

7.3 数据合规分析与评估的体系框架

7.3.1 数据合规分析与评估的原则

数据合规是保障数据要素市场健康发展的基础。一方面要求数据服务商等数据使用者在数据采集、管理和应用中遵守国家、行业和地方的相关法律法规、行政文件和地方法令等，另一方面要求数据合规为数据交易、流通、合理使用提供保障。开展数据合规分析与评估，通常遵循以下原则。

（1）合法性原则。合法性原则是数据合规的首要原则，也是最基本原则。任何数据业务都要以遵守数据相关法律法规为基准。合法性原则确保数据的收集、存储、使用、共享和处理等活动符合所有适用的法律法规，包括但不限于隐私法、数据保护法、网络安全法等。

（2）目的明确与限制原则。任何数据业务活动都应有明确的目的，例如，数据采集、加工、整合等。数据处理活动应当具有清晰明确、合法且特定的目的，且后续的处理活动也不得超出最初“设定”的目的和范围。

（3）数据最小化原则。该原则适用于所有涉及“个人信息收集”的数据业务。例如，电商、自媒体平台、各类服务于个人用户的App等，在采集个人数据时，只收集和处理实现特定目的所需的“最少数据”，避免过度收集和保留与该目的不相关、不必要的数据。

（4）准确性原则。数据的准确性是影响数据质量的重要因素。无论是数据采集还是加工，都要坚持准确性原则，确保所收集或处理的数据准确、完整，并及时更新以保持其准确性。

（5）安全性原则。数据易于复制、传播、整合和共享等，对于数据的开发利用是优势，但是数据管理、保护和权属等仍不足。数据处理的任何环节都有可能产生数据丢失、泄露等数据安全问题。因而，在数据的整个生命周期中，都应采取适当的技术和组织措施，保障数据的安全性，防止数据泄露、篡改或丢失。

（6）透明性原则。向数据主体清晰、明确地告知数据处理的目的、方式、范围等信息，保障其知情权。例如，互联网企业在收集个人信息时，应明确地告知个人收集数据的内容、目的，以及数据的使用方式等。

（7）问责制原则。明确数据处理活动中的责任主体，确保其对数据合规性负责，并能够证明合规措施的有效实施。

（8）风险评估原则。定期评估数据处理活动可能带来的风险，并采取相应的风险控制措施。

（9）可追溯性原则。保证数据处理的全过程能够被记录和追溯，以便在需要时进行审查和验证。

（10）尊重数据主体权利原则。尊重数据主体的权利，对于活跃数据市场具有重要的作用。不仅要充分保障数据主体的访问权、更正权、删除权、限制处理权等权利，而且要保障数据主体的合法持有权、加工权和数据产品经营获利权。

以上这些原则，是对任何从事数据业务的组织和个人数据处理行为的规范，也是保障数据相关主体权利的要求，还是促进数据要素市场规范发展的条件。因而，遵循这些原则能够帮助组织有效地进行数据合规分析与评估，降低法律风险，保护数据主体的权益，维护数据的安全和可靠。

7.3.2 数据合规分析与评估的维度

数据合规分析是指对企业或组织在数据收集、存储、处理、传输和共享等全生命周期中，对数据处理行为的合规性进行评估和分析的过程。这一过程旨在确保企业的数据处理活动符合相关法律法规、行业准则和标准的规定，以及保护用户隐私和数据安全的要求。数据合规分析通常包括以下几个方面。

7.3.2.1 数据来源合规性审查

数据来源的合规性审查是数据治理合规性的重点问题。企业对数据来源的各种渠道均需进行评估分析，穿透审查数据来源并留存相关审查记录。对于间接获取的数据，要求数据提供者提供相应合规证明、出具承诺或通过合同方式尽可能约定相关权利，确保数据来源合法可追溯；对于直接采集的数据，应在数据主体的授权或协议范围内处理数据，不得超过协议约定的范畴；对于自行生产的数据，应确保不存在其他利益相关方，具有数据生产全流程的有效证明；对于公开收集的数据，企业应确保采集的手段、方式、内容合法合规，未损害其他方的利益、公共利益、商业秘密或违反行业惯例、商业道德等。

7.3.2.2 数据处理合规性审查

数据处理的合规性审查关注企业数据收集后内部处理阶段的行为，包括存储、使用、加工、传输、提供、公开等。一方面，企业数据处理的合规性首先应当遵循现行法律法规的规定，依据《数据安全法》第8条的规定“开展数据处理活动，应当遵守法律、法规，尊重社会公德和伦理，遵守商业道德和职业道德，诚实守信，履行数据安全保护义务，承担社会责任，不得危害国家安全、公共利益，不得损害个人、组织的合法权益。”对于企业数据的处理，现行法律法规仅进行了原则性的规定。但实践中一般要求企业应当履行数据安全保护义务，采取必要的安全保障措施，确保数据处于有效保护和合法利用的状态，以及具备保障持续安全状态的能力，包括数据加密、身份验证访问控制等手段。另一方面，依据《数据安全法》第51 条的规定“开展数据处理活动排除、限制竞争，或者损害个人、组织合法权益的，依照有关法律、行政法规的规定处罚。”《数据安全法》第 52 条“违反本法规定，给他人造成损害的，依法承担民事责任。”企业数据处理应当遵循协议、授权书或其他在先法律文件的要求，对于非自行生产的数据，企业对数据处理的范围应限于协议约定的范围及方式，或其公示的使用规则承诺的数据处理要求。

7.3.2.3　数据管理的合规性审查

现行数据领域“三驾马车”对企业的数据管理提出了明确要求。《数据安全法》第 27 条要求企业开展数据处理活动应当依照法律、法规的规定，建立健全的全流程数据安全管理制度，组织开展数据安全教育培训，采取相应的技术措施和其他必要措施，保障数据安全。利用互联网等信息网络开展数据处理活动，应当在网络安全等级保护制度的基础上，履行数据安全保护义务。《网络安全法》第 10 条、第 21 条、第 25 条要求网络运营者建立完善的网络运营保障体系，制定内部安全管理制度和操作规程，确定网络安全负责人，落实网络安全保护责任，制定网络安全事件应急预案，保护网络能够安全、平稳运行而不受外部的干扰和破坏。《个人信息保护法》第 51 条规定，作为个人信息处理者的企业应制定内部管理制度和操作规程，对个人信息实行分类管理，采取相应的加密及去标识化等安全技术措施，合理确定个人信息处理的操作权限，定期对从业人员进行安全教育和培训，制定并组织实施个人信息安全事件应急预案，定期对其处理个人信息情况进行合规审计、事前进行个人信息保护影响评估等。

7.3.2.4　数据经营合规性审查

数据经营的合规性审查主要是审查企业在数据运营过程中整体的合规性，以确保企业在数据领域的经营业务符合法律法规的要求。监管部门对部分行业的企业在处理特定数据时具有强制性、法定性的要求，有一定的门槛和前提，以防范企业违规处理和数据安全问题的产生。依据《数据安全法》第 34 条的规定“法律、行政法规规定提供数据处理相关服务应当取得行政许可的，服务提供者应当依法取得许可。”因此，企业应明确自身的数据收集、处理等行为是否需要相应特殊资质、许可或备案。《中华人民共和国电信条例》（2016）规定经营电信业务，必须取得国务院信息产业主管部门或者省、自治区、直辖市电信管理机构颁发的电信业务经营许可证，例如 EDI 许可证、ICP 许可证等。《中华人民共和国气象法》（2016）规定从事气象探测的组织和个人，应当按照国家有关规定向国务院气象主管机构或者省、自治区、直辖市气象主管机构汇交所获得的气象探测资料。此外，企业应定期审查自身经营范围是否存在监管部门新的资质要求、许可或备案，紧跟相关法律法规和政策文件的动态，以确保其数据处理活动始终符合法律法规的要求。

7.3.2.5　数据应用场景的合规性评估

数据的价值在流通利用的过程中体现，但数据在流通利用中存在法律法规等的限制，包括但不限于：①主体资格限制，如未获得甲级测绘资质的企业不得持有高精地图数据；②地域限制，如未经法定程序，不得向境外提供个人信息或重要数据；③行业限制，如未取得征信牌照的企业不得在征信业务中向银行提供信用信息等。因此，企业数据资产入表需对数据资源的流通应用场景进行评估，包括数据资源是内部使用还是外部使用、数据资源是否对外提供或销售、数据资源对外提供的使用场景是否合法合规、数据资源是否涉及跨境、数据资源应用场景是否能够为企业带来利益等。

由于企业在数据资产入表的前期准备涉及各个方面，需依据现行法律法规逐一确认企业数据处理行为以及数据资源的合规性，未来企业在将数据资产入表时，有必要自行或委托第三方对数据资源开展法律尽调。

7.3.3　数据合规分析与评估的体系框架

数据合规分析和评估的体系框架是一个综合性的体系结构，旨在确保组织或个人在处理、存储、传输和使用数据的过程中符合相关法律法规、行业规范，以及内部政策的要求。对于企业数据合规评估，数据合规评估的依据，可以分为企业外部依据和企业内部依据。企业外部依据是指与数据合规相关的国家、地方和行业相关的法律法规、政策文件和标准等。企业内部依据是指被评估企业内部的与数据相关的章程和规章制度等。

数据合规分析与评估是一项系统性的业务。理论上，可以从“政策法规、标准规范和数据管理”等维度构建数据合规分析与评估的体系框架，指导数据合规的分析与评估。具体包括以下一些指标。

7.3.3.1　法律法规遵从性

对数据合规性分析和评估时，要对法律法规进行识别与解读。首先，需要明确并解读与数据处理相关的所有法律法规，包括国家层面的《网络安全法》《数据安全法》《个人信息保护法》等，以及行业特定的规定和标准。其次，根据法律法规的要求，对组织的数据处理活动进行全面评估，识别潜在的合规风险点。

7.3.3.2　政策与流程

首先，基于法律法规的要求，制定组织内部的数据处理政策、流程和规范，确保所有数据处理活动都有明确的指导和约束。然后，持续优化数据处理流程，确保高效、合规地进行数据采集、存储、使用、共享和销毁。

7.3.3.3 组织架构与职责

建立专门的数据合规管理部门或团队，明确其职责和权限，确保数据合规工作得到有效执行。为数据合规团队及相关部门划分清晰的岗位职责，确保每个人都了解自己的合规责任和义务。

7.3.3.4 数据分类与保护

根据数据的敏感性、重要性等因素对数据进行分类，以便采取不同的保护措施。对敏感信息进行特别保护，例如加密存储、限制访问等，防止数据泄露和滥用。

7.3.3.5 风险评估与应对

首先，定期或不定期地对数据处理活动进行风险评估，识别潜在的合规风险点。其次，针对识别出的风险点制定相应的应对措施和应急预案，确保在风险发生时能够迅速响应并妥善处理。

7.3.3.6 培训与意识提升

定期对员工进行数据合规培训，提高员工的数据安全意识和合规意识。通过内部宣传、案例分析等方式，增强员工对数据合规的重视程度和自觉性。

7.3.3.7 监测与审计

一要建立数据监测系统，对数据处理活动进行实时监控，及时发现并处理违规行为。二要定期进行数据合规内部审计，评估合规工作的有效性和存在的问题，并提出改进建议。

7.3.3.8 持续改进与优化

首先要根据法律法规的更新、业务发展的变化以及合规审计的结果，持续改进和优化数据合规评估框架体系。然后要优化数据处理流程、完善内部政策、提升技术手段等，以提高数据合规的效率和效果。

综上所述，数据合规评估的框架体系是一个包含法律法规遵从性、政策与流程、组织架构与职责、数据分类与保护、风险评估与应对、培训与意识提升、监测与审计，以及持续改进与优化等多个方面的综合性结构。通过构建这样的框架体系，组织可以更好地确保其数据处理活动的合规性，降低合规风险，保护客户、员工和企业的合法权益。

7.4 数据合规分析与评估的流程与方法

数据合规分析和评估是一项理论联系实际的业务活动。数据合规分析涉及很多法律法规、政策文件和标准等，在开展数据合规分析时，既要求有很高的政策性，又要求与具体的数据业务相结合。作为合规分析和评估者，既要考虑保护数据相关主体的权利，又要遵守国家、地方、行业等的相关法律法规和政策。概括地说，数据合规分析和评估要有系统性和全局性。

7.4.1 数据合规分析与评估需要考虑的因素

数据合规分析和评估是数据资产入表业务活动数据盘点环节需要做的工作，也是数据资源化、资产化识别的重要内容之一。但是由于数据业务较为复杂，在开展合规性分析和评估时需要从“法律法规、政策标准、行业实践”等多个维度考虑多个因素。开展合规评估，可以依据数据全生命周期所涉及的主要阶段，结合具体的数据来源和应用场景进行分析。下面是一些需要考虑的因素。

（1）法律法规。包括所在国家和地区的相关数据保护法律法规，例如《网络安全法》《数据安全法》《个人信息保护法》等，以及行业特定的法规。

（2）数据类型。涉及的数据种类，例如个人身份信息、财务信息、健康信息、地理位置信息等，不同类型的数据可能有不同的合规要求。

（3）数据来源。数据是如何获取的，是直接从用户收集、从第三方购买还是通过其他途径。

（4）数据存储。存储方式、存储位置（本地或云端）、存储期限等，要确保存储环境的安全性。

（5）数据处理目的。明确收集和处理数据的初衷，是否合法、正当且明确。

（6）数据跨境传输。若存在数据跨境传输，需遵循相关规定和程序。

（7）数据主体权利。保障数据主体的知情权、访问权、更正权、删除权等权利的实现机制。

（8）数据共享与披露。与第三方共享数据的条件和协议，以及对外披露数据的合规性。

（9）安全措施。例如访问控制、加密技术、数据备份与恢复、网络安全防护等。

（10）员工培训。员工对数据合规政策和流程的了解程度及培训情况。

（11）应急响应计划。针对数据泄露等安全事件的应急预案和处理流程。

（12）内部管理制度。包括数据治理架构、数据管理政策和流程等。

（13）审计与监督。是否有定期的内部审计和监督机制，以确保合规性的持续维持。

（14）行业标准和最佳实践。参考同行业中先进的数据合规实践。

（15）企业规模和业务复杂度。大型企业或业务复杂的企业可能面临更多的合规挑战。

7.4.2　数据合规分析与评估的流程和步骤

在开展数据合规分析和评估时，不仅要依据相关的法律法规、政策文件、标准规范等，为了保证数据合规分析和评估的效率和科学性，数据合规活动本身也需要遵循一定的流程和步骤。数据合规评估的流程通常包括以下步骤。

（1）明确法律法规和标准。深入研究并了解适用于自身业务的国内外相关数据保护法律法规和隐私标准，例如欧洲的《通用数据保护条例》（GDPR）、美国的《加州消费者隐私法》（CCPA），以及中国的《网络安全法》《数据安全法》《个人信息保护法》等。

（2）确定分析与评估范围。明确评估的边界和深度，确保涵盖企业所有涉及数据处理的业务领域和流程。同时，让各关键利益相关部门积极参与到评估过程中。

（3）识别数据类型和流程。全面盘点企业所收集、存储和处理的数据类型，包括个人身份信息、健康信息、财务信息等，并绘制数据流图，明确数据在企业内的流动路径、传输方式以及在各节点的处理情况，例如数据收集点、存储位置、数据共享的交界点等。

（4）进行风险评估和漏洞分析。识别潜在的数据合规性风险源，包括外部的黑客入侵、钓鱼攻击等威胁，以及内部员工的不当操作、疏忽或故意泄露等风险。同时，进行组织内部安全脆弱性分析，涉及技术、管理等层面。可结合定性与定量分析的方法，评估风险发生的可能性和影响的严重性，并为每个风险分配一个风险评分。

（5）法规要求分析。制作包含所有适用法规的清单，并概述每条法规的主要合规要求。对照这些要求，系统检查企业当前的数据处理、存储、传输等各环节。

（6）合规性差距分析。基于自我评估和法规要求分析的结果，明确企业在数据处理方面存在的问题和不足，找出与法规要求之间的差距。

（7）建立合规性框架和流程。制定合规政策和程序，确保数据处理和管理符合适用的法律法规和标准。框架应包括数据收集、存储、访问、传输、共享和销毁等方面的规定。同时，建立内部监督机制，例如设立数据保护官（DPO）或相关团队，明确其职责；并制定员工培训计划，提高员工对合规性要求的认识和遵守程度。

（8）制定和实施控制措施。根据风险评估结果和合规性要求，在技术层面利用加密技术、访问控制系统、防火墙、入侵检测系统等手段增强安全性；在管理层面通过培训、政策制定、安全审核、合规检查等方式提升员工的安全意识和操作技能；在物理层面采用控制人员进出关键区域、设置监控摄像头等物理措施保障组织安全。对每一项控制措施制定实施时间表，确保风险缓解计划有序进行。

（9）持续监控和复审。定期监控控制措施的效果，关注关键的安全指标，建立完善的安全事件报告和响应机制，确保所有安全事件都能被迅速记录、分析和处理。至少每年进行一次风险评估结果的复审，当有新业务流程引入或现有流程发生重大变化时，也应及时更新风险评估。

需要注意的是，数据合规评估是一个持续的过程，企业应根据法律法规和自身业务的变化，不断调整和完善评估流程及相关措施。同时，对于一些复杂或高风险的数据业务，可能需要寻求专业法律意见或借助第三方专业机构的服务来确保评估的准确性和有效性。不同行业和企业的具体评估流程可能会有所差异，企业可根据实际情况进行适当调整和补充。

7.4.3 数据合规分析与评估常用的方法

数据合规分析是数据安全管理的重要内容。以前，基于数据资源视角管理数据，合规分析主要是分析其个人信息隐私，以及数据管理相关环节的技术规范性。当今，数据是企业重要的资产，对数据合规性提出了更高的要求。不仅是管理上的合规，而且在数据资产建设、管理和运营的各个环节都要合规。目前，数据合规分析和评估还没有形成统一的规范与方法。以下是数据合规分析和评估常用的几种方法。

（1）文档审查。对企业内部涉及数据处理的政策、流程文档、合同、用户协议等进行详细审查，以评估其是否符合相关法律法规的要求。

（2）问卷调查。设计具有针对性的问卷，分发给相关部门和人员，收集关于数据处理实践、意识和控制措施的信息。

（3）人员访谈。与企业内部不同部门的关键人员，例如数据管理员、业务负责人、技术人员等进行面对面或电话访谈，了解数据处理的实际情况和存在的问题。

（4）现场检查。对数据处理的场所、设备进行实地查看，检查物理安全措施、访问控制等方面的情况。

（5）技术检测。运用技术工具对数据系统、数据库进行扫描和检测，评估数据的安全性、加密情况、访问权限设置等。

（6）数据分析。对企业的数据流量、存储模式、使用频率等进行分析，以发现潜在的合规风险。

（7）案例模拟。通过模拟数据泄露等场景，评估企业的应急响应和处理能力。

(8) 对标分析。将企业的数据处理实践与行业最佳实践和相关标准进行对比，找出差距和改进方向。

(9) 风险评估矩阵。建立风险评估矩阵，对识别出的风险进行定性和定量评估，确定风险的优先级。

客观地说，由于数据来源、类型、应用场景等具有复杂性，在开展数据合规分析和评估时，仅仅采用某种方法可能不能解决所有问题。通常需要将这些方法综合使用，以全面、准确地评估企业的数据合规性状况。

7.4.4 常见的数据合规风险类型

数据合规风险类型很多，但常见的数据合规风险类型有以下几种。[1]

7.4.4.1 侵犯个人信息隐私权

大数据技术的发展给生产生活带来了便利，但若滥用技术、过度收集和使用个人数据，会造成对个人信息的侵犯，触发数据合规问题。这一风险现象在一些App中时有发生，比如一些App会使用默认授权的方式来强迫用户同意App对其个人信息的收集或是要求开启与其服务无关的权限。

2021年5月1日实施的《常见类型移动互联网应用程序必要个人信息范围规定》(以下简称《规定》) 对此作了相应规范与界定，明确了39种常见类型App必要的个人信息收集范围，同时要求App不得因为用户拒绝提供非必要个人信息而拒绝用户使用其基本服务。

7.4.4.2 侵犯消费者权益

这一风险主要存在于企业的数据应用阶段，比如常见的“大数据杀熟”现象，同样的商品或服务，老客户看到的价格远高于新客户的价格。这一现象实质上是企业对大数据算法等技术手段的滥用。对此，相关机构也出台了明文规定：文化和旅游部在《在线旅游经营服务管理暂行规定》中要求在线旅游企业不得滥用大数据分析侵犯旅游者的合法权益；市场监督管理总局发布了《国务院反垄断委员会关于平台经济领域的反垄断指南》，力求进一步加强对互联网平台不公平价格行为的监管。

7.4.4.3 侵犯商业机密

商业机密数据是指对企业生产发展和竞争力具有重要价值的企业数据，如客户资料、生产数据等。企业既存在商业数据被他人侵犯的风险，也存在侵犯他人商业数据的风险。比如一些企业利用掌握其他企业商业数据的员工跳槽所带来的相关数据进行业务拓展，或者利用尚未公开的技术数据进行新产品开发等，都存在侵犯商

---

[1] 艺信华晨软件 [EB/OL]. [2024-07-16]. https://www.baidu.com/常见的数据合规风险类型.

业秘密的风险。

7.4.4.4　侵犯计算机/信息网络违法犯罪

企业数据风险不仅包括民事上的涉诉风险，还可能使企业及管理层面临刑事责任风险。例如“爬虫”技术是企业高效提取并利用数据常用的网络信息搜索技术，但若“爬虫”行为未在法律框架内实施，则可能给企业带来严重的刑事后果。如果在数据获取环节，利用“爬虫”技术非法获取其他计算机信息系统中存储、处理或者传输的数据的，可能涉嫌“非法获取计算机信息系统数据罪”；干扰其他网站正常运营，或者故意制作、传播病毒等破坏性程序，影响计算机系统正常运行的，可能构成“破坏计算机信息系统罪”。

7.4.4.5　违反网络安全保护或信息网络安全管理义务

数据安全问题一直以来都是用户关心的重点，也是企业应当重点关注的事项。在信息网络安全管理方面，如果企业作为网络服务提供者不履行法律法规规定的信息网络安全管理义务，经监管部门责令采取改正措施而拒不改正导致违法信息大量传播、用户信息泄露等的，则可能构成拒不履行信息网络安全管理义务罪。

7.4.4.6　数据跨境流动合规风险

企业若未经国家相关部门批准而将数据擅自传输至国外也可能面临构成《刑法》中国家安全犯罪的风险。《评估指南》和《评估办法》中均要求可能影响国家安全、经济发展、公共利益的数据在出境前应先报请行业主管或监管部门组织安全评估。《网络安全法》第66条规定了关键信息基础设施的运营者违法在境外存储网络数据或者向境外提供网络数据的，将由有关主管部门进行行政处罚或对主管人员处以罚款。除了《网络安全法》《数据安全法》等数据安全专门法律的规定，一些专业领域方面的法律规定中也对数据跨境流动进行了限制，若未注意可能受到相应的行政处罚。

7.4.5　数据合规评估的案例

以下是企业数据合规评估的成功案例。

案例1：某大型金融科技公司在面临日益严格的监管环境下，决定进行全面的数据合规评估。该公司组建了由内部法律、技术和风险管理专家组成的团队，并聘请了外部专业的咨询机构提供指导。通过对公司的数据收集、存储、使用和共享流程进行深入审查，发现了一些潜在的合规风险，例如部分客户数据的存储未达到加密标准，以及数据共享协议存在模糊之处。在评估后的3个月内，公司制定并实施了一系列整改措施，包括升级数据加密技术、修订数据共享协议，并对员工进行了针对性的培训。最终，该公司成功通过了监管机构的检查，提升了客户对其数据保护能力的信任。

案例 2：一家跨国电商企业为了确保在全球范围内的业务运营符合不同国家和地区的数据法规，开展了数据合规评估项目。项目组首先对各个市场的法规进行了详细的梳理和分析，然后对公司的全球数据处理流程进行了映射和评估。通过与当地法律团队和外部专家的紧密合作，发现了在某些地区存在数据跨境传输的合规问题。经过半年的努力，公司建立了完善的数据分类和标记系统，优化了数据传输流程，并与当地的数据托管服务提供商建立了合作，成功解决了合规问题，保障了业务的持续扩张。

案例 3：某互联网医疗企业在准备上市之前，意识到数据合规性对于公司价值和投资者信心的重要性。公司迅速启动了数据合规评估工作，在两个月内完成了对患者数据处理、医疗数据存储和共享等关键环节的评估。发现了一些数据访问权限设置不合理以及数据匿名化处理不够完善的问题。公司立即采取行动，调整了访问权限，优化了匿名化算法，并建立了定期的数据合规审计机制。最终，公司顺利通过了上市前的合规审查，增强了市场对其的认可。

这些案例表明，通过系统、全面的数据合规评估，并采取有效的整改措施，企业能够降低法律风险，提升声誉，保障业务的可持续发展。

概括地说，数据合规是一切数据活动的前提。对于企业数据资产评估和入表活动，数据合规分析与评估是一项全新的极具挑战的工作。挑战来自多个方面，首先，数据合规分析与评估对政策性要求很强。数据合规评估涉及的法律法规和政策文件很多，要求评估师熟悉与数据业务相关的法律法规文件内容，这也是为什么当前开展数据合规分析与评估的机构主要是律师事务所。其次，数据合规分析需要数据管理的相关业务。数据合规分析可能涉及数据管理活动的整个过程（数据全生命周期），评估师具有数据管理的相关知识和技术，才能有效应对各类数据合规分析中的复杂问题。本章概述了数据合规的相关法律法规、政策文件、原则与体系框架、方法流程和步骤等内容。但数据合规分析与评估并没有形成某种统一的固定的程式，而且随着数据业务的发展，还会不断出现各种新问题和新的合规风险因素和现象。因而，还需要结合实际不断创新数据合规分析与评估的理论与方法。

第8章 数据资产质量评估

质量是产品的生命线。数据资产的质量受哪些因素影响，数据资产的质量又是如何影响数据资产价值的。不同质量的数据资源，其质量指数❶和价值密度都不同，单位数据所蕴含的潜在价值也不同。中国资产评估协会在《数据资产评估指导意见》中指出，“数据资产评估业务，需要关注影响数据资产价值的成本因素、场景因素、市场因素和质量因素”。那么，数据质量评估、数据资源质量评估、数据资产质量评估三者的区别和联系是什么？本章将重点探讨以下相关的问题。

（1）何谓数据质量？

（2）何谓数据资产质量？

（3）何谓数据资源质量？

（4）何谓数据产品质量？

（5）数据、数据资源、数据资产、数据产品的质量问题都有哪些表现？

（6）影响数据、数据资源、数据资产和数据产品质量的因素有哪些？

（7）分析和判断数据质量的维度与框架有哪些？

（8）数据资产质量评估指标体系是什么？

（9）数据资产质量评估的方法有哪些？

数据能消除某种不确定性，具有潜在价值。但数据价值实现的前提是，数据是可靠的和可信的。也就是说，数据是高质量的。因而，无论是数据产品，还是数据资产，只有高质量，才能为企业带来价值。质量是影响数据资产价值的主要因素之一，数据资产质量评估是数据资产评估的重要组成部分之一。数据和数据资源是形

❶ 数据质量密度是指，单位体积/一个数据单位内符合特定场景应用需求的数据量。

成数据资产的基础，而数据产品是数据资产的重要表现形式。本章将系统论述数据、数据资源、数据资产和数据产品的质量和质量评估相关问题。

8.1 数据质量与评估

数据质量评估是对数据的准确性、完整性等进行度量的技术手段和方法。数据质量评估的目的是确定数据是否可用于特定应用程序或业务需求。高质量的数据资源可以帮助管理者作出最优决策，是企业数据资产管理的前提。而低质量的数据集，例如数据项不完整、冗杂、错误的数据，则会极大地影响决策者的判断，造成低效的资源分配和利用。数据质量也是数据治理的重要问题之一，数据治理包括数据发现和分析，其目的是发现隐藏的数据质量问题。

8.1.1 数据质量

8.1.1.1 数据质量的内涵

简单来说，数据质量就是指在特定的业务环境下，数据能满足数据消费者使用目的和业务场景具体需求的程度。通俗地说，如果数据满足数据消费者的应用需求，就是高质量的。反之，如果不满足数据消费者应用需求，就是低质量的。因此，数据质量取决于使用数据的场景和数据消费者的需求。数据质量与其预期用途相关，如果数据符合其在运行、决策制定和计划中的预期用途，则该数据是高质量的数据。

8.1.1.2 数据质量维度

从专业角度看，数据质量受多方面的因素制约，比如数据的完整性、一致性、准确性、可用性、时效性、可信度和相关性等。

数据质量维度是数据的某个可测量的特性。数据质量维度提供了定义数据质量要求的一组词汇。通过这些维度的定义，可以评估初始数据质量和持续改进的成效。简单地说，数据质量维度就是指从哪些方面或哪些特性对数据质量进行分析、判断和测度。

数据质量是数据管理的主要目的。或者说，数据管理的主要目的就是提高数据质量或保障数据的高质量。数据质量管理领域的一些杰出学者，提出了判断数据质量的维度。例如，Strong – Wang（1996）从数据消费者的视角，提出了数据质量评估的 4 个维度（内在数据质量、场景数据质量、表达数据质量、访问数据质量），以及 15 个指标。[1] Thomas Redman 在《信息时代的数据质量》（*Data Quality for the*

---

[1] DANA 国际. DANA 数据管理知识体系指南［M］. DANA 中国分会翻译组，译. 北京：机械工业出版社，2021：350.

Information Age，1996）一书中，基于数据结构视角的数据质量维度包括数据模型、属性域的精确度。Redman 将一个数据项定义为可表示的三元组：一个实体属性域值的集合。维度可以与数据的任何组成部分相关联：模型（实体和属性）及其值。他还定义了一类用于记录数据项规则的表达维度。在“数据模型、数据值和数据表达”三个维度，他一共描述了 20 多个评估指标。

需要说明的是，数据是形成数据资源或数据资产的基础，但数据既不等同于数据资源，也不等同于数据资产。同样，数据质量也不能代替数据资源或数据资产的质量。影响数据资源或数据资产的因素比数据更多，更复杂。

8.1.2 数据质量评估

8.1.2.1 数据质量评估的意义

在开展数据资产入表时，为什么要进行数据质量评估呢？这是许多人的疑问。数据质量评估有助于判断数据的准确性和可靠性。通过评估，可以发现数据中的错误、异常或缺失值，并采取相应的措施进行修正或补充，从而确保数据的完整性和准确性。此外，数据质量评估还有助于提升数据的使用效率。数据质量评估也是企业合规性和信誉的保障，例如在金融、医疗等行业。通过数据质量评估，企业可以确保数据符合相关法规和行业标准，从而避免因数据质量问题而导致的法律风险。总之，数据质量评估对于保障数据质量、提高决策准确性、提升数据使用效率，以及保障企业合规性和信誉都具有重要意义。

8.1.2.2 数据质量评估的含义

何谓数据质量评估？数据质量评估是指对数据的各项特性进行审查、测量和评价的过程，以确定数据在准确性、完整性、一致性、可用性、时效性和可靠性等方面的表现水平。数据质量评估主要针对数据本身属性的测度，即数据的准确性、完整性、一致性、时效性和可靠性等属性。

准确性是指数据正确反映了实际情况，没有错误或偏差。完整性要求数据涵盖了应有的全部内容，不存在缺失的关键信息。一致性强调数据在不同系统、数据集或记录之间没有矛盾和冲突。可用性关注数据是否易于理解、获取和使用。时效性表示数据是最新的，能够反映当前的实际状况。可靠性则关乎数据的稳定性和可信赖程度。

8.1.2.3 数据质量评估指标体系

数据质量评估指标体系是一套用于全面、系统地衡量和评估数据质量的标准和参数的集合。它通常涵盖多个维度和具体的指标，以准确反映数据在不同方面的表现。这些指标相互配合，形成一个综合的体系，帮助组织或个人全面了解数据的质量状况，发现问题并采取相应的改进措施，从而提升数据的价值和可用性，支持更有效的决策和业务运营。

下面引用《信息技术数据质量评价指标》（GB/T 36344—2018）、《林业数据质量评价方法》（LY/T 2922—2017）等数据质量评价文档，从数据的规范性、完整性、准确性、一致性、时效性、可访问性6个维度，通过特定指标规则和数据的形态格式与数据处理的具体环节设计了20个二级指标，如图8－1所示。当然，在不同组织和不同环境中，可以依据实际情况，调整或更换评估指标，还可以设计三级、四级评估指标。

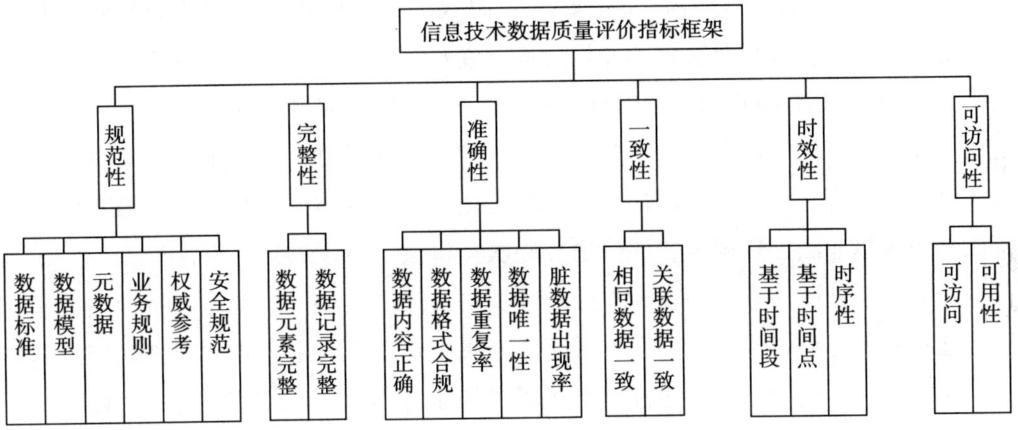

图8－1 信息技术数据质量评估指标框架❶

8.1.2.4 数据质量评估的方法

数据只是一类评估对象，常用的评估方法同样适用于数据质量评估。数据质量评估方法包括定性评估、定量评估，以及定性、定量相结合的综合评估方法。

（1）数据质量定性评估法。定性评估是依据专业领域知识和个人经验理解，按照一定的评价标准进行估计和推断的一种评价方法。目前，定性评估方法主要是数据质量指标量化法。许多学者认为，数据质量是一个多维度的概念，可以从不同角度对数据质量进行评价。早期，有些学者提出了四个定性指标，即准确性、时效性、完整性和一致性。美国健康信息管理协会（AHIMA）提出了数据质量管理模型，从4个维度定义数据质量（收集、仓储、分析、应用），并提出数据质量的特征。该模型被认为是一个多方面的架构，包括需要用户评估的数据质量属性（称为数据质量维度），例如准确性、完整性、一致性、相关性和及时性等。在此基础上，

❶ 数据分析小兵. 数据资产入表（三）| 数据资源入表治理路径与数据质量评价路径，数据资源化、数据产品化的必经之路［EB/OL］.（2024－05－30）［2024－10－10］. https：//mp. weixin. qq. com/s/OhAVx-njqdyrxlVb0qNWTpg.

还有学者将现有数据质量评估指标归类，分为直接指标体系和间接指标体系，并采用 GQM（目标—问题式）的方式构建数据质量评价指标。

（2）数据质量定量评估法。定量评估主要采用模型和数学统计方法对评价对象作出判断和分析，能够较好地保证评估结果的科学性和客观性，使其具有较好的信度，多数用于结构化数据库的评估，例如针对关系数据库数据质量的精确性和完整性两个重要指标进行评估时，通过关系代数操作进行量化，通过数据和“最近似”间的信息量差异来定量分析；基于概率论，对数据质量的时效性指标建立评估体系。

（3）综合评估法。定性评价主要是采用数据质量调查的方式构建评价指标体系。定量评价是一种相对客观的评估方法。在数据质量的多维度评估上，定性定量相结合的综合评估是目前较为常见的评估方法。定性定量相结合的评估，主要做法是在定性评价方法的基础上引入数学手段，定性问题通过人工设定的标准进行评分并作出量化处理，评分的过程都是针对事先建立的指标体系，具有部分数理统计的特征，如德尔菲法、模糊综合评价法、层次分析法等。

以上这三种评估方法是较为常用的数据质量评估方法。但数据质量评估方法多样化是发展大趋势。传统的数据质量评价方法主要基于人工检查和规则制定，具有一定的局限性。近年来，数据种类和规模的不断增加，推动评价方法的协同进化，典型评价方法如表 8－1 所示。

表 8－1　数据质量评估的典型方法❶

分类	评价思想	代表方法
准则规范法	基于实现定义好的数据质量准则或标准来对数据进行评价	TDQM（total data quality management）❷、语义建模❸、元数据等
统计学法	使用统计学技术对数据进行评价	数据分布统计❹、相关性分析、标准化方法等

❶ 叶露，潘立，丁昱尹．数据资产质量评价及价值评估技术研究进展［J］．中国资产评估，2023（8）：50－59.

❷ 盛小平，焦凤枝．国内外开放数据评价研究综述［J］．情报杂志，2022，41（8）：131－137.

❸ 周宇，廖思琴，霞娇娇，等．基于本体的疫情数据语义描述与应用方法研究［J］．情报探索，2023（2）：9－18.

❹ 王英，梁思怡，杨巍，等．面向纸本图书的图书馆用户画像构建探索［J］．图书馆杂志，2023，42（2）：128－137.

续表

分类	评价思想	代表方法
数据挖掘法	主要利用数据挖掘技术发掘数据中潜在问题和异常情况	异常值检测、缺失值分析、数据分类、回归分析、决策树分析、关联规则挖掘、时间序列分析[1]、知识图谱等
人工审核法	借助专业人员进行手动审核，通过人工盘点数据是否符合预期标准来评估数据的质量	专家评估法、问卷调查法、用户反馈法、德尔菲法、模糊评价法、层次分析法等
机器学习法	使用机器学习技术自动识别和纠正数据质量问题	深度学习法、强化学习法、聚类评价法、联邦学习法[2]等
数据质量规则法	依赖于事先定义好的数据质量规则来对数据进行评价	数据约束规则、完备性规则、一致性规则[3]、业务规则等

8.1.2.5 数据质量评估的步骤

数据质量评估是数据资产价值评估的重要依据。数据质量是影响数据资产价值的重要因素。专业的数据质量评估有助于发现解决质量问题，并提升数据资产价值。数据质量评估总体可以分为以下五个步骤。

（1）分析需求，明确评估目标。以业务需求为中心进行具体业务数据的数据质量评估，首先必须了解具体业务针对特定数据资源的需求特征，建立针对性的评价指标体系。同时，同一份数据在生命周期中不同的阶段，其质量的关注点是存在差异的，因此对数据进行合理的评估需要明确当前阶段数据质量管理的目标是什么。

（2）确定评估对象及范围。确定当前评估工作应用的数据集的范围和边界，明确数据集在属性、数量、时间等维度的具体界限。需要说明的是，评估对象既可以是数据项，也可以是数据集，但一定是一个确定的静态的集合。

（3）选取质量评估维度（或指标体系）及评价方法。数据质量维度是进行质量评估的具体质量反映，是控制和评估数据质量的主要内容。因此，首先要依据具体业务需求选择适当的数据质量维度和评价指标。另外，要选取可测、可用的质量维度作为评估指标准则项，在不同的数据类型和不同的数据生产阶段，同一质量维度有不同的具体含义和内容，应该根据实际需要和生命周期阶段确定质量维度。在

[1] 肖雅元，文明，盛鹏，等．基于评价指标的电网数据质量评价系统设计［J］．信息技术，2020，44（4）：155－158，163．

[2] 周传鑫，孙奕，汪德刚，等．联邦学习研究综述［J］．网络与信息安全学报，2021，7（5）：77－92．

[3] 许明宇，王宜怀．异构物联网中关联数据一致性规则挖掘模型［J］．计算机仿真，2023，40（2）：425－428，442．

确定了具体维度和指标对象后，应该根据每个评估对象的特点，确定其测度及实现方法。对于不同的评估对象一般是存在不同的测度，以及需要不同的实现方法支持，所以应该根据测量对象的特点确定其测度和实现方法。

（4）进行质量评估。根据前面确定的质量对象、质量范围、测量及其实现方法实现质量评测的活动过程。评估对象的质量应当由多个质量维度的评测来反映，单个数据质量测量是不能充分、客观评价由某一数据质量范围所限定的信息的质量状况，也不能为数据集的所有可能的应用提供全面的参考，多个质量维度的组合能提供更加丰富的信息。

（5）编写数据质量评估报告。经过抽样、度量、评价之后，就可以得到评估结论。根据相关评估结论需要撰写一份评估报告，在报告当中，除了评估结论，还应当包括对这个结论的分析和解读，并通过一些可视化的方式展现在报告当中。数据质量评估报告不是最终的目的，报告对后续数据质量的管理、数据治理，以及不同的数据资产价值评估方法中调整系数的确定等都具有非常重要的参考意义。

8.2 数据资源质量评估

数据资源质量评估是指对数据资源的各个方面进行系统性、客观性的评价和测量，以确定其满足特定需求或标准的程度。这一过程对于确保数据资源的准确性、完整性、一致性、时效性、安全性、合规性和可用性等方面至关重要，直接关系到数据资源的使用价值和决策效果。正如数据是形成数据资源基础一样，数据质量也不能等同于数据资源质量。

8.2.1 数据资源质量

8.2.1.1 数据资源与数据的关系

通常认为，通过对数据的处理加工形成数据资源。数据是形成数据资源的基础和来源。数据资源是数据经过一定处理（如收集、整理、分析）后形成的，是具有特定用途和价值的数据集合。数据向数据资源的转化需要一定的过程和条件，包括数据的收集、存储、处理、分析、整合等环节。这些环节共同构成了数据资源形成和管理的全过程。

但是，不能简单地将原始数据（或数据集）等同于数据资源。数据与数据资源的区别，不是数据量上的差异，更重要的是质量和可用性等的差异。数据资源，具有资源的属性，具有潜在的使用价值，可以开发利用，可以为数据资源持有者带来经济价值。数据与数据资源的区别还在于它们的性质、特点和用途的差异。数据是原始素材，是信息的载体；而数据资源是经过加工和处理后形成的，具有明确使用价值和经济价值的数据集合。在数字化转型的浪潮中，企业和组织需要更加重视数据的开发和利用，以充分发挥数据在决策支持、业务优化、产品创新等方面的作用。

8.2.1.2　数据资源质量内涵

数据资源是数据的一种表现形态，这部分数据具有资源和价值属性。数据资源质量是指数据资源在特定条件下使用时，其特性满足数据应用要求的程度。当数据资源属于能够为用户服务的数据产品时，也可以认为，数据资源质量就是指数据资源满足企业业务需求，给企业创造价值的程度。高质量的数据资源，能够为企业创造更多的经济价值和社会价值。相反，低质量的数据资源可能是企业的负资产，不仅不能为企业创造价值，而且会影响企业决策等，产生风险价值。

数据管理的目的就是提高数据质量，提升数据的可用性。数据质量问题也是数据业务活动中常见的问题，其表现形式有多种。以下是一些常见的数据资源质量问题。①缺乏记录唯一性。在使用大量应用程序来捕获、管理、存储和使用数据时，可能会为同一实体存储多个记录，导致数据集中出现重复信息。②缺乏关系约束。当不同数据之间没有定义和强制执行关系时，可能会导致信息不正确或不完整，例如客户记录中存在模糊或不正确的信息。③缺乏属性的唯一性和意义。常见问题包括存在多个同名但包含不同信息的列、多个不同名但技术上表示相同事物的列；列标题不明确；有些列总是留空或被弃用；有些列从未使用却被存储等，这些都反映了数据集中属性管理不善。④跨来源缺乏一致性。在所有节点或数据源中难以维护关于同一“事物”的一个定义，导致报告的混乱。一致性不仅涉及数据值的含义，而且包括其表示形式，例如在值不适用或不可用时，需使用一致的术语来表示所有来源的数据不可用。⑤数据集成问题。在整合不同来源的数据时，若没有处理好数据之间的关系和冲突，会产生质量问题。

8.2.1.3　影响数据资源质量的因素

影响数据资源质量的因素有很多，但最主要的因素有三个：一是数据资源的来源、数据的质量；二是数据加工和处理方法、技术等因素；三是数据资源管理系统。另外，数据是形成数据资源的基础，因而影响数据质量的一些因素，同样也是影响数据资源质量的因素，例如，数据的准确性、规范性、完整性等。

（1）来源数据质量是影响数据资源质量的关键因素之一。数据是特定主体基于特定目的对特定事物及其属性等的记录。因而，数据在采集或收集之初的目的、规划、设计（数据模型）等对数据独特性、可用性、信息含量或价值密度等会产生极大的影响。

（2）数据加工和处理方法、技术等是影响数据资源质量的重要因素。一项数据资源可能是由多个原始数据集整合加工而成。企业可能从多个不同的系统、部门和渠道收集数据，这些数据源的格式、标准和精度各不相同，容易导致数据的不一致和错误。这些都会影响整合后数据资源的质量。

（3）数据资源的可用性或可开发利用性是其重要的属性。质量是人们对客体满足自己需求的感知。数据资源的质量高低直接受到数据资源开发者的感知。数据资源管理系统是否好用、效率如何等都会影响用户对其质量的判断。所以，数据资源管理系统的性能等因素是影响数据资源质量的重要因素。

8.2.2 数据资源质量评估指标体系

由数据资源质量影响因素可知，对数据资源质量的评估可以从来源数据质量、整合效果、用户满意度三个维度进行评估。每个维度又可以设置和选择一定的质量评估指标。

（1）对来源数据质量的评估，可以参考数据质量评估指标体系，从规范性、完整性、准确性、一致性、时效性、可访问性6个方面进行评估。

（2）数据资源整合效果指标。可以选择数据资源整合效率和业务支持度两个指标。

①数据资源整合效率是评估资源整合的速度和效率，包括数据收集、处理、整合等环节的耗时和成本。②数据资源对业务的支持度是评估整合后的数据资源对业务决策的支持程度。高质量的数据资源整合应该能够为企业提供及时、准确、全面的数据支持，帮助企业作出更加明智的决策。

（3）数据资源的用户满意度。可以选择数据资源管理系统的易用性、利用率和安全性等指标。

①数据资源的易用性。易用性是用户判断数据资源质量的重要因素。易用性也有多方面的表现。②数据资源利用率。利用率是评估整合后数据资源的利用效率，包括数据的利用率、共享率等。高效的资源利用有助于提升企业的整体运营效率。③数据资源安全性。评估数据资源整合过程中的数据安全性，包括数据加密、访问控制、备份恢复等方面的措施是否到位。数据安全性的保障有助于防止数据泄露和非法访问等风险。

综上所述，评估数据资源质量可以从来源数据质量、数据资源整合效果和用户满意度三个维度进行评估。另外，可以依据数据资源的类型、场景等，每个维度选择不同的评估指标。这些指标共同构成数据资源质量评估体系。

8.3 数据产品质量评估

数据产品，是指利用一定的信息技术对数据或数据资源投入实质性加工或者创新性劳动形成的、可满足内外部用户需求的、可持续提供的、以数据为内容的可辨认的数据服务形态。也可以认为，数据产品是特定主体（如自然人、法人等）对数据资源投入实质性劳动形成的数据及其衍生产品和服务。数据产品可以用数据、算法、算力来表示。即，数据产品 = 数据资源 + 数据算法模型 + 服务终端。

其中，服务终端指实现数据产品的交付 App、网站、API、SaaS、VPN 等。在一定程度上，服务终端是保障数据产品正常使用的基础设施，也是一种算力。

数据产品在表现形式上包括但不限于数据分析报告、数据可视化产品、数据指数、API 数据、加密数据等。作为数据资产的数据产品，目前通常认为有数据集、数据应用和数据服务三大类。针对不同类型的数据资产，如何对其质量进行评估？

8.3.1 数据集类数据产品质量评估

8.3.1.1 数据集类数据产品概念与类型

数据集类数据产品是指以数据集为核心的数据产品，即通过收集、整合、处理和分析数据，形成具有特定结构和内容的数据集合，供用户或企业使用。以下是数据集类数据产品的几种主要形式。

（1）精细化数据集。精细化数据集是通过对原始数据进行收集、整合与精心处理，形成结构化、有序化的数据集合。其特点是，数据集的价值在于它为企业后续的数据分析和挖掘提供了坚实的基础。例如，用户行为数据集能够揭示用户的使用习惯与偏好，为精准营销提供有力支撑；而交易数据集则能协助企业洞察销售趋势，优化库存与供应链管理。

（2）数据接口化产品。数据接口化产品更多是以 API 数据的方式开放给下游用户。其特点是，这种方式允许用户通过 API 调用所需的数据或报告，实现数据的实时获取和灵活应用。同时，可以设置相关调用次数、时效以及流量限制，以满足不同用户的需求和场景。

（3）数据包产品。数据包产品是将一部分数据（如明细数据或结果数据）以数据包的形式提供给企业。其特点是，这些数据包通常需要进行隐私化、脱敏化或匿名化处理，以满足合规需求。企业可以使用这些数据包进行数据训练、分析或决策支持。

（4）定制化数据集。定制化数据集是根据特定用户或企业的需求，量身定制的数据集合。其特点是，这类数据集通常包含用户或企业关心的特定领域、特定时间范围或特定格式的数据。通过定制化服务，可以确保数据集与用户或企业的实际需求高度匹配。

（5）实时数据流产品。实时数据流产品提供实时、连续的数据传输服务，允许用户实时获取最新的数据变化。其特点是，这类产品通常应用于需要实时监控和响应的场景，如金融交易、物联网监测等。通过实时数据流产品，用户可以及时获取关键业务信息，作出快速决策。

（6）跨领域数据集。跨领域数据集是融合了多个领域数据的数据集合。其特点是，这类数据集通常具有更广泛的覆盖范围和更丰富的信息维度，有助于发现不同领域之间的关联性和规律性。跨领域数据集在科学研究、政策制定等领域具有广泛的应用价值。

综上所述，数据集类数据产品具有多种形式，每种形式都有其独特的特点和应用场景。企业可以根据自身需求选择合适的数据集类数据产品，以支持其数据分析和决策过程。

8.3.1.2　数据集类数据产品质量评估

数据集类数据产品的核心是数据，其质量评估可以参照数据质量评估指标体系。但不同类型的数据集产品又存在一定的差异。其质量评估，一方面可以参照数据质量评估指标，例如数据准确性、可靠性、完整性、时效性和一致性等关键属性分析和测度。另一方面，可以结合实际的数据产品类型，侧重某一指标评估，或增加必要的评估指标。

例如，实时数据流数据产品，数据流传输的及时、顺畅（或连续性）就显得尤为重要。因而，在构建评估指标体系时，一是可以提高“数据时效性”的权重，二是可以增加“数据连续性”指标。

再如，跨领域数据集数据产品，融合了多个领域数据，具有更广泛的覆盖范围和更丰富的信息维度，不同领域数据间的关联性就尤为重要，因而其质量评估指标中就需要增加“数据关联性”指标。

以下是对数据集类数据产品质量评估的几个关键指标和评估方法。

（1）数据准确性评估。数据准确性是指数据与实际情况的符合程度。可以采用比较法、统计分析和算法验证等。

①比较法：将数据集与已知准确的数据源进行比较，如实验结果、现场调查数据等，以验证数据集的准确性。②统计分析：利用统计分析方法检测数据中的异常

值、离群点等，评估数据的整体准确性。③算法验证：通过数据清洗、去重、修正等算法处理后的数据，再进行准确性验证。

（2）数据完整性评估。数据完整性是指数据集是否包含所有应包含的数据项，且数据项没有缺失或遗漏。其评估方法包括：字段完整性检查、记录完整性检查、数据覆盖度分析等。

①字段完整性检查：检查数据集中每个字段的完整性，确保没有缺失值或空值。②记录完整性检查：确保数据集中每条记录都完整无缺，没有因传输、存储等原因导致的记录丢失。③数据覆盖度分析：分析数据集是否覆盖了所有预期的数据范围，确保数据的全面性和完整性。

（3）数据时效性评估。数据时效性是指数据从产生到被使用的时间间隔是否满足业务需求。评估方法包括：时间戳检查、业务需求对比、数据延迟分析等。

①时间戳检查：检查数据集中的时间戳信息，评估数据的更新频率和时效性。②业务需求对比：将数据的更新频率与业务需求进行对比，确保数据能够及时满足业务需求。③数据延迟分析：分析数据从产生到被处理、分析的时间延迟，评估数据的实时性。

（4）数据一致性评估。数据一致性是指数据在不同系统、不同时间、不同格式下是否保持一致。评估方法包括：跨系统对比、历史数据对比、格式标准化等。

①跨系统对比：将数据集与其他系统中的相关数据进行对比，检查数据在不同系统中的一致性。②历史数据对比：将数据集与历史数据进行对比，检查数据在不同时间点上的一致性。③格式标准化：确保数据集中数据的格式、单位、编码等标准统一，以便进行一致性评估。

（5）数据可靠性评估。数据可靠性是指数据的稳定性和可信赖程度。评估方法包括：数据备份与恢复、数据安全性检查、数据质量监控等。

①数据备份与恢复：评估数据备份和恢复机制的有效性，确保数据在丢失或损坏后能够恢复。②数据安全性检查：检查数据的加密、访问控制等安全措施是否到位，确保数据不被非法访问或篡改。③数据质量监控：建立数据质量监控体系，定期对数据集进行质量检查和维护，确保数据的长期可靠性。

（6）其他评估维度。可以依据数据集的具体情况，对其进行可理解性和有效性评估。评估数据的可读性和可分析性，确保用户能够轻松理解数据并进行分析。评估数据是否有效可用，以及数据的访问权限和安全性是否得到保障。

综上所述，数据集类数据产品的质量评估需要从多个维度进行综合考虑，以确保数据满足业务需求并具有较高的质量水平。

8.3.2 数据服务类数据产品质量评估

数据服务类数据产品，本质上是为用户提供一类特定的数据服务。数据服务质量是衡量数据服务满足用户需求、保障数据应用效果的重要标准。它涵盖了数据服务的多个方面，包括数据服务的时效性、可用性、安全性，以及服务的响应速度、问题解决能力等。

8.3.2.1 数据服务类数据产品

数据服务类数据产品是指那些专注于提供数据服务，帮助用户高效获取、处理、分析和利用数据的产品。这类产品通常具有强大的数据处理能力和灵活的服务模式，能够满足不同用户的数据需求。这类数据产品通常以数据资源库为基础，为客户提供满足其特定需求的信息类服务。以下是一些常见的数据服务类数据产品。

（1）数据仓库（Data Warehouse）。数据仓库是一种用于存储、管理和分析大量历史数据的系统，它为企业提供了一个集中式的数据存储环境，支持复杂的数据查询和分析操作。这类数据产品能提供高效的数据查询、报表生成、数据分析等功能，帮助企业发现数据中的规律和趋势，为决策提供有力支持。

（2）数据湖（Data Lake）。数据湖是一种大型、集中式存储库，可以存储任意规模的所有结构化和非结构化数据。它允许企业以原始格式存储数据，以便进行后续的分析和挖掘。这类数据产品能提供灵活的数据访问接口，支持多种数据处理和分析工具，帮助企业实现数据的全面利用和价值挖掘。

（3）数据集成工具。数据集成工具用于将不同来源、不同格式的数据进行整合和清洗，确保数据的准确性和一致性。这类数据产品能提供数据抽取、转换、加载等功能，帮助企业实现数据的集中管理和高效利用。

（4）数据服务平台。数据服务平台将数据以服务的形式提供给业务部门或外部用户，包括 API 数据、数据查询、数据推送等功能。这类数据产品能降低数据使用门槛，提高数据利用率和价值，支持企业快速响应业务需求和市场变化。

（5）数据分析与挖掘工具。这类工具不仅提供基础的数据分析功能，还具备深入的数据挖掘能力，通过算法和模型对数据进行深入挖掘，发现数据中的潜在价值和关联关系。这类数据产品包括统计分析、预测分析、关联规则挖掘等，为企业提供更深入的数据洞察和业务建议。

（6）数据可视化工具。尽管数据可视化工具本身可能不直接提供数据服务，但它们作为数据服务的重要组成部分，通过提供直观、易懂的图形和图像展示方式，帮助用户更好地理解数据背后的故事和规律。

（7）数据治理平台。数据治理平台是一种综合性的数据管理工具，旨在帮助企业实现数据质量、数据安全、数据合规等方面的全面管理。这类数据产品能提供包括数据标准管理、数据质量管理、数据安全管理、数据生命周期管理等，确保企业数据的准确性、可靠性和合规性。

综上所述，数据服务类数据产品涵盖了从数据存储、集成、分析到治理的各个环节，能够为企业提供全方位的数据服务支持。这些数据产品通过高效的数据处理能力和灵活的服务模式，帮助企业实现数据驱动的决策和营销，推动业务的持续增长和创新发展。

8.3.2.2 数据服务类数据产品质量评估指标

数据服务类数据产品主要为用户提供各类数据服务。对这类数据产品质量的评估，重点可以参考服务质量评估的指标，例如数据服务的响应速度、问题解决能力、服务安全性、技术支持与培训等。

（1）服务响应速度。数据服务应能够快速响应用户的请求和需求，提供及时的数据支持。所以，响应速度是衡量数据服务效率的重要指标。

（2）问题解决能力。数据服务团队应具备强大的问题解决能力，能够迅速定位并解决用户在使用过程中遇到的问题和困难。

（3）服务安全性。数据服务应确保数据的安全性，防止产生数据泄露、篡改等风险。安全性是数据服务质量的重要保障，关系到用户的隐私和权益。

（4）技术支持与培训。数据服务应提供必要的技术支持与培训，帮助用户更好地理解和使用数据服务。技术支持与培训可以提升用户的满意度和忠诚度。

综上所述，数据服务类数据产品的质量评估涉及多个关键指标，包括数据质量维度和服务质量维度等多个方面。通过全面、客观地评估这些指标，可以确保数据服务的高质量和高效性。

8.3.3 数据应用类数据产品质量评估

数据应用质量是指在特定业务场景或应用环境中，数据满足业务需求、保证决策正确性、提升运营效率或优化用户体验的程度。

数据应用类数据产品是指那些直接应用于特定业务场景，通过数据处理、分析、挖掘等技术手段，为用户提供有价值的数据服务或解决方案的产品。这类数据产品通常以应用程序的方式，基于统一的用户界面，提供基于数据资源和模型应用的数据产品。以下是一些常见的数据应用类数据产品。

（1）商业智能工具。商业智能工具是一种数据分析软件，它允许企业用户通过简单的拖放操作来创建复杂的报表和仪表板，以可视化方式展示数据洞察。这些数据产品通常支持多种数据源，提供丰富的可视化选项和自定义功能，帮助用户轻松探索和分享数据洞察。

（2）数据可视化工具。数据可视化工具专注于将复杂的数据转换为易于理解的图形和图像，帮助用户更直观地理解数据背后的故事。这些工具广泛应用于各种业务场景，例如数据报告、实时监控、用户行为分析等。通常提供丰富的图表类型、交互式数据探索、自定义样式和模板等。例如 DataV、ECharts 等。

（3）数据分析和挖掘工具。数据分析和挖掘工具用于深入探索数据，发现潜在的模式、趋势和关联，为决策提供有力支持。这些工具在市场调研、风险管理、客户关系管理等领域发挥着重要作用。其功能包括统计分析、机器学习、预测分析、关联规则挖掘等，例如 SPSS、SAS、R 语言等。

（4）数据管理平台。数据管理平台是一种综合性的数据服务解决方案，旨在帮助企业高效收集、管理和应用用户数据。这类数据应用产品侧重于管理数据资产，提供全面的数据服务支持，助力企业实现数据驱动的决策和营销。其功能包括数据集成、数据存储、数据处理、数据分析、数据应用等。

（5）用户数据平台。用户数据平台是一种专注于用户数据管理的产品，它收集与用户相关的所有数据，进行数据统一、打标、画像、分层等加工后，为公司内外部用户提供统一数据服务。其功能包括用户画像构建、用户行为分析、个性化推荐等。这类数据应用产品广泛应用于电商、金融、教育等行业，帮助企业深入了解用户需求，提升用户体验和业务效果。

（6）特定业务应用的数据产品。这类产品针对特定业务场景或行业需求而设计，例如 CRM 系统、ERP 系统、营销自动化工具等。其功能，除了具备基本的数据管理功能，还融入了行业特定的业务流程和规则，为用户提供更加定制化的数据服务。这类数据应用产品通过整合数据资源和应用场景，帮助企业实现业务流程的自动化和智能化。

综上所述，数据应用类数据产品种类繁多，涵盖了商业智能、数据可视化、数据分析和挖掘、数据管理，以及特定业务应用等多个领域。这些产品通过提供高效、便捷的数据服务解决方案，助力企业实现数据驱动的决策和营销，推动业务的持续增长和创新发展。对这类数据产品的质量评估时，同样需要遵守数据质量同性与个性统一的原则。针对不同的类型，在评估指标体系选择和权重确定时有所区别或侧重。

概括地说，数据资产是企业拥有的各类具有资产属性的数据。企业数据资产质量是指数据资产在满足企业特定业务需求和目标方面的优劣程度。企业数据资产属于一类新兴资产，属于数据资源类资产。对其质量评估，就需要综合考虑影响数据资源质量和资产质量的因素。从市场角度看，企业数据资产就是企业拥有的各类数据产品的统称。本章分别论述了数据质量评估、数据资源质量评估和数据产品质量评估，而且较为深入系统地分析了不同类型数据产品的质量评估问题。总体上，数据资源质量评估是基础，而资产质量评估是重点。而且，针对不同类型的数据资产，以及不同类型的数据产品进行质量评估时，都应结合具体的数据产品特征及其应用场景等，从不同的维度选择不同的评估指标，不能简单套用某一类数据产品的质量评估指标体系。

第9章

数据资产价值评估

2023年8月，财政部正式发布《企业数据资源相关会计处理暂行规定》(以下简称《暂行规定》)，为企业数据资产入表提供了操作指引，标志着我国数据资产入表完成了从0到1的关键一步。“数据资产入表”是“会计数据资产核算”的通俗称法，指通过确认、计量、记录和报告等环节，对满足资产确认条件的数据资源进行记录，以满足内外部决策者所需的会计信息。

数据资产入表，从表面上看，是一个会计学的实务问题。但本质上是一个数据资源价值分析、判断和计量问题。《企业数据资源相关会计处理暂行规定》规定，数据是资产，但不是所有的数据资源都是资产，在没有确认为数据资产之前，其形态是数据资源。因而，实质上数据资产价值评估是对企业数据资源潜在应用价值的识别、判断、估算或预测。

数据资产价值评估是数据资产评估的核心内容之一。简单地说，数据资产价值评估就是估算数据资产的价值。事实上，不仅影响数据资产价值(形成和实现)的因素很多，而且数据资产的类别和表现形式(数据产品)也很多，因而对数据资产价值评估具有较大的挑战性。这种挑战，不仅因为数据资产自身的特征，而且受数据资产评估目的、价值类型和评估方法等影响。数据资产的评估目的直接决定了数据资产评估的条件和价值类型的选择。不同的价值类型从不同的角度反映数据资产价值的属性和特征。不同价值类型所代表的数据资产评估价值不仅在性质上是不同的，而且在数量上往往也存在较大的差异。价值类型是影响和决定资产评估价值的重要因素。价值类型在一定程度上决定了评估方法的选择。价值类型的种类主要包括市场价值、投资价值和在用价值等几种类型。

数据资产价值评估是数据资产评估活动的核心，也是数据资产入表的主要任务之一。通过对数据资产价值的评估，实现对其价值的分析和计量。数据资产价值评估，本质上就是对数据资产的价值进行分析、判断和计量。具体就是，依据数据资产的形态或表现形式，分析数据资产的价值类型（或类别），然后选择（或依据）一定的评估方法对其价值进行计量和预测。目前，有技术手段可以测量数据的数量，但还没有方法能够对数据资产质量、价值进行科学有效的测度。

关于数据资产价值评估方法，目前基本上是沿用传统的资产评估方法——成本法、收益法和市场法。国内外一些专家学者在此基础上，依据数据资产的特征适当进行优化与改进。还有一些学者将新的信息技术方法，如深度学习、人工智能等，应用于数据质量和价值评估。客观上，由于数据资产自身独特的属性，使得原有的资产评估方法在数据资产评估活动中表现出诸多的不适用性。这不仅与数据资产自身的特征有关，而且与数据价值实现的方式有密切的关系。

9.1 数据资产价值的类别

数据资产作为一种新的资产类别，其表现形态和价值类别都呈现出多样性。这种多样性，取决于多种因素。数据资产形成过程中数据成本的模糊性、数据价值挖掘的风险性、获利场景的不确定性，这些因素致使数据资产价值影响因素尤为复杂，对其价值评估存在较多的不确定性。本章将在分析数据资产评估含义与活动的基础上，探讨数据资产的价值维度、影响因素、价值构成和模型。

数据资产的价值存在多种形态：一是数据资产的账面价值（或成本价值），二是数据资产的潜在（客观）价值，三是数据资产的交易价值（或被用户认识到的价值），四是数据资产的在用价值（被实现的或被开发利用的价值，也就是显现出来的显性价值），五是数据资产的资本价值（资本市场的交易价值）。

（1）数据账面价值。当前，数据资产价值入表，实际上指的就是数据的账面价值。现在，一些公司或咨询机构，在开展数据资产入表价值时，评估或计算的只是成本价，准确地说，是数据产生、维护、管理和开发的成本。对于数据这种新型的生产要素，其成本价远远不是其实际价值，或者说，远远低估了数据的价值。在开展数据资产价值入表时，不仅应该计算其成本价，还应该预测或估算未来应用的潜在价值。

（2）数据潜在价值。一个数据集（或数据源）之所以有价值，就是因为它是一种可以开发利用的资源，作为生产要素，能为人们产生或带来价值。数据，之所以成为未来经济社会发展最重要的生产要素，也是因为它蕴含巨大的潜在价值。数据的潜在价值主要与其自身的属性有关。不同类型的数据资源，潜在的使用场景不同，价值也就不同。不同质量的数据资源，其质量指数❶（单位体积/一个数据单位内符合特定场景应用需求的数据量）和价值密度❷都不同，单位数据所蕴含的潜在价值也就不同。

（3）数据资产的交易价值。数据资产的交易价值是指，数据资产在交易市场上交易双方的议价。数据资产交易能够最大化发挥数据资产的价值。数据资产具有共享性与无消耗性等特征，使得数据资产可以通过交易发挥更大的效益。这些特征决定了数据资产可以无损复制，方便其他企业或组织使用。因此，如果数据资产能够通过交易有效流动起来，其产生的经济效益将会是不可限量的。

（4）数据资产的在用价值。数据资产的在用价值主要是指数据在实际应用场景中所能贡献的经济价值。这种价值的大小与数据如何被应用、应用的领域，以及数据的处理质量等因素密切相关。

数据资产按照应用领域不同，可划分为交通数据、医疗数据、金融数据、科研数据、社交数据、产业数据等。这些数据资产在不同的场景中发挥着各自的作用。例如，交通数据中的"出行数据"可用于移动出行的乘客风险监控，帮助提高出行安全性。医疗数据则可用于疾病预测、治疗方案优化等方面，提高医疗服务的效率和质量。

此外，数据的价值并不仅在于其原始状态，经过脱敏、分类、清洗、建模、分析等数据加工处理后，数据能够变得更为规范、标准、可信，这样的高质量数据集往往具备更高的应用价值。因此，数据资产的在用价值是多样且丰富的，它能够在企业运营、民生建设、社会发展等多个领域发挥重要作用，推动社会的进步和人民生活水平的提高。

（5）数据资产的资本价值。数据资产的资本价值是指数据资产作为资本在流通和交易中所能体现出的价值。在数据经济发展的高级阶段，数据不仅被视为资源和资产，更被视为一种资本。这意味着数据资产可以通过流通和交易实现其价值转变，并像金融资本一样，能够产生新的产品和服务。数据资产的资本价值主要体现

❶ 数据质量指数是一个用于衡量数据质量的综合指标。它可以综合反映数据的多个方面，如完整性、准确性、一致性、可用性等，从而提供一个全面的数据质量评估。通过计算数据质量指数，我们可以了解数据的整体质量状况，并根据需要采取相应的措施来提升数据质量。数据质量指数的具体计算方法和评估标准可能因不同的应用场景和需求而有所差异，但通常都会结合实际情况进行定制。

❷ 价值密度是一个用来衡量单位数据中所蕴含的有价值信息多少的指标。在信息爆炸的时代，大量数据涌现，但并非所有数据都具有相同的信息价值。价值密度的高低能够帮助我们更有效地筛选和利用数据。对于价值密度高的数据，我们可以更加关注并深入挖掘其中的信息，而对于价值密度低的数据，我们可以适当减少投入的时间和精力。因此，了解和利用价值密度，有助于我们更高效地处理数据，提升信息利用的效率。

在其能够为持有者带来经济收益，通过数据的交易、共享和开发，实现数据的商业化应用，从而推动数据经济的发展。

值得注意的是，为了充分发挥数据资产的资本价值，需要解决一些根本性问题，例如数据的确权、数据价值的评估、个人信息保护，以及数据资源的会计核算等。这些问题的解决需要政策法规的规范和进一步的确认，以确保数据资产的合法、安全、高效流通和应用。

总之，数据资产的资本价值体现了数据在经济发展中的重要地位，通过合理的数据流通和交易机制，可以进一步推动数据资产的资本化进程，为经济发展注入新的活力。

9.2 数据资产价值评估概述

数据资产评估是一种价值判断活动，要明确评估对象（如交通集团拥有的交通数据的使用权）、评估目的（如资产转让、许可使用、公司并购，或者质押融资等产权变动的情况）、确定基准日、评估范围（具体数据的类型和范围，如出行数据、路况数据等）、应用场景、价值类型（如市场价值、投资价值等）和评估报告使用人等具体情况，要综合考虑各种因素，计算其价值。

9.2.1 数据资产价值评估的概念

数据资产价值评估是对数据资产价值进行分析、判断和测度的活动。通过评估，旨在确定这些数据资产对企业的经济价值和战略价值。企业数据资产是企业在运营活动中形成的，由企业拥有或可控的，并能够给企业带来价值的数据资源。数据资产的价值有多种表现，一般包括直接价值和间接价值。直接价值是数据资产在企业经营活动中直接带来的价值。间接价值是数据资产作为生产要素需要与其他生产要素一起实现的某种价值。

因而，简单地说，数据资产价值评估是指数据资产评估主体利用系统的评估方法和工具，对数据资产进行价值、风险和潜在价值等方面的评估分析和预测估值的活动。中国资产评估协会的《数据资产评估指导意见》第3条指出，数据资产评估，是指资产评估机构及其资产评估专业人员遵守法律、行政法规和资产评估准则，根据委托对评估基准日特定目的下的数据资产价值进行评定和估算，并出具资产评估报告的专业服务行为。该定义更多地强调了数据资产评估活动的专业性和规范性。

9.2.2 数据资产价值评估活动涉及的相关主体

数据资产价值评估活动是指，数据资产评估专业机构和专业评估人员接受被评估者的委托，依据数据资源评估的相关法规和准则，遵照数据资产评估程序，运用科学的评估方法对被评估数据资产进行价值分析和估值（或预测）的过程。或者说，数据资产评估活动是指，数据资产专业评估机构及专业资产评估师根据法规和准则，在特定场景下，基于特定目的，遵照评估程序，选择适宜的价值类别，运用科学的评估方法，对数据资产进行评定和估价的过程。其中强调了几点：一是数据资产评估主体必须是数据资产评估专业机构和专业人员；二是数据资产评估必须遵守相应的评估法规和准则；三是数据资产评估是对特定场景下数据资产价值的分析和测度，强调了场景对数据资产价值的影响；四是价值类别，强调了在数据资产评估时，价值类别与评估方法的关系，要针对不同的价值类别，选择不同的评估方法。

数据资产评估活动涉及以下一些相关主体：数据资产评估委托方（或委托人）、数据资产控制者、数据资产评估方（或受托人）和数据资产评估报告使用者等相关主体。

9.2.2.1 数据资产评估委托方

通常情况下委托方往往也是数据资产的实际控制者。出于某种目的（如登记、交易、入表等），数据资产控制者会主动委托数据资产评估机构对自己控制的数据资产进行价值评估。数据资产评估委托方，通常是数据资产控制者和期望获得数据资产使用、加工等权利的相关主体。

依据数据资产三权分置政策，委托开展数据资产评估的组织或个人，它们可能是数据资产的持有者、加工者或经营者。它们可能仅拥有数据资产的部分权利和价值。它们希望通过专业的评估，获得自己对被评估数据资产具有某方面权属的价值估值。数据资产价值评估的委托方通常拥有数据资产的某种权利，例如持有权、加工权或产品经营权等。

9.2.2.2 数据资产控制者

数据资产控制者是指能够决定数据处理目的和方式的自然人、法人、公共机构、代理机构或其他实体。它们在数据处理的过程中拥有决策权和控制权，包括但不限于收集、存储、使用、共享、转让等方面。例如，一家企业的管理层决定如何收集和使用客户数据以实现营销目的，那么该企业的管理层就可以被视为数据资产的控制者。

但是，需要注意数据资产控制者和数据处理者的区别。首先，决策权力不同。

数据资产控制者决定数据处理的目的和方式，对数据处理活动具有根本性的决策权。而数据处理者是依照控制者的指示来处理数据，其行为受到控制者的约束和指导。其次，责任范围不同。控制者对数据处理的合法性、合规性承担主要责任，需要确保处理活动符合相关法律法规和伦理标准。处理者主要负责按照控制者的要求，以适当的技术和组织措施安全地处理数据，并向控制者报告处理情况。最后，角色定位存在差异。控制者处于主导地位，是数据处理活动的规划和决策者。处理者则更侧重于执行控制者的指令，进行具体的数据操作。例如，一家电商公司决定收集用户的购买行为数据以优化推荐算法，那么这家公司就是控制者。而负责实施数据收集和分析技术的技术团队则是处理者。

9.2.2.3 数据资产评估方（或受托人）

也称数据资产评估师，是指具备专业知识和技能，接受开展数据资产评估工作的实际执行者。他们通常是具有一定资产评估资质的专业服务机构或评估人员。它们也是接受数据资产评估委托方开展评估活动的受托方。通常，它们是数据资产交易活动的第三方，它们了解数据资产评估的相关政策和法规，熟悉资产评估方法。根据上海数据交易所的实践，数据资产评估服务商是参与数据要素市场的 15 类“数商”中的一类，指“对数据价值进行量化评估和审计的企业”，经营业务包含资产评估、财务咨询、审计等。[1] 这类“数商”接受委托，执行具体的数据资产评估活动。

9.2.2.4 数据资产评估报告使用者

数据资产评估报告的使用者主要包括数据资产委托方，数据资产评估管理机构，有关政府管理部门，其他法律、行政法规规定可以使用评估报告的主体，以及公司债权人、潜在投资者等利益相关者。

（1）资产评估委托方，是最直接和主要的使用者之一。资产评估委托方是指与评估机构签订委托合同，委托其进行数据资产评估的民事主体。它们通常是最初需要了解数据资产价值的一方，因此也是评估报告的直接使用者。

（2）资产评估管理机构，这些机构负责监管资产评估行业的运作，确保评估活动的合规性和准确性。它们可能会使用评估报告来监督评估机构的工作质量，或者作为行业管理的参考依据。

（3）有关政府管理部门，包括但不限于证券监督管理部门、国有资产管理部门等。这些部门在履行职责时，可能需要参考数据资产评估报告来作出决策或进行监管。例如，在国有企业改制、上市融资等过程中，国有资产管理部门可能会要求企

[1] 上海市数商协会，上海数据交易所有限公司，复旦大学，数库（上海）科技有限公司. 全国数商产业发展报告（2022）［R］. 上海：上海数据交易所，2022.

业提供数据资产评估报告作为决策依据。

(4) 其他法律法规规定可以使用评估报告的主体。根据具体的法律法规规定，可能还有其他特定的机构或个人需要使用数据资产评估报告。这些规定可能因国家、地区和行业而异。

(5) 公司债权人、潜在投资者等利益相关者。虽然这些群体可能不是评估报告的直接使用者，但它们可能会通过其他途径获取评估报告，并据此评估企业的财务状况和投资价值。例如，公司债权人在考虑是否继续提供贷款时，可能会参考企业的资产评估报告；潜在投资者在决定是否投资某家企业时，也可能会关注其数据资产评估报告。

需要注意的是，除了上述明确列出的使用者，评估报告的适用范围还可能受到评估委托合同的约束。因此，在评估委托合同中明确约定评估报告的使用人及其使用方式是非常重要的。此外，评估报告的使用者应当遵守法律法规和评估委托合同的约定，按照规定的范围和方式使用评估报告及其结论。如果评估报告被非法使用或滥用，评估机构和评估专业人员可能会因此承担相应的法律责任。

综上所述，数据资产评估报告的使用者是一个相对广泛的群体，包括但不限于资产评估委托方、资产评估管理机构、有关政府管理部门、其他法律法规规定可以使用评估报告的主体以及公司债权人、潜在投资者等利益相关者。

9.2.3 数据资产价值评估的客体

9.2.3.1 数据资产价值评估客体的概念

数据资产价值评估的客体是指待评估的数据资产，是数据资产评估活动的客体或对象，是数据交易市场的交易物，是评估活动的标的；也是数据资产价值的客体和数据资产价值的承担者，数据资产价值的一切评估活动都将围绕其展开。

在开展数据资产价值评估时，一方面，评估师需要自主收集或向委托方、相关当事人索取待评估数据资产的基本情况，了解和关注被评估数据资产的基本情况，例如信息属性、法律属性和价值属性等。[1] ①数据资产的信息属性主要包括数据资产名称、数据结构、数据字典、数据规模、数据周期、产生频率及存储方式等。②数据资产的法律属性主要包括授权主体（数据资产评估委托者）信息、数据资产产权持有人信息，以及权利路径、权利类型、权利范围、权利期限、权利限制等权利信息。③数据资产的价值属性主要包括数据覆盖地域、数据所属行业、数据成本信息、数据应用场景、数据质量、数据稀缺性及可替代性等。另一方面，在评估活

[1] 参见《数据资产评估指导意见》第三章。

动中应重点关注待评估数据资产的技术和商业特征。

9.2.3.2　数据资产价值评估客体的实例

在开展数据资产价值评估活动时，要区别企业或组织的原始数据并不一定是数据资产价值评估的客体。对于数据服务和数据产品类的数据资产，评估客体通常是对原始数据进行加工开发之后形成的。评估师在开展评估活动时，要注意识别和判断评估客体。以下是一些常见的数据资产评估客体的实例。

（1）电商平台的用户交易数据。包括用户的购买记录、消费金额、购买频率、商品偏好等。这些数据对于电商平台进行精准营销、优化商品推荐、评估用户价值等具有重要意义。

（2）社交媒体平台的用户行为数据。例如用户的发布内容、点赞、评论、关注、分享等行为数据。这些数据可以帮助社交媒体平台了解用户兴趣和社交关系，为广告投放和内容推荐提供依据。

（3）金融机构的客户信用数据。涵盖客户的信用评分、贷款记录、还款情况等。此类数据对于评估客户信用风险、决定贷款额度和利率等具有关键作用。

（4）物流企业的运输和配送数据。比如货物运输路线、运输时间、配送地点、货物类型等。这些数据有助于优化物流路径、提高配送效率、降低成本。

（5）医疗行业的患者病历数据。包含患者的诊断记录、治疗方案、用药情况、检查结果等。在合规的前提下，这些数据可用于医学研究、疾病预测、医疗资源配置等。

（6）在线教育平台的学生学习数据。包括学生的课程选择、学习时长、作业完成情况、考试成绩等。能够用于个性化教学、课程改进和学生学习能力评估。

（7）企业的销售数据。包括销售额、销售量、销售渠道、客户地域分布等。可以帮助企业分析市场趋势、制定销售策略、评估销售团队绩效。

（8）电信运营商的用户通信数据。包括通话时长、短信数量、上网流量、位置信息等。用于网络优化、套餐设计和市场推广。

这些实例只是数据资产评估客体的一部分，随着数字化进程的不断推进，越来越多类型的数据将成为有价值的评估客体。

9.2.4　数据资产价值评估活动的其他事项

在开展数据资产价值评估活动时，除了评估相关主体和客体外，数据资产价值评估活动还涉及一些相关实体或事项，例如评估目的、评估原则、评估假设、评估范围、评估程序和评估方法等。这些事项是在数据资产评估整体活动目的、原则等基础上的具体化。

9.2.4.1　数据资产价值评估目的

数据资产价值评估的目的有多种，基于多样的目的，评估方会选择不同的资产范围、评估假设、价值类别、评估方法和相关市场等。[1] 例如，出于会计计量的目的评估，首先应考虑资产的历史成本。

评估的目的是数据资产评估行为及结果的使用要求与具体用途。数据资产评估目的直接决定了数据资产评估条件和价值类型的选择。不同的评估目的会对评估范围的界定、价值类型的选择和潜在交易市场的确定等方面产生影响。[2] 概括地说，数据资产价值评估的目的有以下几种。

（1）支持企业战略决策。帮助企业了解数据资产在实现战略目标中的作用和价值，为企业的战略规划、业务转型、市场定位等重大决策提供依据。

（2）优化资源配置。明确数据资产的价值后，企业能够更合理地分配资源，包括人力、技术和资金等，将更多的资源投入价值更高的数据资产的开发和管理中。

（3）辅助投资和融资决策。在企业进行投资活动（如收购有价值数据资产的企业）或融资时（如以数据资产作为质押），评估其价值有助于确定投资规模和融资额度。

（4）促进数据资产交易。在数据资产的买卖、租赁、合作等交易活动中，为交易双方提供合理的价格参考，确保交易的公平性和合理性。

（5）提高财务管理水平。将数据资产纳入企业财务核算体系，更准确地反映企业的资产状况和经营成果，提升财务管理的精细化程度。

（6）增强企业竞争力。清晰认识自身数据资产的价值，有助于企业挖掘数据资产的潜在价值，创新商业模式，提升在市场中的竞争优势。

（7）满足合规要求。在某些行业和监管环境下，企业需要对数据资产进行价值评估以满足合规性要求，如在数据资产的审计和披露方面。

（8）推动数据治理和管理。促使企业建立有效的数据治理框架，提高数据质量、安全性和可用性，进一步提升数据资产的价值。

9.2.4.2　数据资产价值评估原则

数据资产价值评估，应遵循的业务原则，为数据资产专业评估人员提供技术依据。概括地说，除了需要遵循资产评估的客观性、科学性、公正性和专业性原则，在开展数据资产价值评估时，还应遵循预期收益原则、替代原则、贡献原则、合规性原则、保密性原则。数据资产价值评估应遵循以下具体原则。

（1）客观性原则。评估应基于客观事实和数据，不受主观偏见、个人情感和外

[1] 汤柯. 数据资产化［M］. 北京：人民出版社，2023：98.

[2] 中国电子技术标准化研究院. 数据资产评估指南［M］. 北京：电子工业出版社，2022：78.

部压力的影响。评估过程中所依据的资料、数据和判断应真实、可靠。

（2）科学性原则。采用科学的评估方法、模型和技术手段，遵循数据资产价值形成的内在规律，确保评估结果准确、合理、可信。

（3）公正性原则。评估人员应保持中立、公正的态度，不偏袒任何一方，平等对待评估涉及的各方利益。

（4）专业性原则。评估工作应由具备专业知识、技能和经验的数据资产评估人员进行，遵循相关的评估准则和规范。

（5）预期收益原则。主要考虑数据资产在未来能够为拥有者或使用者带来的经济收益，以预测的收益能力作为评估价值的重要依据。

（6）替代原则。假定在市场上存在可替代的数据资产，评估价值不应超过同等效用替代资产的价格。

（7）贡献原则。着重考量数据资产对整体业务或收益的贡献程度，根据其在生产经营活动中的作用和地位来确定价值。

（8）合规性原则。评估过程和结果应符合国家法律法规、政策以及相关行业规范和标准的要求。

（9）保密性原则。对于评估过程中涉及的数据资产相关敏感信息和商业机密，应严格保密，防止信息泄露。

9.2.4.3　数据资产价值评估假设

数据资产评估假设是指对评估依据的事实或者前提条件作出合理的假定。在开展数据资产假设评估时，应遵循以下假设。

（1）持续使用假设。假定被评估的数据资产将按目前的用途和使用方式持续使用下去，不会被中断或改变用途。

（2）公开市场假设。假设存在一个充分发达与完善的市场，数据资产可以在该市场上自由交易，交易双方都能够获得足够的市场信息，交易价格公平合理。

（3）有序交易假设。数据资产的交易是在有序的方式下进行的，不存在强制出售或快速变现等非正常交易情况。

（4）最佳使用假设。假定数据资产在可能的用途中，能够以产生最大价值的方式被使用。

（5）有效市场假设。认为市场中的信息是充分且有效的，资产的价格能够准确反映其内在价值。

（6）环境不变假设。在评估期间，数据资产所处的法律、经济、技术等外部环境保持相对稳定，不会发生重大不利变化。

（7）数据完整性和准确性假设。假设被评估的数据资产的内容是完整的、准确的，不存在错误或缺失的重要信息。

（8）合规性假设。假定数据资产的获取、使用和交易符合所有相关的法律法规和政策要求。

这些假设为数据资产价值评估提供了前提条件和基础框架，但在实际评估中，需要根据具体情况对假设的合理性和适用性进行审慎判断。

9.2.4.4　数据资产价值评估范围

数据资产评估范围是对评估对象组成、结构的进一步补充说明。评估对象及范围应当由委托人依据经济行为要求和法律法规提出，并在评估合同中明确约定。

9.2.4.5　数据资产价值评估程序

评估程序也是保障评估活动正常开展的重要条件。由于数据资产权属的复杂性和价值实现的特殊性，数据资产价值评估程序也具有一定的独特性。数据资产价值评估通常遵循以下程序。

（1）明确数据资产价值评估的基本事项。对于任何一项数据资产评估，受托方在承接时，首先，要充分交流，确定价值评估目的，例如资产交易、财务报告、企业重组等。其次，要明确价值评估对象和范围，包括数据的类型、来源、规模、应用场景等。最后，要确定评估基准日，即评估所依据的特定时间点。

（2）签订业务约定书。开展评估前要与委托方就评估的相关事项达成一致，形成书面约定。

（3）编制评估计划。数据资产评估受托方在开展数据资产价值评估时，首先要确定评估的思路和方法。其次要安排评估人员和工作进度，进而要制定风险应对措施。

（4）现场调查。对于任何数据资产评估项目都需要开展现场调查。依据评估委托人的要求，确定评估对象、范围等。一要收集数据资产相关的资料，包括数据的产生、存储、处理流程等。二要了解数据资产的应用情况和产生的效益。三要对数据的质量、安全性等进行审查。

（5）确定价值评估方法。根据数据资产的特点、评估目的和可获取的资料，选择合适的评估方法，如成本法、收益法、市场法等，或者多种方法的组合。

（6）价值估算。价值估算是价值评估的核心环节，基于价值评估目的、价值类别，运用选定的评估方法对数据资产进行具体的价值计算或预测。例如，选择市场法时，评估过程中需要选择、确定和计算质量、功能和时间等调整系数。

（7）编制和提交价值评估报告。评估活动完成后，要及时汇总评估结果，撰写评估报告。并对评估报告进行内部审核，在确定无误后，将评估报告提交给委托方。

（8）工作底稿归档。数据资产评估过程中会产生很多相关的文档资料，在完成评估活动时，应将评估过程中的所有相关资料和记录进行整理归档，以备查阅和追溯。

需要注意的是，在数据资产价值评估活动中，评估程序可能会根据具体情况进行适当的调整和补充。

9.2.5 数据资产的价值类别与选择

9.2.5.1 数据资产的价值类别

价值类别是指数据资产价值评估结果的价值属性及其表现形式。不同价值类别从不同角度反映数据资产评估价值的属性和特征。不同价值类别所代表的数据资产评估价值不仅在性质上是不同的，在数量上往往也存在较大的差异。价值类别是影响和决定数据资产评估价值的重要因素。数据资产的价值类别主要包括市场价值、投资价值、在用价值、清算价值、协同价值、残余价值和战略价值等。

（1）数据资产的市场价值。数据资产的市场价值是指在公开、活跃的市场中，数据资产在自愿、平等、知情和无强迫的交易条件下能够实现的价值。

（2）数据资产的投资价值。对于特定的投资者而言，基于其投资策略和预期，数据资产能够为其带来的价值。

（3）数据资产的在用价值。数据资产的在用价值是指数据资产在企业当前使用过程中为企业创造的现实价值。

（4）数据资产的清算价值。在企业破产清算或被迫快速变现等情况下，数据资产能够实现的价值。

（5）数据资产的协同价值。当数据资产与其他资产或业务协同运作时所产生的额外价值。

（6）数据资产的残余价值。数据资产在其经济寿命结束后，剩余的可回收价值。

（7）数据资产的战略价值。从企业长期发展战略的角度来看，数据资产对企业竞争优势、未来发展潜力等方面的贡献所体现的价值。

9.2.5.2 价值类别的选择

不同的价值类别反映了数据资产在不同场景和条件下的价值表现，评估时需要根据具体情况选择合适的价值类别。在开展数据资产价值评估时，需要综合考虑评估目的、数据资产使用场景、市场条件、评估对象、自身条件、企业战略发展规划、交易条件和限制、资产剩余寿命和可替代性等因素。

例如，以往交易支持、授权许可、企业间的交易与税赋为评估目的时，一般选择使用数据资产的市场价值。以评估侵权损失为评估目的时，一般选择使用数据资产的在用价值。以投资和企业并购为评估目的时，一般选择使用数据资产的投资价值和市场价值。如果数据资产主要用于当前业务运营，并为企业持续创造效益时，应重点考虑在用价值。

9.2.6 数据资产价值评估方法概述

数据资产价值的评估方法独立于评估活动。一方面，不同的数据资产类型，在不同的业务场景其价值表现类别（运行或盈利模式）都不尽相同，在开展评估活动时，需要依据被评估数据资产的实际情况选择评估方法。另一方面，评估方法需要适应被评估对象，需要与时俱进地发展，不能简单地套用传统的资产价值评估方法。

对于数据资产这类新的资产类型，由于其价值表现和实现方式都不同于传统的资产，因而需要借助于新的信息技术，如机器学习等，完善、改进和优化评估方法。当前人工智能技术，如大语言模型和机器学习技术等，在我国获得了快速发展，例如其在语音识别、机器翻译等领域获得了较为成功的应用。但客观来说，有关人工智能技术在数据质量评估、数据资产价值评估方面的应用和研究都很少。或者说，利用机器学习和大语言模型等技术进行数据资产价值或质量评估的案例还非常稀缺，存在诸多挑战。概括地说，数据资产价值评估的方法有以下几种，但常用的主要是成本法和收益法。客观上，由于数据交易市场还不活跃，采用市场法进行数据资产价值评估的条件还不成熟。下面仅列出数据资产价值常见的评估方法。

（1）成本法：通过计算重新开发或购置相同数据资产所需的成本来评估其价值。这包括数据采集、存储、处理和维护等方面的成本。

（2）市场法：参考市场上类似数据资产的交易价格来确定评估对象的价值。但由于数据资产的独特性，找到完全可比的交易案例往往具有一定难度。

（3）收益法：基于数据资产预期能够带来的未来经济收益，通过折现的方式将其折算为现值。这种方法需要对数据资产的收益能力进行合理预测和分析。

（4）层次分析法（AHP）：将复杂的问题分解为多个层次和因素，通过两两比较确定各因素的相对重要性，从而综合评估数据资产的价值。

（5）模糊综合评价法：利用模糊数学的理论，对数据资产的价值进行模糊综合评判，适用于处理具有模糊性和不确定性的评估指标。

（6）多因素加权评分法：确定多个影响数据资产价值的因素，并为每个因素赋予相应的权重，然后对数据资产在各个因素上的表现进行评分，加权计算得出综合价值。

（7）数据挖掘和机器学习方法：运用数据挖掘和机器学习技术，对大量的数据资产交易案例和相关数据进行分析和建模，以预测和评估特定数据资产的价值。

概括地说，在实际应用中，通常会根据数据资产的特点、评估目的和可用数据等因素，选择一种或多种方法相结合来进行评估，以提高评估结果的准确性和可靠性。全球数据可持续发展合作委员会（Global Partnership for Sustainable Development Data，SDGs）2019 年发布报告指出：数据资产价值量化方法有成本法、收益法、市场法以及基于收入和基于影响因素的方法。《数据资产评估指导意见》第 19 条规定："确定数据资产价值的评估方法包括收益法、成本法和市场法三种基本方法及其衍生方法。"简言之，目前数据资产价值评估方法主要是资产评估的三大基本方法及其衍生方法。

9.3　数据资产价值评估的成本法

成本法是资产评估活动中被广泛应用的评估方法。成本法包括多种具体的方法，例如复原重置成本法、更新重置成本法、成本加和法（也称资产基础法）等。[1] 国内外学者，对于成本法在数据资产评估中的应用已有一些探索。已有学者采用成本法构建数据资产模型。Heckman J 等构建了基于数据成本、数据质量、数据消费价值的数据资产估值定价模型；张志刚等构建数据资产成本价值模型估算数据资产价值；[2] 张咏梅和穆文娟使用成本法构建金融资产价值评估模型，并强调数据资产的高风险性，计算重置成本时应使用倍加系数法；[3] 构建成本法模型评估企业内部数据，并指出数据资产价值为期初建设成本与全周期运营成本。[4] 此外，还有学者从成本修正视角、资本预算视角计算数据资产成本。[5]

9.3.1　数据资产价值评估成本法概述

成本法是基于数据资产的重置角度，依据在现有条件下重新形成该数据资产所需的全部费用确定数据资产价值的方法。《资产评估专家指引第 9 号——数据资产评估》指出，收益法和市场法适用于交易性较好的数据资产，当前数据资产市场处

---

[1] 中国资产评估协会．资产评估基础［M］．北京：中国财政经济出版社，2024：181.

[2] 张志刚，杨栋枢，吴红侠．数据资产价值评估模型研究与应用［J］．现代电子技术，2015，38（20）：44－47，51.

[3] 张咏梅，穆文娟．大数据时代下金融数据资产的特征及价值分析［J］．财会研究，2015（8）：78－80.

[4] 李永红，李金骜．互联网企业数据资产价值评估方法研究［J］．经济研究导刊，2017（14）：104－107.

[5] 尹传儒，金涛，张鹏，等．数据资产价值评估与定价：研究综述和展望［J］．大数据，2021，7（4）：14－27.

于建设初期，参数测算存在一定困难，可考虑成本法进行评估。

德勤和阿里研究院指出，数据资产成本法评估价值为重置成本与贬值因素之差。重置成本包括设备与人力等显性成本，还包括研发等隐性成本，贬值因素主要包含经济型贬值。林飞腾进一步指出，贬值因素包括数据安全性、准确性、完整性等数据属性变动带来的功能性贬值。[1]

成本法是指，在选择使用成本法开展数据资产价值评估时，通过计算待评估的数据资产产生过程中各项成本的估值方法。在资产评估领域，成本法一般是指重置成本法，即在评估基准日重新购置或生产一个全新的评估对象所需的成本总和，扣减各项损耗从而得到资产价值的方法。

数据资产价值评估的成本法是一种基于数据资产形成过程中的成本投入来评估其价值的方法。成本法的基本原理是，数据资产的价值应由其形成过程中的全部成本决定，包括直接成本和间接成本。在评估时，首先确定数据资产的重置成本，然后扣除各项贬值因素（如功能性贬值、经济性贬值等），以得出评估值。成本法的基本思路是，通过计算当前重新购置或开发相同或类似的数据资产所需的全部成本，再考虑资产的损耗和贬值等因素来确定被评估数据资产的价值。因而，概括地说，数据资产价值评估的成本法是指按照重建或者重置被评估对象（数据资产）的思路，将重建或者重置数据资产的成本作为确定评估对象价值的基础，扣除相关贬值，以此确定评估对象（待评估数据资产）价值的评估方法的总成。

9.3.2 成本法的适用场景、使用前提和要求

9.3.2.1 采用成本法评估数据资产价值的前提条件

成本法从再取得数据资产的角度反映资产价值，即通过数据资产的重置成本扣减各种贬值来反映数据资产价值。只有当待评估数据资产处于继续使用状态下，再取得数据资产全部费用才能构成其价值的内容。只有当数据资产能够继续使用，且在持续使用中为潜在所有者或数据资产的实际控制者带来经济利益时，数据资产的重置成本才能为潜在投资者接受和市场承认。从这个意义上讲，成本法主要适用于继续使用前提下的数据资产评估。对于非继续使用前提下的资产，如果运用成本法进行评估，需对成本法的基本要素作必要的调整。数据资产评估专业人员选择和使用成本法时，应考虑以下前提条件。

（1）数据资产能正常使用或在用。

（2）数据资产能通过重置途径获得。

---

[1] 林飞腾．基于成本法的大数据资产价值评估研究［J］．商场现代化，2020（10）：59－60．

（3）数据资产的重置成本及相关贬值能够合理估算。

（4）数据质量能够达到（应用场景下）可接受的基准。

9.3.2.2　成本法评估数据资产的使用场景

采用成本法评估数据资产的场景主要包括以下3种：一是全新数据系统或缺乏可比市场案例的数据资产；二是数据资产的具体组成部分明确且成本可计量；三是需要快速评估数据资产价值等场景。

（1）全新数据系统或缺乏可比市场案例的数据资产。一是对于刚刚建立或引进的新数据系统，由于还未产生收益和交易案例，此时采用成本法可能是较为合理的选择。成本法能够基于数据系统的构建成本进行评估，为投资者提供一个相对客观的价值参考。二是某些数据资产由于其独特性或者属于新兴领域，在市场上难以找到可比案例，同时也缺乏确凿的收益数据。在这种情况下，成本法能够提供一种基于成本的评估方法，有助于了解数据资产的基本价值。

（2）数据资产的具体组成部分明确且成本可计量。当数据资产的具体组成部分（如硬件设备、软件系统、数据库和数据资源等）明确且成本可计量时，成本法能够通过对各组成部分的重置成本进行计算，从而得出数据资产的整体价值。这种方法适用于那些能够清晰划分并计量各组成部分成本的数据资产。

（3）需要快速评估数据资产价值的场景。在某些情况下，企业可能需要快速了解数据资产的大致价值，以便作出决策。成本法由于其操作相对简便、数据可获取性好且计算结果较为客观的特点，能够满足这种快速评估的需求。

成本法适用于那些没有明显的市场价值或正在产生市场的数据资产。例如，在政务数据的共享方面，这类数据不以营利为目的，但需要明确掌握国有资产的成本和流向。此外，成本法也适合于那些需要解决法律纠纷或进行内部成本控制的企业或组织。

9.3.2.3　采用成本法评估数据资产的要求

基于重置成本法评估数据资产，即评估时要再次获得该资产的成本，并结合税费和利润等作用因素来进行。成本要素为重置成本构成提供了完整视图。

9.3.3　成本法评估的模型

成本法进行数据资产价值评估的公式如下。

$$P = \sum_{i=1}^{n} (C_{i1} + C_{i2} + C_{i3} + C_{i4} + t_i + p_i)$$

式中，P为待评估数据资产的价值；C_{i1}为每个数据资产组成部分或环节重置规划成本；C_{i2}为每个数据资产组成部分或环节重置建设成本；C_{i3}为每个数据资产组成部分或环节重置维护成本；C_{i4}为每个数据资产组成部分或环节其他重置成本；n为数据资产组成部分或环节的个数；t_i 为每个数据集流通的税费；p_i 为每个数据集流通的利润。

9.3.4 成本法评估数据资产价值重要步骤

在具体应用成本法评估数据资产价值时，主要包含以下几个步骤。

（1）确定数据资产的成本构成。这通常包括数据的获取成本（如购买数据、采集数据的费用）、存储成本（硬件设备、云存储费用等）、处理成本（数据清洗、转换、分析等的人力和技术投入）、维护成本（数据更新、备份、安全防护等费用）以及相关的间接成本（如管理费用、分摊的设施费用等）。

运用成本法对数据资产进行价值评估，首先需要梳理数据资产形成过程中包含哪些成本项目和子项目。不同行业、不同类型的数据组成，其成本组成部分和环节都不尽相同。根据《电子商务数据资产评估指标体系》（GB/T 37550—2019），著者给出了一个成本组成项的参考框架，如图 9 – 1 所示。[1]

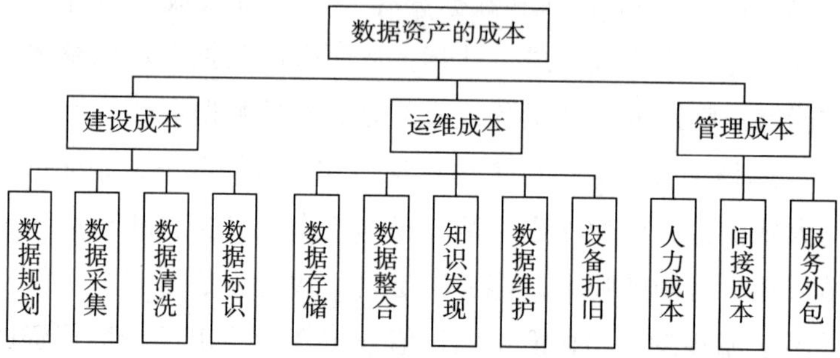

图 9 – 1 数据资产的成本评估指标体系

（2）计算数据资产的重置成本。即按照当前的市场价格和技术条件，重新获取或开发相同数据资产所需的全部支出。但需要注意的是，对于一些特殊的、难以直接从市场获得价格的成本项目，可能需要采用其他方法进行估算或调整。

重置成本又称现行成本，是指按照当前市场条件，重新取得同样一项资产所需支付的现金或现金等价物金额。

对于数据资产而言，重置成本主要包括收集、存储、处理、研发等过程中的直接成本和间接成本。例如，数据存储占用的基础设施成本、数据加工过程中涉及的物力和人力成本，以及保障数据正常可靠服务所需的运维成本等。

（3）确定被评估数据资产的使用年限。数据资产与其构成的数据一样，具有生命周期。在生命周期中，数据资产价值会发生变化，或者会发生时效性贬值。

[1] 汤柯．数据资产化［M］．北京：人民出版社，2023：96.

（4）考虑数据资产的损耗和贬值。由于技术进步、数据时效性降低、市场需求变化等原因，数据资产可能存在功能性贬值、经济性贬值和时效性贬值。数据资产不同于传统的有形资产，不会发生实体性贬值。或者说，它不会因为使用而减少。但在某种程度上，也存在被破坏的概率。例如，由于管理不善，导致数据丢失或被病毒侵蚀等。

功能性贬值是指由于技术更新导致数据资产的功能相对落后而引起的价值降低。对于数据资产，其价值不仅取决于拥有多少数据和什么样的数据，而且其价值的实现受算法和算力的影响较大。当今，信息技术发展日新月异，算法的变化会直接影响其功能性贬值。

时效性贬值是指数据资产的价值往往与其时效性密切相关。随着时间的推移，数据的价值会发生变化，价值可能会逐渐降低，也可能会增加。

经济性贬值则是由于外部环境变化导致数据资产的收益能力下降。例如，同类数据资产产品增多，或者该数据资产产品的用户数量减少等。这些因素都会导致其价值的波动。经济性贬值的计算方法分为直接和间接两种方法。其中，直接计算法测算的是因经济收益减少而导致的贬值，更适用于数据资产评估。

$$\text{数据资产经济性贬值} = \text{数据资产的年收益损失} \times (1 - \text{所得税税率}) \times \text{现值系数}$$

在利用成本法开展数据资产价值评估时，数据资产评估师需要对这些贬值因素进行分析和量化。

（5）计算数据资产的价值。通过重置成本减去各项贬值，得到数据资产的评估价值。计算评估值的基本公式如下。

$$\text{评估值} = \text{重置成本} - \text{贬值额}$$

$$\text{或评估值} = \text{重置成本} \times (1 - \text{贬值率})$$

在具体应用中，可能还需要考虑其他因素对数据资产价值的影响，例如数据质量、数据基数、数据流通效率，以及数据价值实现风险等。这些因素可以通过设置相应的权重和系数来反映其对数据资产价值的影响程度。

9.3.5 成本法评估数据资产价值的优缺点

成本法的优点在于其评估过程相对较为直观和简单，对于某些特定类型的数据资产，如刚刚开发完成或新购置的数据资产，成本法能够提供较为可靠的价值参考。简单地说，成本法基于历史成本数据进行评估，易于理解和操作。财务会计人员和评估人员可以较容易地获取到与数据资产成本相关的历史数据。在数据丢失或损坏的法律纠纷中，成本法提供的成本证据有助于解决赔偿问题。

然而，成本法也存在一定的局限性。它往往忽略了数据资产的潜在收益能力和市场需求因素，对于一些能够带来显著经济效益但开发成本较低的数据资产，可能会低估其价值。

另外，由于贬值因素难以量化，可能导致评估结果存在误差。成本法可能忽略了数据资产的其他价值因素，例如数据的稀缺性、创新性等。

9.3.6 成本法用于数据资产价值评估时可能存在的问题

将成本法直接用于数据资产的价值评估，可能存在以下问题。①数据资产的在用价值或市场价值与成本价值可能存在量级上的差距，尤其对于大型数据商而言，建设、运维、管理成本是随数据管理能力递减的（或规模收益递增），因而成本法通常只能保守地反映数据资产价值的下限。②数据质量与成本未必对应。并非总是采集或购置成本越大的数据资产使用价值就越高。③数据资产具有特殊的减值特征。数据资产不随使用而减值，甚至在某些情况下，数据资产价值不仅不随时间减值，还会突发增值。因而上述问题可能造成对数据资产价值估算偏离公允水平（评估价值与真实价值之间可以接受的误差一般为10%～20%）。

综上所述，尽管成本法存在许多不足，但在数据交易市场不活跃，数据资产产生的收益难以计量和预测时，成本法还是可行的。成本法是数据资产价值评估中一种重要的方法，它通过计算数据资产的重置成本并扣除各项贬值因素来确定其价值。然而，在实际应用中需要注意其优缺点和适用场景，以便更准确地评估数据资产的价值。

另外，采用重置成本法估算数据资产价值也有多种方法。包括重置核算法、价格指数法和功能价值类别法。其中，重置核算法，也称细节分析法、核算法等，这是目前利用比较多的方法。价格指数法也称物价指数法，是利用与数据资产有关的价格变动指数，将被评估数据资产的历史成本（账面价值）调整为重置成本的一种方法。功能价值类比法是指利用数据资产某些功能的变化与其全新状态下的价格或重置成本的变化呈某种指数关系或线性关系，通过参照物（可比数据资产）的价格或重置成本以及功能价值关系估测被评估数据资产价值或重置成本的方法。该方法也称类比估价法、指数估价法。

最后，在采用重置成本法评估数据资产价值时，应包括该项数据资产持有者或使用者的合理收益。数据资产重置成本中收益部分的确定，应以该数据资产开发者或服务者所在行业平均资产收益水平为依据。

9.4 数据资产价值评估的收益法

收益法在资产评估中通常是对企业价值进行评估。企业经营的本质是获得收益，因此，收益法与其他评估方法相比更能体现企业存在和运营的本质特征，也是其价值更为直观的体现。收益法较为真实和准确地体现了企业的资本化价值，也能够为所有者或者潜在投资者提供较为合理的预期，因此容易被买卖双方接受。数据资产作为一种新型市场要素、一类新的资产，其本质也是要为持有者的主体带来价值。因而，收益法可以用于对数据资产价值的评估。

9.4.1 收益法评估数据资产价值内涵

收益法是基于数据资产的预期应用场景，计算该数据资产在未来场景应用中产生的收益折现值确定数据资产价值。有学者认为，收益法能够反映数据资产实际价值，是较为优选的方法。[1][2][3][4] 李永红和李金骜指出，可以使用收益法基本模型进行互联网企业数据资产价值评估。

德勤和阿里研究院[5]进一步指出，数据资产价值评估收益法具体有权利金节省法（Relief From Royalty）、多期超额收益法（Muti - Period Excess Earnings）、增量收益法（With - And - Without Method），但使用收益法评估数据资产价值时，由于数据资产成本与收益的弱对应性，预期收益较难衡量；且数据的效益在一定程度上依赖于数据分析工具与不同主体对数据价值的认知，评估的主观性较大[6]。因此，有学者指出评估数据资产需加强对未来盈利能力的测算，并对收益模型进行修正研究：Gupta S 等将顾客价值纳入收益法模型；[7] Bauer H H 和 Hammerschmidt M 从生命周期角度修正收益法模型；[8] 埃斯瓦斯·达摩达兰将研发费用纳入收益法模型消除会计计量方式对评估结果的影响。[9]

概括地说，收益法是指通过估计单期收益规模、折现率、评估对象预期寿命等参数得到资产价值的方法，是资产定义的直接体现。收益法的基本公式如下。[10]

$$NPV = VR - TC$$

[1] BERKMAN M. Valuing intellectual property assets for licensing transactions [J]. Licensing Journal, 2002 (4): 16 - 22.

[2] MAWER C. Valuing Data Is Hard [EB/OL]. [2024 - 10 - 8]. https://www.svds.com/valuing - data - is - hard/2015 - 11 - 10/.

[3] 杨训，周遊. 数据资产核算可行性分析 [J]. 合作经济与科技，2016 (16): 151 - 153.

[4] 邹照菊. 关于大数据资产计价的若干思考 [J]. 财会通讯，2018 (28): 35 - 39.

[5] 德勤，阿里研究院. 数据资产化之路：数据资产的估值与行业实践 [R]. 2019.

[6] 杨训，周遊. 数据资产核算可行性分析 [J]. 合作经济与科技，2016 (16): 151 - 153.

[7] GUPTA S, LEHMANN D R, STUART J A. Valuing customers [J]. Journal of Marketing Research, 2004, 41 (1): 7 - 18.

[8] BAUER H H, HAMMERSCHMIDT M. Customer - Based Corporate Valuation [J]. Management Decision, 2005, 43 (3): 331 - 348.

[9] DAMODARAN A. Narrative and Numbers [J]. Narrative & Numbers, 2019: 1 - 5.

[10] 汤珂. 数据资产化 [M]. 北京：人民出版社，2023: 97.

式中，VR 是预期收益；TC 是总成本。

但是，多数场景下，数据资产作为新型生产要素，其需要结合其他生产要素一起共同创造价值，预期收益只是总收益中的一部分。这时，收益法衡量的是使用数据资产所带来的价值增量，称为增量收益预测，基本公式如下

$$NPV = VR - VNR - TC$$

式中，VNR 指不使用数据资产时产生的收益现值。

9.4.2 使用收益法评估数据资产的前提条件

采用收益法评估数据资产价值，必须具备以下前提条件。[1] 一是被评估数据资产的未来收益可以合理预期并能用货币计量；二是预期收益所对应的风险能够度量；三是收益期限能够确定或合理预期。这些条件表明，首先，被评估数据资产可以独立产生现金流，或者与其他资产共同产生现金流，并且预期收益能够被较为合理的预测。这就要求，被评估的数据资产与其经营的收益之间存在可预测的关系。同时，影响数据资产预期收益的主要因素（主观和客观因素）比较明确，评估专业人员可以据此分析和预测出评估对象的预期收益。其次，评估对象所具有的各类风险是可以预测的。

使用收益法评估数据资产时，通常需要满足以下几个条件。

（1）预期收益可预测。需要能够合理、准确地预测数据资产在未来特定期间内可能产生的收益。这包括对数据资产的应用场景、市场需求、用户行为等有清晰的了解和可靠的估计。

（2）收益期限可确定。能够明确界定数据资产产生收益的时间范围，以便对未来现金流进行准确的计算和折现。

（3）风险可衡量。能够评估与数据资产相关的风险，包括市场风险、技术风险、法律风险等，并将其反映在折现率中。

（4）数据资产的独立性。数据资产的收益能够相对独立地被衡量和评估，不受其他资产或因素的严重干扰和影响。

（5）持续经营假设。假设企业或组织在未来能够持续经营，并且数据资产能够在这一持续经营的框架内持续产生收益。

（6）可靠的历史数据。如果有相关的历史数据，这些数据应该具有可靠性和代表性，能够为预测未来收益提供有力的支持。

（7）市场成熟度。所在的市场环境相对成熟，有一定的可比案例或市场数据可

[1] 中国资产评估协会. 资产评估基础［M］. 北京：中国财政经济出版社，2024：170.

供参考，以辅助确定相关参数。

（8）数据质量和完整性。用于评估的数据质量较高，信息完整，能够支持对收益的准确分析和预测。

9.4.3　使用收益法评估数据资产价值的适用场景

采用收益法评估数据资产的适用场景主要包括以下几种。一是被评估数据资产的应用场景及商业模式相对独立，且其对应服务或产品为企业带来的直接收益可以合理预测的情形，例如拥有用户数据的公司建立数据资产管理中心，经用户授权后提供数据调用服务并收取费用，可采用直接收益预测。二是适用于软件开发服务、数据平台对接服务、数据分析服务等数据资产应用场景，特别是当其他相关资产要素所产生的收益不可单独计量时，可采用分成收益预测，比如对第一手数据进行加工利用并与软件开发服务等传统 IT 项目结合为完整的解决方案，以实现数据持续间接变现。三是被评估数据资产可以与资产组中的其他数据资产、无形资产、有形资产的贡献进行合理分割，且贡献之和与企业整体或资产组正常收益相比仍有剩余的情况，尤其是数据资产产生的收益占整体业务比重较高，且其他资产要素对收益的贡献能够明确计量的数据服务公司，可使用超额收益预测。例如对自有及公开数据进行加工整合后，通过提供可供查询、自助分析的数据产品实现较明确的预期收益。

另外，以下两种情形的数据资产评估也可采用增量收益预测。一是可以使应用数据资产主体产生额外的可计量的现金流量或者利润，例如启用数据资产能够直接有效地开辟新业务或赋能提高当前业务所带来的额外现金流量或利润；二是可以使应用数据资产主体获得可计量的成本节约，例如通过嵌入大数据分析模型带来成本费用的降低。

概括地说，在采用收益法评估数据资产时，需要重点分析数据资产经济收益的可预测性，考虑收益法的适用性；保持预期收益口径与数据权利类型口径一致；区分数据资产和其他资产所获得的收益，分析与之有关的预期变动、收益期限、成本费用、配套资产、现金流量、风险因素等；根据数据资产应用过程中的相关风险因素估算折现率，并保持折现率口径与预期收益口径一致；综合考虑数据资产的法律有效期限、相关合同有效期限、数据资产的更新时间、时效性、权利状况以及相关产品生命周期等因素，合理确定经济寿命或者收益期限，并关注数据资产在收益期限内的贡献情况。具体地说，以下一些场景，可以考虑选择收益法。

（1）企业并购与重组。在企业合并、收购或重组过程中，需要对目标企业的数据资产价值进行评估，以确定交易价格或整合策略。

（2）数据资产交易。当数据资产在市场上进行买卖、租赁或转让时，收益法可以帮助确定其合理的价值。

（3）企业内部管理决策。例如企业在决定是否投资于新的数据采集、处理和分析项目，或者在评估现有数据资产对企业盈利能力的贡献时。

（4）知识产权相关的数据资产。对于与专利、著作权等知识产权紧密相关的数据资产，其未来收益较容易预测和衡量，适合采用收益法评估价值。

（5）成熟稳定的数据资产应用。数据资产已经有明确的应用场景和稳定的收益模式，且未来收益可合理预估。

（6）与盈利直接挂钩的数据资产。某些数据资产的应用直接带来了收入的增加或成本的降低，能够清晰地反映在企业的财务报表中。

（7）具有长期商业价值的数据资产。例如长期积累的客户数据、市场调研数据等，其价值在较长时间内能够持续产生收益。

9.4.4 收益法评估数据资产价值时应考虑的因素

在具体使用收益法开展数据资产评估时，可以考虑以下几个方面因素。

9.4.4.1 数据资产的使用和应用场景

（1）假设数据资产将被用于特定的业务流程或应用领域，并且这些用途在未来评估期间内保持稳定。

（2）考虑数据资产的整合程度和与其他系统或资产的协同作用方式。

9.4.4.2 市场和竞争

（1）对市场规模、增长率和竞争格局进行假设。例如，假设市场需求持续增长或保持稳定，竞争对手的行为和市场份额变化在可预测范围内。

（2）考虑行业的技术进步速度和可能出现的替代产品或服务对数据资产收益的影响。

9.4.4.3 数据质量和维护

（1）假设数据的质量在评估期间能够保持在一定水平，不会出现严重的数据错误、缺失或过时。

（2）考虑为维护数据质量所需的投入和成本。

9.4.4.4 法律法规

（1）假设当前适用的数据相关法律法规在评估期间不会发生重大不利变化，数据资产的使用符合法律要求。

（2）考虑潜在的法律风险和合规成本。

9.4.4.5 经济环境

对宏观经济环境的稳定性、通货膨胀率、利率等因素进行假设，因为这些会影响数据资产的收益和折现率。

9.4.4.6 管理和运营

假设企业的管理水平、运营效率和营销策略在评估期间保持不变或按照预定的计划改进。

9.4.4.7 技术发展

假设相关技术的发展不会使现有数据资产迅速过时或贬值，或者技术升级的成本和影响是可预测的。

9.4.4.8 合作与联盟

如果数据资产的收益依赖于与外部合作伙伴的关系，假设这种合作关系在评估期间持续稳定。

在确定假设条件时，应基于充分的研究、市场分析和行业经验，并在评估报告中清晰地阐述这些假设的依据和合理性。同时，还应进行敏感性分析，以评估假设条件的变化对评估结果的影响程度。

9.4.5 收益法评估数据资产价值的步骤

使用收益法评估数据资产时，通常应遵循以下步骤。

9.4.5.1 明确评估目的和对象

（1）确定为何要评估数据资产，例如交易、投资决策、财务报告等。

（2）清晰界定被评估的数据资产范围和特征。

9.4.5.2 分析数据资产的应用场景和盈利模式

（1）研究数据资产如何在现有业务或潜在业务中发挥作用。

（2）确定产生收益的方式和途径。

9.4.5.3 预测未来收益

（1）基于市场调研、历史数据和行业趋势，对数据资产在未来特定期间内的收益进行预测。

（2）考虑多种影响因素，例如市场规模增长、竞争态势、技术发展等。

9.4.5.4 选择合适的折现率

（1）反映与数据资产相关的风险水平，包括市场风险、经营风险等。

（2）可以参考行业平均水平或通过资本资产定价模型等方法确定。

9.4.5.5 确定收益期限

（1）评估数据资产能够产生收益的持续时间。

（2）考虑数据的时效性、技术更新换代等因素。

9.4.5.6 计算数据资产的价值

使用收益法的计算公式，将未来各期的预期收益折现为现值，并求和得出数据资产的价值。

9.4.5.7 进行敏感性分析

考察关键参数（如收益预测、折现率、收益期限）的变动对评估结果的影响。

9.4.5.8 撰写评估报告

详细阐述评估过程、方法、假设、结论和限制条件等。需要注意的是，在整个评估过程中，数据的可靠性、预测的合理性以及评估人员的专业判断都至关重要。以下是三个使用收益法进行数据资产价值评估的实际案例。

案例1：某金融机构拥有大量的客户交易数据，通过对这些数据进行分析，开发了风险评估模型，为银行提供风险评估服务。评估人员采用收益法，预测了该数据资产在未来几年内的预期收益，并折现到评估基准日，得到了该数据资产的价值。

案例2：某电商企业拥有丰富的用户行为数据，通过对这些数据进行挖掘，为企业提供精准营销服务。评估人员采用收益法，预测了该数据资产在未来几年内的预期收益，并折现到评估基准日，得到了该数据资产的价值。

案例3：某互联网公司拥有大量的社交媒体数据，通过对这些数据进行分析，为广告商提供精准广告投放服务。评估人员采用收益法，预测了该数据资产在未来几年内的预期收益，并折现到评估基准日，得到了该数据资产的价值。

这些案例表明，收益法可以用于评估各种类型的数据资产，包括金融数据、电商数据、社交媒体数据等。在使用收益法时，需要对数据资产的预期收益进行合理预测，并选择合适的折现率。同时，还需要考虑数据资产的风险因素，例如数据质量、数据安全、市场竞争等。

9.4.6 收益法评估数据资产价值的局限性

收益法是通过预测数据资产未来收益并将其折现来评估数据资产价值。局限性主要包括对未来收益预测存在不确定性，而且折现率的选择可能影响评估结果。在使用收益法评估数据资产价值时，可能存在以下局限性。

（1）收益预测的不确定性。数据资产的收益受到多种难以准确预测的因素影响，例如市场变化、技术创新、竞争对手的行动等，这可能导致收益预测的偏差较大。

（2）风险量化的复杂性。确定合适的折现率来反映数据资产的风险具有挑战性。数据资产面临的风险类型多样，且风险程度难以精确衡量。

（3）依赖假设条件。评估过程中需要作出许多假设，例如未来市场状况、数据资产的应用场景和有效性等，这些假设的合理性和准确性会影响评估结果。

（4）缺乏成熟的市场参考。数据资产市场相对较新，缺乏足够的可比交易和市场数据来验证评估结果。

（5）数据质量和可靠性问题。用于预测收益和评估风险的数据可能存在质量不高、不完整或不准确的情况，影响评估的可靠性。

（6）时效性挑战。数据资产的价值可能迅速变化，评估结果可能在短时间内就失去有效性。

（7）协同效应难以分离。如果数据资产与其他资产共同作用产生收益，很难准确分离出数据资产单独的贡献。

（8）法律和监管环境的不确定性。数据相关的法律法规不断变化，可能影响数据资产的使用和收益，增加评估的不确定性。

9.5 数据资产价值评估的市场法

市场法也称比较法、市场比较法，是指通过将评估对象与可比参照物进行比较，以可比参照物的市场价格为基础确定评估对象价值的评估方法的总称。

9.5.1 数据资产价值评估市场法概述

市场法是基于替代性原则，在相似可比案例的基础上，量化现存差异并对其进行调整。市场法又称作价格比较法，是根据相同或相似的资产的现值或近期的交易价格，经过比较得到评估对象价值的方法。

当选择使用市场法评估数据资产价值时，首先，它基于市场交易中类似数据资产的价格来确定被评估数据资产的价值。这种方法假定市场是有效的，即市场上的交易价格能够反映资产的真实价值。其次，强调可比性。在运用市场法时，需要找到与被评估数据资产在性质、用途、规模、交易条件等方面具有相似性的可比实例。再次，关注市场供求关系对价格的影响。市场上对数据资产的需求程度以及供应的稀缺性，都会直接作用于其价值评估结果。最后，市场法能够反映当前市场参与者对数据资产价值的共识和预期，评估结果具有较强的现实性和可参考性。

9.5.1.1 市场法评估数据资产价值的前提和条件

根据资产评估准则规定，使用市场法应当满足一定的前提条件。一是评估对象的可比参照物具有公开的市场，存在活跃的交易；二是有关交易的必要信息可以获得。对于数据资产评估，同样应满足以上的前提条件。市场法评估数据资产通常需要满足以下几个条件。

（1）活跃的交易市场。一个足够活跃、成熟且公开透明的数据资产交易市场是市场法评估数据资产价值的基本条件。这直接决定是否能够找到可比较的参照对象，以便获取可靠的可比交易案例和价格信息。

（2）可比较的资产。能够找到与被评估数据资产在性质、用途、规模、数据质量、时效性等方面相似的可比资产是关键因素之一。活跃的数据交易市场、丰富的可比较数据资产案例，是保障市场法评估结果可行和合理的重要条件。

（3）充分的市场信息。可以获取有关可比交易的详细信息，包括交易价格、交易条件、交易时间等。

（4）资产的独立性。被评估的数据资产具有相对独立的价值，不受其他相关资产或因素的过度影响。

（5）明确的产权。数据资产的产权清晰，不存在权属争议或法律限制。

（6）可量化的特征。数据资产的相关特征，例如数据量、数据类型、数据更新频率等能够被准确量化和比较。

（7）稳定的市场环境。市场环境相对稳定，不存在异常的波动或重大的政策、技术变革等影响市场交易的因素。

（8）可靠的评估参数。能够确定合理、可靠的调整系数和参数，以反映被评估资产与可比资产之间的差异。

这些条件的满足程度会直接影响市场法在数据资产评估中的适用性和评估结果的可靠性。

9.5.1.2 市场法评估数据资产价值的基本思路和步骤

市场法评估的基本思路是，对属性相同或相似的资产进行对比分析，参照得到评估对象市场价值。由此可知，采用市场法评估数据资产价值，关键有两个重要的环节。一是需要找到与被评估数据资产属性相同或相似的以往交易的数据资产；二是通过对比分析，找出其某些属性的差异，然后综合多方面的因素得到调整系数。

概括地说，采用市场法评估数据资产的价值主要有两步，第一步是寻找与被评估数据资产相同或相似的以往交易案例，作为参照对象。第二步是分析被评估数据资产与参照数据资产属性的差异，综合计算得到“差异调整系数”。具体有以下五步。

（1）选择参照数据资产。运用市场法评估首先需要选择市场参照物，也就是可比较的以往市场上交易的数据资产案例。可比性是选择参照数据资产案例需要考虑的主要因素，判断可比性，应当考虑的因素包括数据资产的功能、市场条件，以及成交时间等。另外，与被评估数据资产相同或相似的可比数据资产越多，越能充分和全面反映资产的市场价值。运用市场法评估数据资产价值时，可比数据资产的成交价会直接影响被评估数据资产的评估值。而参照物成交价不仅是其自身功能的市场表现，而且受买卖双方交易地位、交易动机、交易时限等因素的影响。为避免某个参照物在交易中的特殊因素和偶然因素对成交价及评估值的影响，在运用市场法且条件允许时，应尽量选择多个可比数据资产。

（2）确定比较基准。在确定市场参照物之后，需要确定参照物和被评估数据资产的比较基准。市场法可以使用各种不同的比较依据，也被称为比较单元，它们组成了比较的基础。市场法可以用来直接确定评估对象的价值，也可以用来确定某个比较基准的价值。价值评估的比较单元通常是市盈率、市净率、市销率等价值比率，数据资产评估专业人员很难找到规模、功能、应用场景等完全相同的可比数据资产，通过确定上述价值比率可以确定被评估数据资产的价值。

（3）选择可比因素。数据资产评估人员很难找到与评估对象完全相同的生产参照物。一般需要对生产参照物与评估对象之间的主要差异进行调整。在进行调整时，数据资源评估专业人员首先需要明确哪些因素会影响资产价值，并对这些因素对价值的影响进行量化和调整。价值影响因素因评估对象的不同而不同。对于数据资产，影响其价值的因素主要是成本、质量、场景和生产因素。

（4）可比因素的对比和差异量化。数据资产评估专业人员应当对参照额及评估对象之间的可比因素进行比较，并将这些差异对价值的影响进行量化，得到被评估数据资产的初步评估结果。

（5）综合分析确定评估结果。当选择多个参照物时，对参照物进行指标对比和差异量化后会形成多个初步评估结果。这就需要数据资产评估专业人员对若干个初步评估结果进行综合分析，以确定最终的评估值。数据资产评估专业人员可以根据分析结果采用算术平均法或加权平均法等方法将初步结果转换成最终评估结果，也可以选择初步评估结果中更合理的一个结果作为最终评估结果。

9.5.2　可比数据资产交易案例的确定

9.5.2.1　可比数据资产案例寻找思路

客观地说，由于数据资产的多样性，如何寻找以往交易的可比数据资产是一个难点。这不仅是因为当前数据交易市场不活跃（场内交易量少），重要的是基于什么分析和判断它们是相同或相似的。理论上，可以从多个维度建立交易标的（或数据资产）相似度测度模型。一方面，可以基于被评估数据资产自身的特征去寻找，通过对比被评估数据资产的所属领域、数据模型，以及数据的主要属性等进行判断。另一方面，可以依据被评估数据资产的应用场景、主要功能、服务用户等进行判断。但是，无论采用什么方法，都要求市场上有非常丰富的交易的案例，或者说，都要求市场活跃，交易数据资产类型多，数量大。

在运用市场法选择可比交易案例时，被评估对象与以往交易标的可比性是需要考虑的主要因素。因而，可比性成为有待解决的主要矛盾。判断或计算可比性，可以从两个方面思考。一是被评估对象与以往交易标的在性质上是否属于“同类”数据产品；二是可比性实质上是二者的相似度。例如，是否都是数据集或数据应用类数据产品。进一步说，若都是数据集，那么数据集的数据（描述的）是否属于同类性质的“客观事物”。若是，就可以认为属于“同类”数据产品。相似度的计算可以考虑被比较对象二者的主要属性，例如数据集的功能、应用场景、市场条件等。

实际上，在数据交易市场上只存在相似的数据资产（产品），不存在完全相同的数据产品。即使是形成数据产品的数据本身是相同的，其应用场景、算法或模型不同，二者的价值差异会有很大。因而，计算二者的相似度，是解决市场法可比案例的关键。

著者认为，在市场活跃的条件下，或者说，交易市场上有充足的交易标的时，理论上，将存在一组与被评估对象相似的交易案例。很显然，这些交易案例是由一组具有不同相似度的交易案例，可以用一个集合进行表示，例如｛DA1，DA2，…，DAn｝。而且，这些案例之间可能存在多种“关联关系”，例如功能相同、同一交易市场、相似的交易时间等。若以“交易案例或数据产品”为节点，以它们之间的关系为边，就可以形成一个“交易数据产品网络”。那么就可以利用社会网络理论和方法计算被交易标的与以往交易标的的相似度。

很显然，这些具有可比性的交易案例就是被评估数据资产的参照物，一组这样的参照物，就可以构成一个参照系。因而，如何建立用于数据资产价值评估的参照系，是未来市场法在价值评估方面一项亟待研究和解决的问题。在比较被评估数据资产与可比案例时，考虑了以下因素。例如，数据规模，包括用户数量、购买记录数量等；数据质量，包括数据的准确性、完整性；数据的更新频率，购买行为数据的更新周期；应用场景，数据在精准营销、客户细分等方面的应用可能性。

9.5.2.2　可比案例寻找的途径

目前，由于数据资产交易市场不活跃，在采用市场法评估数据资产时，可以通过以下途径寻找可比数据资产案例。

（1）专业数据库和信息平台。利用专门收集和整理资产交易数据的商业数据库，这些数据库通常涵盖了各种类型资产的交易信息，包括数据资产。

（2）行业报告和研究。查阅相关行业的研究报告、市场分析等，其中可能包含有关数据资产交易的案例和信息。

（3）咨询机构和专家。向专业的咨询机构、行业专家请教，他们可能掌握一些未公开但具有参考价值的可比案例。

（4）公开交易市场。关注股票市场、产权交易市场等公开交易平台上的数据资产交易情况。

（5）企业并购案例。研究企业并购中涉及的数据资产交易，获取可比案例。

（6）行业协会和组织。某些行业协会和组织可能会发布行业内的数据资产交易统计和案例分享。

（7）网络搜索和资讯平台。利用搜索引擎、财经资讯平台等，查找相关的数据资产交易新闻和案例。

在寻找可比案例时，需要注意案例与被评估数据资产在数据类型、用途、规模、质量、时效性等方面的相似性，以确保可比性和评估结果的准确性。

9.5.2.3 可比案例相似度的计算方法

目前，采用市场法评估数据资产价值的条件还不成熟。不仅寻找可比较案例是难点，而且计算被评估数据资产与可比交易案例的相似度也是难点。理论上，一项待评估的数据资产，存在一组相似的以往交易的数据资产。但这一组数据资产与待评估数据资产的相似度并不相同。因而，相对于参照对象或参照系的寻找，调整系数的计算也是一个难点。但最重要的是，一是数据资产自身的质量属性的差异；二是数据资产应用场景的差异；三是数据资产（产品）功能的差异。不过，可以从以下几个方面进行分析和比较。

（1）数据的性质和用途。换言之，首先要基于数据自身的属性和应用场景进行比较。比较两者所涉及的数据类型（如文本、图像、音频等）、数据的应用领域（如金融、医疗、电商等），以及数据的具体用途（如决策支持、市场营销、产品研发等）是否相似。

（2）数据规模和容量。数据资产的价值，不仅取决于数据资产的性质，在其性质相同或相似时，数据规模和容量也是重要因素。所以，要考量数据的数量、大小、记录条数等方面的规模是否相近。

（3）数据质量。包括数据的准确性、完整性、一致性、时效性等指标。比较两者在这些质量维度上的表现。

（4）数据的更新频率。观察数据更新的周期和及时性，相似度高的案例应在更新频率上较为接近。

（5）数据的安全性和合规性。评估数据在保护措施、合规性要求方面的情况。

（6）数据的来源和采集方式。了解数据的获取渠道、采集方法是否相似。

（7）应用场景和用户群体。比较数据资产在实际应用中的场景以及所服务的用户群体是否相同或相近。

（8）技术特征。例如数据存储技术、处理技术、分析技术等方面的相似程度。

（9）商业价值和预期收益。分析两者在为企业创造商业价值和预期收益方面的潜力是否相当。

（10）市场环境和行业趋势。考虑两者所处的市场环境、行业发展趋势等宏观因素的一致性。

简单地说，综合以上多个方面的比较和分析，可以较为全面地评估可比交易案例与被评估数据资产的相似度。但客观上，这些方面的数据都很缺乏。

9.5.3 确定可比因素与调整系数的计算方法

可比因素也称为比较因素或价值影响因素。一般要考虑交易市场因素、交易时间、交易条件、交易方式、交易背景及动机、交易批量，以及与被评估数据资产所对应的资产类型相关的某类特定数据资产影响因素。

9.5.3.1 确定可比因素

数据资产评估专业人员应当关注，对于同一项数据资产，不同的交易市场可能产生不同的交易价格。如果数据资产评估专业人员选择的市场参照物与评估对象经济行为所对应的市场不同，应当对市场因素产生的价值影响进行修正。

对于同一项数据资产，不同的交易时间也可能产生不同的交易价格。数据资产评估专业人员在选择市场参照物时，一般会选择与评估基准日时间相近的交易。如果二者存在较大的差异，则应对时间因素产生的价值影响进行修正。

数据资产的交易条件、交易方式、交易动机等因素都会影响交易价格。因而，数据资产评估专业人员在开展实际的评估活动时，应当关注这些因素，并进行调整或修正。

9.5.3.2 确定调整系数

确定可比交易案例的调整系数和参数需要考虑多个因素，以下是一些常见的方法和步骤。

（1）选择可比交易案例。首先，需要筛选出与被评估数据资产相似的可比交易案例。这些案例应在性质、用途、规模、数据质量、时效性等方面与被评估资产具有较高的相似度。

（2）确定调整系数和参数。根据可比交易案例与被评估资产的差异，确定需要调整的系数和参数。常见的调整系数和参数包括技术修正系数、价值密度修正系数、期日修正系数、容量修正系数和其他修正系数等。这些系数和参数的选择应基于对数据资产价值影响因素的分析。

（3）技术修正系数。考虑因技术因素带来的数据资产价值差异，通常包括数据获取、数据存储、数据加工、数据挖掘、数据保护、数据共享等因素。

（4）价值密度修正系数。主要考虑有效数据占总体数据比例不同带来的数据资产价值差异。有效数据（指在总体数据中对整体价值有贡献的那部分数据）占总体数据量比重越大，则数据资产总价值越高。

（5）期日修正系数。主要考虑评估基准日与可比案例交易日期的不同带来的数据资产价值差异。一般来说，离评估基准日越近，越能反映相近商业环境下的成交价，其价值差异越小；具体计算公式如下：期日修正系数 = 评估基准日价格指数/可比案例交易日价格指数。

（6）容量修正系数。主要考虑不同数据容量带来的数据资产价值差异。一般情况下，价值密度接近时，容量越大，数据资产总价值越高。

（7）其他修正系数。根据具体情况考虑可比案例差异，选择修正系数，例如考虑资产评估实物中，根据具体数据资产的情况，影响数据资产价值差异的其他因素。

（8）确定权重。对于多个调整系数和参数，可以采用层次分析法、专家打分法等方法确定它们的权重，以反映它们对数据资产价值的相对重要性。

（9）计算调整系数和参数。根据确定的权重和可比交易案例的实际情况，计算每个调整系数和参数的值。

（10）验证和合理性分析。对计算得到的调整系数和参数进行验证和合理性分析，确保它们能够合理地反映可比交易案例与被评估资产之间的差异。如果需要，可以对调整系数和参数进行适当的调整和优化。

需要注意的是，确定可比交易案例的调整系数和参数是一个复杂的过程，需要综合考虑多个因素，并根据具体情况进行分析和判断。在实际操作中，可以参考相关的评估准则和指南，也可以咨询专业的评估师或行业专家，以获取更准确和可靠的结果。

9.5.4　市场法评估数据资产价值的公式

市场法可以进一步分为直接比较法与类比调整法。

（1）直接比较法。直接比较法指的是依照参照资产的价格或特征直接与被评估资产综合比较。基本公式如下。

评估数据资产的价值 = 参照数据资产的合理成交价格

“合理成交价格”是指，可以根据被比较数据资产属性的差异进行适当的调整。具体地说，就是通过对比分析找出被评估数据资产与参照数据资产的差异，计算出一个合理的“调整系数”。基本公式如下。

评估数据资产的价值 = 参照数据资产的成交价格 × 调整系数

（2）类比调整法。类比调整法的适用性更强，只要被评估数据资产与参照物在大的方面相似，便能够运用该方法比较分析参照数据资产与评估数据资产之间的差异，并在此基础上估算出被评估资产的市场价值。类比调整法比较的维度较多，通常包括时间差异、交易情况差异、质量差异、功能差异等。其基本公式如下。

评估数据资产的价值＝参照数据资产的成交价格×
功能差异调整系数×…×质量差异调整系数

9.5.5 市场法评估数据资产价值的难点

市场法评估数据资产价值需要满足一定的条件。例如活跃的公开的数据交易市场、丰富的可比数据交易案例和可信、可靠的数据交易数据等。目前，数据交易市场处于培育期，采用市场法开展数据资产价值评估还存在一定的难点。

（1）缺乏活跃和成熟的市场。数据资产交易市场仍处于发展阶段，交易不够频繁和规范，难以获取足够数量的可靠交易案例。

（2）数据资产的独特性。每个数据资产都具有独特的特征，例如数据来源、质量、应用场景等，使得找到完全可比的交易案例极为困难。

（3）信息不对称。在数据资产交易中，买卖双方往往对数据资产的真实价值和潜在风险了解程度不同，导致评估所需的准确信息难以获取。

（4）价值影响因素复杂。数据资产的价值受到众多因素的影响，例如数据的时效性、隐私性、可替代性等，这些因素难以在市场交易中准确体现和量化。

（5）保密和合规要求。数据资产交易可能涉及商业机密和隐私法规，限制了相关信息的公开和传播，从而影响了可比案例的获取和分析。

（6）难以确定调整系数。由于数据资产的复杂性和独特性，在对可比案例进行调整时，很难准确确定各项调整系数，从而影响评估结果的准确性。

（7）市场波动和不确定性。数据资产市场受到技术创新、政策法规变化等多种因素的影响，市场波动较大，增加了评估的不确定性。

（8）评估专业人才缺乏。能够熟练运用市场法评估数据资产的专业人才相对较少，影响了评估工作的质量和效率。

9.6 数据资产价值评估的其他衍生方法

传统的资产价值评估理论，例如成本法、收益法和市场法等，已基本成熟。但面对新型的数据资产，如何发展出较为科学的价值评估方法，引起了国内外专家学者的关注。国内外研究主要从以下几个视角展开了一些探索：一是基于数据资产的多属性视角，剖析数据资产价值影响因素，构建价值评估指标模型；二是基于混合视角，将多种评估模型混合应用于数据资产价值评估；三是基于经济学理论视角，以博弈理论、拍卖理论、市场均衡理论等为基础，构建数据资产价值评估模型。

9.6.1 价值评估指标法

目前，合理选取与确定数据资产价值评估指标，是科学评估数据资产价值的前提。当前，学者基于不同角度构建数据资产价值评估指标体系。因此，价值评估指标因选择视角不同而存在差异。

Sajko M 等（2006）从数据的质量、特征、成本、现值四个维度进行数据资产估值，并使用群组决策与价值矩阵方式分析和测度数据资产综合价值。[1] 魏晓菁等（2015）从数据采集方式、数据资源质量保证、数据资产化完成率等方面，构建了数据资产可信度量化分析模型，利用 AHP 法，从可信度角度评估数据资产价值。[2] 翟丽丽等（2016）从数据的及时性、多样性出发，构建了基于漏损率的 LSM 模型。[3] Yu H 和 Zhang M（2017）以数据资产的完整性、准确性、及时性为关键影响指标，构建数据资产价值评估指标。[4]

Lim 等（2018）通过分析 149 个数据密集型服务公司案例，从数据价值链视角构建出包含数据源、数据搜集、分析、传递等九个因素在内的数据资产价值评估框架。[5] 王笑笑等（2019）构建出数据资产二级指标评估体系，并引入人工神经网络与模糊综合评价法求取数据资产价值。[6] 孙俐丽和袁勤俭（2019）基于内在、情景、应用、资产等维度，构建数据质量指标评价体系，并采用德尔菲法和 AHP 法修正指标确定权重。[7] 倪渊等（2020）构建数据特质、法律因素、市场因素的数据资产价值指标体系，并基于以上指标与数据资产价值的非线性关系，提出使用

---

[1] SAJKO M，RABUZIN K，BA ČA M. How to Calculate information value for offective Security risk assessment [J]. Journal of Information and Organizational Sciences，2006，30（2）：263 - 278.

[2] 魏晓菁，陈峰，董媛媛. 数据资产可信度评估模型研究［J］. 计算机应用，2015，35（S2）：170 - 173.

[3] 翟丽丽，王佳妮，何晓燕. 移动云计算联盟企业数据资产评估方法研究［J］. 价格理论与实践，2016（2）：153 - 156.

[4] YU H，ZHANG M. Data pricing strategy based on data quality [J]. Computers & Industrial Engineering，2017，112：1 - 10.

[5] LIM C，KIM K - H，KIM M - J，et al. From data to value：A nine - factor framework for data - based value creation in information - intensive services［J］. International Journal of Information Management. 2018，39：121 - 135.

[6] 王笑笑，郝红军，张树臣，等. 基于模糊神经网络的大数据价值评估研究［J］. 科技与管理，2019，21（2）：1 - 9.

[7] 孙俐丽，袁勤俭. 数据资产管理视域下电子商务数据质量评价指标体系研究［J］. 现代情报，2019，39（11）：90 - 97.

AGA－BP神经网络模型，较传统的BP神经网络而言，可提升价值预测精度与收敛速度。[1] 闭珊珊等（2020）基于成本、供求、环境、固有价值四方面构建出CIME数据资产价值评估指标体系，并分别论述了CIME评估模型的四种测算方法。[2] 黄倩倩等（2022）从成本、质量、应用、品牌等维度构建出数据资产价值评估指标体系，并分别论述该体系在冷启动期和成熟期的实现路径。[3]

9.6.2 混合方法

有学者采用多种数据资产价值评估方法进行数据资产估值，以期提升评估结果的科学性和合理性。Austin R D等（2012）将协同价值创造动态框模型与信息价值定价理论结合，评估不同阶段应用场景下的数据资产价值。[4] 石艾鑫等（2017）从收集、处理和维护等数据资产化过程方面构建出数据资产价值评估体系，并综合采用AHP法与主成分分析法对其进行评估。[5] 李永红和张淑雯（2018）综合使用AHP法与灰色关联分析法对市场法进行修正，构建出数据资产价值评估模型。[6] 王静和王娟（2019）将层次分析法与B－S理论模型结合，构建出金融互联网企业价值评估模型。[7] 卢民荣（2019）将AHP法与决策树算法、机器学习和云计算等方法结合，构建数据资产评估模型，并使用房地产估价进行案例检验。[8] 左文进和刘丽君（2019）将市场法、Shapley值法和破产分配法相结合，构建出数据资产分解估价方法，并实证分析了该方法的合理性和可行性。[9]

9.6.3 经济学方法

数据资产价值可以采用数据资产所产生的利润增量、业务增量和市场竞争优势

---

❶ 倪渊，李子峰，张健．基于AGA－BP神经网络的网络平台交易环境下数据资源价值评估研究［J］．情报理论与实践，2020，43（1）：135－142.

❷ 闭珊珊，杨琳，宋俊典．一种数据资产评估的CIME模型设计与实现［J］．计算机应用与软件，2020，37（9）：27－34.

❸ 黄倩倩，赵正，刘钊因．数据流通交易场景下数据质量综合管理体系与技术框架研究［J］．数据分析与知识发现，2022，6（1）：22－34.

❹ AUSTIN R D，DEVIN L，SULLIVAN E E. Accidental innovation：Supporting valuable unpredictability in the creative process［J］. Organization Science，2012，23（5）：1505－1522.

❺ 石艾鑫，邰鼎，谢婧．互联网企业数据资产价值评估体系的构建［J］．时代金融，2017（14）：109，112.

❻ 李永红，张淑雯．数据资产价值评估模型构建［J］．财会月刊，2018（9）：30－35.

❼ 王静，王娟．互联网金融企业数据资产价值评估：基于B—S理论模型的研究［J］．技术经济与管理研究，2019（7）：73－78

❽ 卢民荣．基于大数据的资产评估平台的研究与设计［J］．科技促进发展，2019，15（10）：1093－1105.

❾ 左文进，刘丽君．大数据资产估价方法研究：基于资产评估方法比较选择的分析［J］．价格理论与实践，2019（8）：116－119，148.

进行衡量[1][2][3]。多位学者基于经济学理论视角研究数据资产价值评估模型。李贵孚和柳青（2006）基于消费者效用理论与厂商成本理论，分析信息商品的特征，构建出信息商品的特征价格模型，为数据资产价值分析提供借鉴。[4] 刘洪玉等（2015）基于市场竞争机制，建立了鲁宾斯坦模型。[5] Niyato D 等（2016）从数据科学角度探讨数据效用，并基于数据市场均衡理论，研究数据资产最优价值。[6] 翟丽丽和王佳妮（2016）指出使用密切值法计算交易主体间的信任度、差异度、活跃度等重要程度，并基于改进的 B－S 模型求取企业间交易数据的共有价值。[7] 穆勇等（2017）引入经济学资产定价理论，提出数据资产累计共享效益计算模型。[8] Liang F 等（2018）基于信息不对称、数据资产风险等角度，引入数据交易市场中价格博弈均衡理论，确定数据资产价值。[9] 董祥千等（2020）基于数据市场均衡理论，提出利润最大化模型求取数据资产价值。[10]

9.6.4 其他技术方法

除以上评估方法外，部分学者认为数据资产具有较强技术特征[11]，构建技术特征与数据资产价值函数，进行数据资产价值评估。例如数据资产价值体系中应包含的信息量不同，Balazinska M 等（2011）构建了关于元组粒度的数据资产价值函数；[12] Koutris P 等（2015）构建了基于检索次数与价值的函数；[13] Lin B R 等

[1] SANDEEP T. Using Data Analytics for Graater Profit [J]. Journal of Businsess Strategy. 2003 (3).

[2] DAVENPORT T H, HARRIS J G. Competing on Analytics [J]. Harvard Business Review, 2006, 84 (1): 98－107.

[3] DAVIS C K. Viewpoint: Beyond data and analysis [J]. Communications of the ACM, 2014, 57 (6): 39－41.

[4] 李贵孚，柳青. 特征价格模型在信息商品定价中的应用 [J]. 情报科学，2006 (11): 1641－1645, 1695.

[5] 刘洪玉，张晓玉，侯锡林. 基于讨价还价博弈模型的大数据交易价格研究 [J]. 中国冶金教育，2015 (6): 86－91.

[6] DUSIT N, ALSHEIKH M A, WANG P, et al. Market model and optimal pricing scheme of big data and Internet of Things (IoT) [C]. IEEE International Conference on Communications, 2016.

[7] 翟丽丽，王佳妮. 移动云计算联盟数据资产评估方法研究 [J]. 情报杂志，2016, 35 (6): 130－136.

[8] 穆勇，王薇，赵莹，等. 我国数据资源资产化管理现状、问题及对策研究 [J]. 电子政务，2017 (2): 66－74.

[9] LIANG F, YU W, et al. A Survey on Big Data Market: Pricing, Trading and Protection [J]. IEEE Access, 2018, 6: 15132－15154.

[10] 董祥千，郭兵，沈艳，等. 基于利润最大化的数据资产价值评估模型 [J]. 大数据，2020, 6 (3): 13－20.

[11] SHANKARANARAYANAN G, BLAKE R. Data and information quality: Research themes and evolving trends [C]. 2015 Americas Conference on Information Systems, 2015.

[12] BALAZINSKA M, HOWE B, SUCIU D. Data markets in the cloud: An opportunity for the database community [J]. Proceedings of the VLDB Endowment, 2011, 4 (12): 1482－1485.

[13] KOUTRIS P, UPADHYAYA P, BALAZINSKA M, et al. Query－based data pricing [J]. Journal of the ACM, 2015, 62 (5): 43.

（2014）进一步将卖家收入引入，构建出数据检索无套利定价函数;❶ Shen Y 等（2016）将数据划分为不同等级，采用信息熵、引用指数等影响数据价值的因素对数据进行定价。❷ 随后，韩海庭等（2019）基于隐私暴露补偿和信息应用补偿，提出“熵”的价值结构模型。❸

9.7 企业数据资产价值评估方法的选择

9.7.1 基于数据资源分类的数据资产评估方法

从数据要素型企业实践来看，有些企业是以公共数据授权运营作为业务基础，例如上海随申行智慧交通科技有限公司在上海数据交易所挂牌的“城市智慧泊车”的数据产品，通过输入坐标定位数据可以查询周边的公共停车场信息及停车场可用泊位空余度；上海金润联汇数字科技有限公司深耕交通行业，构建了人、车、路、卡等多维数据融合服务于交通生态的数据科技服务平台。

有些企业则是基于公开市场自行采集的数据开展业务，例如恒生电子股份有限公司（简称“恒生电子”）、万得信息技术股份有限公司（简称“万得资讯”）和数库（上海）科技有限公司（简称“数库科技”）等都是基于采集上市公司年度报告等公开数据来构建核心业务。

有些企业是基于在运营过程中自行生成的或者外部市场采购的数据来开展业务。例如商业银行和证券公司等金融机构，一方面会购置大量企业征信或者工商等多种数据，另一方面在己方业务运行过程中也会生成大量数据。

目前，数据要素型企业的数据来源大多是公共数据授权、公开市场采集或者企业自身业务运营生成。企业在进行数据资产评估工作时，需要根据自身数据资源的来源选择适合的评估方法。

9.7.1.1 来源为政府授权使用的公共数据

根据“数据二十条”，公共数据运营的宗旨是“推动用于公共治理、公益事业的公共数据有条件无偿使用，探索用于产业发展、行业发展的公共数据有条件有偿使用”，因此公共数据具有显著的公益属性和共享属性。公共数据部门一般不会以垄断形式对企业进行授权，但数据开发利用是一个长期的过程，因此更换合作企业

❶ LIN B – R，KIFER D. On arbitrage – free pricing for general data queries ［J］. Proceedings of the VLDB Endowment，2014，7（9）：757 – 768.

❷ SHEN Y，GUO B，SHEN Y，et al. A pricing model for Big Personal Data ［J］. Tsinghua Science and Technology，2016，21（5）：482 – 490.

❸ 韩海庭，原琳琳，李祥锐，等. 数字经济中的数据资产化问题研究［J］. 征信，2019，37（4）：72 – 78.

可能面临更高的重置成本。各个部门的公共数据呈现差异性，基于公共数据开发的数据产品很难在市场上找到可比类型，故不适用市场法。

基于公共数据的公益属性以及企业与有关部门长期合作的关系，作者建议企业以授权合作协议为评估对象，以成本法为主，并将收益法作为参考。其中，收益法可以发现公共数据授权合约的真实价值，体现公共数据赋能实体经济的真实效果。

9.7.1.2　来源为企业公开采集的数据

企业通过公开市场合法采集数据形成的数据资源显然不具备排他性，且供需市场呈现竞争对手多、市场竞争激烈的特征。企业的战略水平、市场运营能力、渠道治理能力、目标顾客群开发与维护能力存在较大差异，这些能力是决定企业在市场竞争中能否形成比较优势的关键。因此，在评估这一类型企业的数据资产时，作者认为收益法和市场法更能反映企业的商业价值。例如，在评估万得资讯和数库科技的数据资产时，相比于底层数据资源，资产评估机构应该侧重于对它们技术赋能能力的评估。

实际上，这类数据资产（数据服务或产品）的价值是一种“以数据为基础的服务能力”，评估其数据资产价值时，包括数据资产本身所含数据资源的价值和“算法和算力”的价值。算法，对于以数据为基础的服务企业是一种核心竞争力。每个企业对数据的开发加工能力、加工的方法和视角可能都不尽相同。算法决定了一种数据产品解决或满足用户需求的能力或程度。因而，算法应该是这类数据资产价值构成的重要组成部分之一。

9.7.1.3　来源为企业业务运营中产生的数据

如果企业的数据资源是业务运营中衍生出来的，那么一方面这些数据资源具有一定的排他性，另一方面企业的技术和市场能力也会对数据资产的价值释放产生重要影响，所以企业在评估数据资产时应该以成本法和收益法综合评估的结果为主，同时在企业应用场景中加入市场价值调节变量。这种类型的案例有以商业银行、证券公司、基金公司为代表的金融行业企业，也有以中国移动、中国电信、中国联通等运营商为代表的企业。

9.7.2　基于数据产品生命周期的数据资产评估法

产品生命周期是市场营销学的传统概念，指产品在市场竞争中的经济寿命，是产品从准备进入市场开始到被淘汰退出市场为止的全部过程，一般分为导入期、成长期、成熟期、衰退期四个阶段。产品生命周期存在的原因主要是在市场流通过程中，消费者需求发生变化，或者其他影响产品市场竞争的因素产生，例如出现竞品等。

数据产品具有传统产品生命周期的特征，叠加数据价值时变性的特点，数据产品的生命周期可能会呈现阶段跳跃性或者各个阶段生命周期更短的特征。假设企业相关数据产品满足《暂行规定》资产确认的条件，那么对于生命周期阶段区分比较明确的数据产品，著者认为不同阶段的数据资产评估应该选取不同的方法。

著者将数据产品生命周期阶段分为导入期、成长期、成熟期和衰退期，分别分析数据资产不同生命周期阶段适用的评估方法。

9.7.2.1 导入期

导入期是指数据产品进入市场的初始阶段。导入期的数据产品存在顾客群画像不清晰、应用场景不明确等特征。企业为了挖掘用户需求、拓展数据产品的销路，需要进行宣传和促销等一系列的活动，进而会导致数据产品相关的运营费用增加。需要注意的是，数据产品与传统产品不同，数据产品本身具有高重塑性和可复制性的特点，不存在传统产品在导入期不能大批量生产的技术问题。因此，作者认为导入期的数据产品更适合选择成本法进行估值。

9.7.2.2 成长期

成长期指的是数据产品已经有比较成熟的应用场景，已经被大多数消费者所熟悉，同时市场竞争加剧的阶段。对于成长期的数据产品，顾客群相当稳定、销售量持续上升、企业相关的费用投入也出现明显下降，企业应该结合各个渠道产品的销售情况来合理预计数据产品给企业带来经济利益流入的情况，并采用收益法或者市场法进行数据资产估值。

9.7.2.3 成熟期

成熟期是指企业数据产品经过成长期的快速增长之后，销售量增速放缓的阶段。成熟期是数据产品生命周期中持续时间最长、由顶峰转入低谷的转折时期。企业在成熟期可能采用的市场策略有市场开发、产品应用场景开发等。综合来看，企业如果要评估处于成熟期的数据资产，应该优先选择收益法或者市场法。

9.7.2.4 衰退期

进入衰退期的数据产品可能面对应用场景饱和、市场竞争激烈、顾客使用习惯发生变化等问题，进而导致企业原来的销售渠道和销售额出现下降。企业对这一类型的数据产品再开发新的应用场景可能投入小于产出，因此，企业可能一方面维护老顾客群体，另一方面放弃继续投入该产品。从这个角度看，该类型产品预期流入原企业的现金流是明确可计量的，因此对企业来说采用收益法评估更合理。

如果市场上有其他企业需要基于该类型产品进行其他类型的研发活动，也就是直接购买该数据产品包，意味着原产品的适用场景发生变化、适用人群也可能发生变化，此时就需要基于活跃的交易与流通市场来为该产品定价，那么企业应该优先选择市场法评估。

9.7.3 基于数据资产经济行为的数据资产评估法

数据资产评估涉及的经济行为类型主要包括转让、许可使用、出资、质押融资、企业清算、司法诉讼、司法执行财产处置、财务报告、资产证券化。以下对不同经济行为类型下数据资产评估方法的选择进行具体分析，如表9－1所示。

表9－1 基于数据资产经济行为的评估方法选择

经济行为类型	评估方法选择优先度
转让	卖方：成本法、收益法
	买方：收益法
许可使用	市场法
出资	收益法→市场法、成本法
质押融资	市场法→收益法
企业清算	市场法→成本法
司法诉讼	收益法
司法执行财产处置	市场法→成本法
财务报告	（无形资产）减值测试：公允价值减去处置费用后的净额与资产预计未来现金流量的现值孰高。 合并对价分摊：收益法、成本法、市场法
	（存货）期末计价：可变现净值 合并对价分摊：产成品、在产品、库存商品按市场法，原材料按成本法
资产证券化	—

9.7.3.1 转让

数据资产转让是指转让数据资产的数据资源持有权、数据加工使用权或数据产品经营权等权利。以下从卖方视角和买方视角分别探讨数据资产转让中评估方法的选择。

（1）卖方视角。

卖方即将转让数据资产，转让后数据资产在新的企业利用方式和产生收益的模式均会发生变化，通常难以预测转让后数据资产未来的收益，故从卖方角度采用收益法评估可能存在一定困难。而卖方掌握数据资产的成本信息，因此可采用成本法评估，作为转让价格的下限参考。

若卖方认为其数据资产盈利能力较强，实际价值远高于成本法评估值，也可在假设数据资产不转让情况下编制未来收益预测并采用收益法得出评估值，作为转让价格的参考。

（2）买方视角。

买方收购数据资产主要着眼于数据资产能为企业未来收益产生贡献，并且在进行收购决策时已对拟收购的数据资产未来利用方式和收益模式有明确规划，因此买方角度首选收益法评估。

另外，若市场中存在类似数据资产的交易案例信息，也可同时采用市场法评估作为价格参考。最后，由于买方并不掌握数据资产的成本信息明细，一般不采用成本法评估。

9.7.3.2 许可使用

企业可通过普通许可、独占许可、排他许可等方式将数据资产许可其他单位使用，此时可通过评估确定许可费率。许可费率可参考类似数据资产许可案例中的许可费率分析调整确定。

9.7.3.3 出资

《公司法》第27条规定："股东可以用货币出资，也可以用实物、知识产权、土地使用权等可以用货币估价并可以依法转让的非货币财产作价出资；但是，法律、行政法规规定不得作为出资的财产除外。对作为出资的非货币财产应当评估作价，核实财产，不得高估或者低估作价。法律、行政法规对评估作价有规定的，从其规定。"股东若采用数据知识产权作价出资，需进行资产评估。

采用数据资产出资的意义主要在于，数据资产能为企业的未来收益产生贡献，出资人通常也会对数据资产出资到新公司后的利用方式有明确规划，因此作价出资情况下数据资产评估方法首选收益法。若数据资产未来收益难以合理预测，也可考虑采用市场法或成本法。

9.7.3.4 质押融资

在我国，数据知识产权可以用于质押。《民法典》第440条规定，"债务人或者第三人有权处分的下列权利可以出质：（五）可以转让的注册商标专用权、专利权、著作权等知识产权中的财产权……"

数据知识产权的价值通常难以直接从市场取得，金融机构等质权人通常会要求对数据资产质押物价值进行评估。《关于加强知识产权资产评估管理工作若干问题的通知》第1条规定，"知识产权占有单位符合下列情形之一的，应当进行资产评估：（二）以知识产权质押，市场没有参照价格，质权人要求评估的……"

由于质权人对于质押物最看重的是其可变现价值，而市场法采用数据资产实际的市场交易案例（或挂牌价）进行计算，能较好地反映数据资产的可变现价值，因此在可收集到数据资产交易案例的前提下，首选市场法作为数据知识产权质押物的评估方法。

若不具备开展市场法评估条件，由于出质人通常可提供数据知识产权未来的收益预测，也可对数据知识产权采用收益法进行评估，计算数据知识产权未来收益可支撑的价值，近似作为可变现价值。

对于一些盈利能力一般甚至较差的数据知识产权，其成本可能会超过实际可变现价值，因此数据资产质押融资评估中应慎用成本法。

9.7.3.5 企业清算

企业清算是指企业按章程规定解散以及由于破产或其他原因宣布终止经营后，对企业的财产、债权、债务进行全面清查，并进行收取债权、清偿债务和分配剩余财产的经济活动。

在企业清算情形下，数据资产将不再被企业使用，数据资产未来的归属、利用方式和经营规划通常尚不明确，难以编制数据资产未来的收益预测，采用收益法评估存在较大障碍。企业清算中，数据资产将被处置变现，而市场法采用数据资产实际的市场交易案例（或挂牌价）进行计算，能较好地反映数据资产的变现价值，因此在能够收集到数据资产交易案例的前提下，企业清算情形下数据资产的评估方法首选市场法。若不具备采用市场法评估的条件，由于清算组或破产管理人可掌握企业的财务资料，也可采用成本法进行数据资产评估，此时需关注企业清算对数据资产功能性贬值和经济性贬值的影响。

9.7.3.6 司法诉讼

司法诉讼的数据资产侵权损害赔偿案件中涉及数据资产价值损失的，可通过数据资产评估确定侵权损失金额。此类案件中数据资产评估可分为人民法院委托和当事人委托两种情形。

人民法院委托评估情形：根据《人民法院委托评估工作规范》第9条规定，具有下列情形之一，人民法院应当委托评估机构进行评估。

（1）涉及国有资产或者公共利益等事项的。

（2）企业国有资产法、公司法、合伙企业法、证券法、拍卖法、公路法等法律、行政法规规定必须委托评估的。

（3）双方当事人要求委托评估的。

（4）司法网络询价平台不能或者在期限内均未出具网络询价结果的。

（5）法律法规有明确规定的。人民法院委托评估中，数据资产评估通常直接用于确定赔偿金额。

（6）当事人委托情形。数据资产评估通常作为当事人提供的证据之一用于佐证产生了数据资产侵权损失或证明数据资产拥有较高价值，但一般不会被法院直接用于确定赔偿金额。

由于此类评估中数据资产产权持有人通常为被侵权人，配合提供数据资产未来收益预测，且通过收益能较好地刻画侵权行为带来的损失，故评估方法首选收益法。而市场法和成本法一般难以反映侵权行为对数据资产价值的直接影响，此类评估中一般不适合采用。

9.7.3.7　司法执行财产处置

人民法院对需要拍卖、变卖的财产确定财产处置参考价时，标的可能涉及数据资产。根据《最高人民法院关于人民法院确定财产处置参考价若干问题的规定》规定，人民法院查封、扣押、冻结财产后，对需要拍卖、变卖的财产，应当在30日内启动确定财产处置参考价程序。人民法院确定财产处置参考价，可以采取当事人议价、定向询价、网络询价、委托评估等方式。双方当事人议价无法达成一致，且定向询价不能或者不成，全部司法网络询价平台均未在期限内出具或者补正网络询价报告，且未按照规定申请延长期限的，人民法院应当委托评估机构进行评估。数据资产处置案件中，双方当事人议价通常难以达成一致，且数据资产通常难以定向询价或网络询价，需要借助评估确定处置参考价。

由于数据资产即将被处置，未来利用规划通常尚不明确，难以取得数据资产未来的收益预测并采用收益法评估。而市场法采用数据资产市场交易案例计算，能较好地反映数据资产的变现价值，因此在能够收集到数据资产交易案例的前提下，首选市场法进行数据资产评估。若不具备采用市场法评估的条件，由于产权持有人可提供企业的财务资料，也可采用成本法评估。

9.7.3.8　财务报告

根据财政部发布的《企业数据资源相关会计处理暂行规定》（财会〔2023〕11号），企业使用的数据资源，符合《企业会计准则第6号——无形资产》规定的定义和确认条件的，应当确认为无形资产；企业日常活动中持有、最终目的用于出售的数据资源，符合《企业会计准则第1号——存货》规定的定义和确认条件的，应当确认为存货。以下分别讨论无形资产性质和存货性质数据资产在财务报告目的下的评估方法选择。

（1）数据资产为无形资产性质的情形。

数据资产为无形资产性质情形下，财务报告的评估主要涉及减值测试评估、非同一控制下企业合并时合并对价分摊评估。

根据《企业会计准则第8号——资产减值》要求，若作为寿命不确定的无形资产，应每年进行减值测试；若作为寿命有限的无形资产，应在出现减值迹象的资产负债表日进行减值测试。减值测试时需要借助数据资产价值评估确定数据资产的可收回金额。

根据《企业会计准则第 8 号——资产减值》要求，可收回金额应当根据资产的公允价值减去处置费用后的净额与资产预计未来现金流量的现值两者之间较高者确定。资产的公允价值减去处置费用后的净额，应当根据公平交易中销售协议价格减去可直接归属于该资产处置费用的金额确定；不存在销售协议但存在资产活跃市场的，应当按照该资产的市场价格减去处置费用后的金额确定。资产的市场价格通常应当根据资产的买方出价确定；在不存在销售协议和资产活跃市场的情况下，应当以可获取的最佳信息为基础，估计资产的公允价值减去处置费用后的净额，估值技术根据《企业会计准则第 39 号——公允价值计量》要求，可采用成本法、收益法或市场法。预计未来现金流量现值根据其定义仅可采用收益法评估。

另外，根据《企业会计准则第 20 号——企业合并》，非同一控制下的企业合并中，购买方在购买日应当对合并成本进行分配，确认所取得的被购买方各项可辨认资产、负债及或有负债。根据《企业会计准则解释第 5 号》要求，非同一控制下的企业合并中，购买方在对企业合并中取得的被购买方资产进行初始确认时，应当对被购买方拥有的但在其财务报表中未确认的无形资产进行充分辨认和合理判断，满足以下条件之一的，应确认为无形资产。① 源于合同性权利或其他法定权利。② 能够从被购买方中分离或者划分出来，并能单独或与相关合同、资产和负债一起，用于出售、转移、授予许可、租赁或交换。数据资产属于可辨认的无形资产，企业合并中若被购买方的可辨认资产中含有数据资产，需要对数据资产进行评估，并在购买方合并报表中确认为无形资产。

根据《〈企业会计准则第 20 号——企业合并〉应用指南》，企业合并中取得的无形资产的公允价值确定方法如下：存在活跃市场的，应以购买日的市场价格为基础确定其公允价值；不存在活跃市场，但同类或类似资产存在活跃市场的，应参照同类或类似资产的市场价格确定其公允价值；同类或类似资产也不存在活跃市场的，应采用估值技术确定其公允价值。其中估值技术根据《企业会计准则第 39 号——公允价值计量》要求，可采用成本法、收益法或市场法确定。

（2）数据资产为存货性质的情形。

数据资产为无形资产性质情形下，财务报告的评估主要涉及会计期末可变现净值评估、非同一控制下企业合并时合并对价分摊评估。

根据《企业会计准则第 1 号——存货》，资产负债表日，存货应当按照成本与可变现净值孰低计量。可变现净值的评估方法为：在日常活动中，存货的估计售价减去至完工时估计将要发生的成本、估计的销售费用以及相关税费。

另外，根据《企业会计准则第20号——企业合并》要求，非同一控制下的企业合并中，购买方在购买日应当对合并成本进行分配，确认所取得的被购买方各项可辨认资产、负债及或有负债。根据《〈企业会计准则第20号——企业合并〉应用指南》要求，企业合并中取得的存货的公允价值确定方法如下：对其中的产成品和商品按其估计售价减去估计的销售费用、相关税费，以及购买方出售类似产成品或商品估计可能实现的利润确定；在产品按完工产品的估计售价减去至完工仍将发生的成本、估计的销售费用、相关税费，以及基于同类或类似产成品的基础上估计出售可能实现的利润确定；原材料按现行重置成本确定。

9.7.3.9 资产证券化

数据资产证券化是以数据资产未来产生的现金流为偿付支持，发行数据资产支持证券的过程。数据资产证券化中，评估机构的角色为预测数据资产未来现金流量，通常采用收益法，市场法和成本法不适用。

第 10 章

数据资产安全风险评估

数据资产有价值，但只有安全，才能保障持有者的合法利益，只有安全，价值才能有效发挥。数据资产也很脆弱，很容易遭到威胁。存在安全和风险的数据不仅不能给组织带来价值，反而会给组织造成损失。数据资产在全生命周期中的每个阶段都存在不同的安全或风险，都会给相关主体带来财产或价值损失。因而，数据安全是数据应用价值实现的前提和基石。《数据安全法》明确提出国家建立集中统一、高效权威的数据安全风险评估、报告、信息共享、监测预警机制；重要数据的处理者应当定期开展风险评估，并向有关主管部门报送风险评估报告。我国“十四五”规划提出完善适用于大数据环境的数据分类分级保护制度；加强数据安全评估推动数据跨境安全有序流动。目前，我国数据安全风险评估制度体系和相关标准规范还没有建立，一方面没有形成良好的数据安全风险评估生态环境，另一方面相关的系统化研究成果还较少。本章拟对数据资产安全风险评估的现状、相关概念和评估方法等进行系统论述。

10.1 数据安全风险评估现状

数据已经成为推动我国数字经济发展的重要生产要素，成为企业发展的重要资产。随着我国企业数字化转型、数字中国的建设，数据的应用场景越来越广泛，也带来了日益严峻的数据安全风险，这些风险正逐渐成为影响国家安全、妨碍社会稳定和制约经济发展的关键因素。及时有效地开展数据安全风险评估可以提前发现自身数据资产相关问题和短板，进而促进数据安全防御体系的改进与提升。

数据安全管理包括数据安全策略制定、建立与执行，为数据资产提供正确的身份验证、授权、访问和审计。而降低数据风险和促进业务增长是数据安全活动的主要驱动因素。因而，数据安全与数据风险管理有密切的关系。通过对数据安全、风险的分析、评估和管理，可以有效地预防或降低因数据安全风险带来的损失。

10.1.1 我国在数据安全风险评估领域标准规范建设现状

近年来，中国在数据安全风险评估领域已经建立了诸多法律法规和标准，例如2021年9月1日起施行的《中华人民共和国数据安全法》；2021年9月1日起施行的《关键信息基础设施安全保护条例》；2021年1月1日起施行的《中华人民共和国个人信息保护法》；2022年9月1起施行的《数据出境安全评估办法》；2023年5月，全国信息安全标准化技术委员会编制并发布了《网络安全标准实践指南——网络数据安全风险评估实施指引》（TC260－PG－20231A，以下简称《网络数据安全风险评估实施指引》）。这些法律标准为数据安全风险评估工作提供了坚实的理论基础和实践指导。

《数据安全法》作为数据安全领域的基础性法律，明确了数据分类分级、重要数据保护、跨境数据流动、数据交易管理等多项重要制度，为数据安全风险评估提供了法律依据。该法要求数据处理者建立健全的全流程数据安全管理制度，开展风险评估，并报送风险评估报告。

《网络数据安全风险评估实施指引》是由全国信息安全标准化技术委员会秘书处发布的一项实践指南，旨在指导数据处理者、第三方机构，以及有关主管部门开展网络数据安全风险评估工作。该指引明确了网络数据安全风险评估的思路、工作流程、评估内容，以及常见数据安全风险类别，为数据安全风险评估提供了全面的指导。

具体来说，该指引提出了数据安全风险评估应围绕数据和数据处理活动进行，聚焦可能影响数据的保密性、完整性、可用性和数据处理合理性的安全风险。评估内容涵盖数据安全管理、数据处理活动、数据安全技术、个人信息保护等方面，通过信息调研、风险识别、综合分析、评估总结等阶段，最终形成数据安全风险评估报告，为数据安全管理和技术防护措施提供建议。该指引的发布，有助于提升数据防攻击、防破坏、防窃取、防泄露、防滥用能力，为数据安全治理工作提供了重要的基础支持。

在行业标准规范方面，我国相关部门相继出台了规范本行业数据管理要求的标准和政策，推动数据安全风险评估制度的细化完善。例如，市场监督管理总局等部门联合印发的《贯彻实施〈国家标准化发展纲要〉行动计划（2024—2025年）》中，就提出了开展网络安全应急能力评估、数据安全风险评估等标准的研制工作。

在地方性法规与规章制度建设方面，各省市也结合本地区特色进行立法创新，出台涉及数据安全的地方性法规和地方政府规章，增强网络与数据安全保护能力。这些地方性法规往往包含对数据安全风险评估的具体要求和实施细则。

综上所述，我国数据安全风险评估领域已初步构建起以《数据安全法》为核心，以行政法规、部门规章、地方性法规及行业标准为补充的法律法规体系。随着《网络数据安全管理条例》等配套法规的制定和实施，数据安全风险评估的法律法规体系将进一步完善。

10.1.2 数据安全评估的困境

尽管我国近些年在数据安全风险评估领域制定了一些相关的法律法规、评估标准或办法等。但是，数据应用越来越广泛，应用场景越来越复杂，数据安全隐患越来越多，潜在的风险也越来越多。目前，从理论上看，数据安全风险评估领域还没有建立科学系统的评估体系；从评估活动实践看，业界还没有建立良好的风险管理和评估生态。数据安全风险评估的困境主要包括以下几个方面。

第一，对数据完全和风险等的认知不统一。不同数据相关方（如所有者、使用者、生产者）对数据安全的认知存在差异，难以形成统一的安全标准和评估体系。

第二，数据风险、安全评估和管理战略落地困难。数据安全治理需要从国家战略、社会责任到企业战略和个人权益保护等多层级考虑，落地步骤复杂，需要统筹兼顾且灵活调整。

第三，新技术新应用，数据安全面临诸多挑战。随着人工智能、云计算、物联网等新技术的发展，数据安全风险评估面临更多新挑战，例如模型算法攻击、基于人工智能的新型攻击等。

第四，数据合规性与法律遵从性评估复杂。数据安全需符合相关法律法规的要求，评估时需考虑法律遵从性，确保数据处理的合法合规。

另外，数据安全治理范围广泛，不能完全照搬网络安全治理的思路，需要“量身定做”合适的评估方法和策略。数据安全工作成效难以直接量化，难以通过明确的成效推动工作的开展和持续优化。这些困境要求数据安全风险评估工作必须不断创新和完善，以适应不断变化的数据安全环境和挑战。

10.2 数据安全风险评估相关概念

10.2.1 数据安全与信息安全的异同

在提出数据安全之前，主要关注的问题是信息安全，但二者既有密切联系，又有本质区别。一是二者保护对象的侧重点不同。信息安全主要侧重于保护信息系统的整体安全，包括硬件、软件和数据，确保系统不因偶然和恶意的原因而遭到破坏、更改和泄露。数据安全则更专注于保护数据本身的安全性，包括数据的完整性、机密性和可用性，确保数据在存储、传输和处理过程中不被未经授权的访问者获取或篡改。二是二者的保护范围不同。信息安全是一个更广泛的概念，涵盖了信息系统的所有方面，包括物理安全、网络安全、应用安全等。数据安全则更具体地关注数据本身的安全，涉及数据的全生命周期管理，包括数据的收集、存储、使用、加工、传输、提供、公开等。

但是，另一方面，二者又相互依存。数据安全是信息安全的重要组成部分。保护数据的安全性对于维护信息系统的整体安全至关重要。信息安全也依赖于对数据的保护，没有数据安全，信息安全也就无从谈起。因而，二者的目标是相同的。信息安全与数据安全的共同目标都是确保数据、信息和网络不受恶意攻击和未经授权访问，从而保障个人、组织和国家的安全和利益。

简单地说，信息安全与数据安全在保护对象、保护范围和侧重点上存在差异，但两者又是相互依存、共同发展的。在数据时代，保障信息安全与数据安全对于维护社会稳定、促进经济发展具有重要意义。

10.2.2 数据安全与评估相关概念

（1）数据安全。数据安全，是指通过采取必要措施，确保数据处于有效保护和合法利用的状态，以及具备保障持续安全状态的能力。[1]

（2）数据安全风险。数据安全风险，是指数据在收集、存储、使用、加工、传输、提供、公开等数据处理活动中，由于自然因素、人为因素、技术漏洞和管理缺陷造成其完整性、保密性、可用性破坏，导致被泄露、窃取、篡改、毁损、丢失、非法使用等，进而对国家安全、公共利益或组织、个人的合法权益造成影响。[2] 在实际的工作中，数据安全风险有多种表现，包括但不限于数据泄露、篡改、滥用、违规传输、非法访问等。

（3）数据安全风险评估。数据安全评估是指对重要数据、个人信息等数据资产的价值与权益、合规性、威胁、脆弱性、防护等进行分析和判断的过程。其目的是评估数据安全事件发生的概率和可能造成的损失，并据此采取相应的措施和建议。数据安全评估有助于企业或个人了解数据资产的安全状况，识别潜在的风险隐患，

[1] 杨韬，刘曦泽，高红静．数据安全风险评估方法和实践应用研究［J］．保密科学技术，2023（7）：9－15.

[2] 曾令平，刘宇，路正鹏，等．数据安全风险评估方法研究与实践探索［J］．金融科技时代，2023，31（4）：11－16.

从而制定和实施有效的数据安全策略。

10.2.3 数据风险评估与管理相关概念

10.2.3.1 风险

风险是一个多维度、多领域的概念，可以从不同角度进行理解和阐述。风险是指不确定性对目标的影响。风险既指损失的可能性，也指构成潜在损失的事物或条件。[1] 安全领域的风险评估通常是评估负面事件发生的可能性和影响程度。事实上，任何组织都面临内外部因素的影响，使组织不能确定是否能及时实现其目标。这种不确定性所具有的对目标的影响就是风险。

（1）风险的主要特点。

不确定性：风险的核心特征在于其不确定性，这种不确定性可能带来损失、获利或是无损失也无获利的结果。

双重性：风险既可能带来负面影响（如损失），也可能带来正面机会（如高收益）。这取决于风险管理的水平和策略。

客观性：风险是客观存在的，不以人的意志为转移。人们可以通过各种手段来识别、评估和控制风险，但无法完全消除风险。

可识别性、可控性：虽然风险具有不确定性，但通过科学的方法和手段，人们可以对风险进行识别、评估和控制，从而减轻其负面影响或利用其正面机会。

（2）风险的分类。

根据不同的分类标准，风险可以分为多种类型。例如，从风险产生的后果来看，可以分为纯粹风险和投机风险；从风险来源的角度来看，可以分为自然风险、社会风险、经济风险和政治风险等。

（3）风险的计算。

对于每个可能的威胁，可以从以下几个方面计算风险。[2] ①威胁发生的概率及可能的频率。②每次威胁事件可能造成的损害类型和规模，包括声誉损害等。③损毁对收入或业务运营的影响。④发生损害后的修复成本。⑤预防威胁的成本，包括漏洞修复手段。⑥攻击者可能的目标或意图。

10.2.3.2 风险评估

风险评估是识别和分析可能对组织产生负面影响的潜在未来事件、判断每种风

---

[1] DAMA国际．DAMA数据管理知识体系指南［M］．DAMA中国分会翻译组，译．北京：机械工业出版社，2021：169.

[2] DAMA国际．DAMA数据管理知识体系指南［M］．DAMA中国分会翻译组，译．北京：机械工业出版社，2021：170.

险发生的可能性及风险对业务产生多大影响的过程，进一步帮助确定组织能够承受的每种风险的程度和应采取的控制措施。[1]

风险评估是风险管理中的一个关键环节，它涉及风险事件发生之前或之后（但尚未结束），对该事件可能给人们的生活、生命、财产等各个方面造成的影响和损失的可能性进行量化评估的工作。

风险评估是对风险进行识别、分析和评价的过程，旨在确定风险的性质、大小，以及可能带来的后果。风险管理则是一个制定、选择和实施风险处理方案的过程，旨在以最小的成本获得最大的安全保障。有效的风险管理可以帮助个人、企业和社会更好地应对不确定性带来的挑战和机遇。

综上所述，风险是一个复杂且多维度的概念，涉及生产、经济、社会等多个领域。通过科学的评估和有效的管理手段，人们可以更好地应对风险带来的挑战和机遇。

10.2.3.3 数据风险评估

数据风险主要指组织在使用数据（采集、存储、挖掘和应用等）活动或过程中所面临的风险。如数据泄露风险、篡改风险、损毁风险、滥用风险等。

数据风险分类描述了数据的敏感性以及出于恶意目的对数据访问的可能性。分类用于确定谁（数据处理活动的相关角色）可以访问数据。数据风险分类包括以下几个方面。[2]

（1）关键风险数据。由于个人信息具有很高的直接财务价值，因此内部和外部各方可能会费尽心思寻求未经授权使用这些信息。滥用关键风险数据不仅会伤害个人，还会导致公司遭受重大的处罚，增加挽留客户、员工的成本以及损害公司品牌与声誉，从而对公司造成财物损害。

（2）高风险数据。高风险数据为公司提供竞争优势，具有潜在的直接财务价值，往往被主动寻求未经授权使用。如果高风险数据被滥用，那么可能会因此使公司遭受财务损失。高风险数据的损失可能会导致因不信任而使业务遭受损失，并可能导致法律风险、监管处罚，以及品牌和声誉受损。

（3）中等风险数据。中等风险数据是那些几乎没有实际价值的公司非公开信息，未经授权使用，可能会对公司产生负面影响。

数据风险评估是数据风险管理的基础，它通过对潜在数据风险的系统识别、分析和量化评估，为组织或个人提供决策支持，使数据风险带来的负面影响最小化。

---

[1] 杨韬，刘曦泽，高红静．数据安全风险评估方法和实践应用研究［J］．保密科学技术，2023（7）：9－15.

[2] DAMA 国际．DAMA 数据管理知识体系指南［M］．DAMA 中国分会翻译组，译．北京：机械工业出版社，2021：170.

随着社会的进步和科技的发展，数据风险评估的方法和手段将不断发展和完善，从而为人们的生活和工作带来更多的便利和安全保障。

10.2.3.4 数据风险管理

数据风险管理是指企业通过对数据的收集、存储、处理、分析和应用等过程进行全面管控，以降低数据风险、保障数据安全的过程。它涉及对潜在数据风险的识别、评估、分析和处理，旨在通过有效的措施实现数据安全并有效应用的管理方法。数据风险管理是企业风险管理体系的重要组成部分，与战略风险管理、财务风险管理、市场风险管理等共同构成企业全面风险管理的框架。具体而言，数据风险管理包括以下几个方面。

（1）风险评估。对企业内部数据进行全面梳理，识别出潜在的数据风险，例如数据泄露、数据不一致、数据孤岛等。

（2）风险控制。根据风险评估结果，制定相应的风险控制措施，例如建立统一的数据管理平台、制定数据安全政策、加强员工数据安全意识培训等。

（3）监督评估。在实施风险控制措施后，对数据风险管理效果进行监督和评估，以确保风险管理策略的有效性。

通过有效的数据风险管理，企业可以保障数据的安全性和完整性，提高决策质量和效率，降低因数据风险带来的潜在损失。

10.3 数据风险分析与评估

10.3.1 制约数据安全的因素

数据安全是一项全新的具有挑战性的工作。影响数据安全的因素有多个方面，不仅有信息系统的安全，而且有来自数据安全管理制度、数据安全管理人员，以及外部恶意破坏等影响数据安全的因素。概括地说，数据安全制约因素包括数据的保密等级和监管要求。

（1）保密等级。

保密意味着机密或私密。机密数据仅在“需要知道”的基础上共享。保密等级取决于谁需要知道某些类型的数据。

（2）监管要求。

根据外部规则（如法律、条约和行业法规等）分配监管类别。监管数据在“允许知道”的基础上共享。数据共享方式受该法规明细条款的约束。

保密和监管的主要区别是，要求来源不同。保密要求源自内部，而监管要求则由外部定义。另外，任何数据集只能有一个密级，其密级是基于该数据集中最敏感（最高密级）的数据项设立的。

监管分类是附加的。单个数据集可能根据多个监管类别限制数据。为了确保法规遵从性，应执行每种法规类别所需的所有操作以及保密要求。

当安全限制应用于用户授权（用户授权提供）时，必须遵循全部保护策略，无论这些策略是内部的还是外部的。

（3）机密数据。

保密范围要求从高到低。在以下列出的5个机密分类级别中，典型的分类架构可能包括其中两个或更多。①对普通公众公开。可向任何人提供的数据。②仅内部使用。仅限员工或成员使用的数据，信息分析风险很小。这类数据仅供内部使用，可在组织内部显示或讨论，但不得复制。③机密。若无恰当的保密协议或类似内容，不得在组织外共享。不得与其他客户共享客户机密数据。④受限机密。受限机密要求个人通过许可才能获得资格，仅限于特定“需要知道”的个人。⑤绝密。数据机密程度非常高，任何数据访问者都必须签署一份法律协议才能访问数据，并承担保密责任。

（4）监管限制的数据。

某些类型的数据受到外部法律、行业标准或合同规范的约束，对其使用方式、谁可以访问，以及出于何种目的访问将产生影响。由于许多法规有重叠，因此更容易按主题域将其归纳到几个法规类别或法规系列中，以便更好地向数据管理者通报法规要求。

在数据管理中，每个企业或组织都必须建立满足自身合规需求的法规类别。而且，更为重要的是，此分类必须简单，以便具有可操作性。

10.3.2 数据风险分析

数据风险分析是一种系统的方法，用于识别、评估和控制可能对项目、组织或业务产生负面影响的潜在风险。这一过程通常涉及对风险因素的全面审视，包括其发生的可能性、影响程度，以及可能带来的后果。以下是对数据风险分析的详细阐述。

10.3.2.1 数据风险分析定义与目的

数据风险分析旨在通过系统地识别、评估和应对潜在风险，帮助组织或个人作出更加明智的决策，从而降低风险发生的概率或减少其可能造成的损失。其目的不仅要关注当前的风险状况，而且要着眼于未来的不确定性，力求在风险发生前采取有效的预防措施。

10.3.2.2 数据风险分析的主要内容和步骤

数据风险分析包括以下几个方面的内容。

（1）风险识别。需要全面、系统地识别组织或项目中可能存在的风险因素。这通常涉及对组织运营环境、业务流程、技术条件、市场状况等多方面的考察和分析。

（2）风险评估。在识别出潜在风险后，需要对其发生的可能性和影响程度进行评估。这一过程可能涉及定性和定量的分析方法，例如使用专家判断、历史数据、概率模型等工具来量化风险。

（3）风险应对。根据风险评估的结果，制定相应的风险应对策略和措施。这些策略可能包括风险回避、风险减轻、风险转移、风险接受等多种方式，旨在将风险控制在可接受的范围内。

（4）风险监控。在实施风险应对措施后，需要持续监控风险状况的变化，以确保风险得到有效控制。这一过程可能涉及对风险因素的定期审查、风险应对效果的评估，以及必要的调整和优化。

10.3.2.3 数据风险分析方法

数据风险分析的方法多种多样，主要包括定性分析和定量分析两大类。定性分析方法如问卷调查、集体讨论、专家咨询等，主要依赖于主观判断和经验知识；而定量分析方法如风险价值法、敏感性分析法、情景分析法等，则更注重于使用精确的数据和数学模型来量化风险。在实际应用中，这两种方法往往需要结合使用，以获得更全面、准确的数据风险分析结果。

10.3.2.4 数据风险分析的应用领域

数据风险分析在各个领域都有广泛的应用，例如项目管理、金融投资、企业运营、网络安全等。在项目管理中，数据风险分析有助于识别项目执行过程中可能遇到的风险因素，并制定相应的应对措施，以确保项目顺利进行；在金融投资领域，数据风险分析则有助于评估投资项目的风险水平，为投资者提供决策支持。

综上所述，数据风险分析是一种重要的管理工具和方法，它通过系统地识别、评估和应对潜在风险，帮助组织或个人作出更加明智的决策，从而保护其利益免受不确定性的损害。随着社会的不断发展和进步，数据风险分析的应用领域将越来越广泛，其重要性和作用也将日益凸显。

10.3.3 数据风险评估

10.3.3.1 定义

数据风险评估（Data Risk Assessment，DRA）是对存储和管理敏感数据（包括知识产权和个人身份信息 PII）的过程进行全面审查的过程。其主要目的是识别、评估敏感数据面临的安全风险，并提出相应的管理措施，以保护数据的安全性和隐私性。数据安全评估是确保数据安全的重要手段之一，通过系统性的评估和分析，可以帮助企业和个人更好地保护其数据资产的安全。

10.3.3.2　数据风险评估的主要任务

（1）数据风险评估目标与范围。明确评估的目的和范围，包括需要评估的数据资产、数据应用场景、面临的威胁和脆弱性等内容。

（2）信息调研。通过收集和处理相关信息，了解数据处理者、业务和信息系统、数据资产、数据处理活动，以及已采取的安全防护措施等基本情况。

（3）风险识别。从数据安全管理、数据处理活动、数据安全技术、个人信息保护等方面识别可能存在的风险隐患。这通常涉及对业务流程、数据流图、安全控制措施等的详细分析。

（4）风险分析与评价。对识别出的风险进行量化评估，确定每个风险的概率和可能造成的影响，并据此评价风险的等级。这一过程可能包括风险归类、风险危害程度分析、风险发生可能性分析等多个步骤。

（5）制定应对策略。根据风险评估结果，制定相应的风险管理措施和策略，例如加强访问控制、实施数据加密、定期安全审计等。

（6）实施与监控。实施制定的安全措施，并对其效果进行定期监控和评估，确保数据安全风险得到有效控制。

（7）报告与反馈。编写数据安全风险评估报告，将评估结果和建议反馈给管理层和相关人员，以供决策和参考。

10.3.3.3　数据风险评估的主体和其他参与者

依照“谁主管谁负责，谁运营谁负责”的原则，重要数据风险评估的责任主体为重要数据处理者，评估工作的流程制定和具体执行则应由重要数据处理者确定的数据安全负责人或管理机构监督、负责。❶

所谓重要数据处理者，包括但不限于识别数据需求者、收集数据者、分析数据者、评价并改进数据分析者。❷ 在企业内部，数据安全负责人应由具有数据安全专业知识和相关管理工作经历，且拥有一定决策权的成员或其组成的部门承担。根据《信息安全技术 个人信息安全影响评估指南》第4.4条的规定，牵头执行评估的具体部门应为法务部门、合规部门或信息安全部门，且在评估工作进程中应当具有独立性，不受被评估方的影响。

---

❶ 李怀胜. 数据安全合规实务［M］. 北京：中国法制出版社，2023：165.

❷ 龙卫球. 中华人民共和国数据安全法释义［M］. 北京：中国法制出版社，2021：102.

10.3.3.4　数据风险评估方法

数据风险评估可以采用多种方法，包括定性分析、定量分析，以及风险因素分析的方法。具体方法如下。

（1）定性风险评价法。通过观察、调查与分析，并借助专家的经验、专业标准和判断等对风险进行定性评估。主要方法有观察法、调查了解法、逻辑分析法、类似估计法等。

（2）定量风险评价法。通过收集大量数据，运用数学模型对风险进行量化评估。例如，风险率风险评价法就是其中一种，它先计算出风险率（风险发生的频率乘以风险发生的平均损失），然后与风险安全指标相比较，以确定系统是否处于风险状态。

（3）风险因素分析法。对可能导致风险发生的因素进行评价分析，从而确定风险发生概率大小的风险评估方法。其一般思路是调查风险源→识别风险转化条件→确定转化条件是否具备→估计风险发生的后果→风险评价。

10.3.4　数据风险评估的过程

重要数据风险评估应贯穿于数据管理的全生命周期。应依据数据风险评估模型确立评估标准。开展数据风险评估应实施重要数据识别、风险源识别、风险评价、风险分析和制定预案五大环节。[1]

10.3.4.1　重要数据识别

重要数据风险评估的第一步在于确定重要数据，确定需要评估的范围。重要数据的识别须在国家标准指引下，具体参照不同地区、行业、部门等各自重要数据保护目录予以确定。但是，并非只有重要数据才需要继续评估。《数据安全法》第30条规定的风险评估义务限于重要数据处理者，但第22条提出要建立的数据安全风险评估机制在理论上涵盖所有数据。在法律上只强制要求重要数据的处理者定期对数据进行安全评估。但是，数据处理者需要认识到，数据安全评估既是一种义务，也是对其进行保护。即使某一数据不是重要数据，但当数据处理者认为该数据的处理可能存在潜在风险时，也应对其进行评估。

10.3.4.2　风险源识别

风险源识别的目的是通过对安全系统运行状况、制度执行情况、数据复制情况、数据保护状况、权限审批情况、密码强度等的定期扫描，充分排查风险环节，发现重要数据资产的脆弱点并予以归类。

---

[1] 李怀胜．数据安全合规实务［M］．北京：中国法制出版社，2023：167．

风险源有内部威胁和外部威胁，有恶意人员导致的数据窃取等事件，也有非恶意人员无意中导致的数据泄密等事件。就数据脆弱性而言，有物理环境的影响导致的数据毁损，也有技术因素导致的数据泄露、篡改、丢失等事件，还有管理不善引发的数据滥用等事件。

数据风险识别主要有两个步骤：一是通过列举潜在重要数据资产并制成列表，以确认重要数据面临的潜在威胁；二是通过列举重要数据资产弱点并制成列表，以匹配由上一步析出的潜在威胁所引发的重要数据弱点。[1]

10.3.4.3 风险评价

该环节是基于识别出的数据风险源的汇总，对重要数据处理活动安全风险予以分级分类。具体包括确定风险级别、确定风险类型、厘清风险源之间的关系。

（1）确定风险级别。依据已识别出的风险源，确定特定风险可能发生的概率大小。

（2）确定风险类型。依据已识别的风险源特征划分风险类型，既有助于减少工作量，避免效率低下地逐一设计防护措施，又能有针对性地对同一类风险源制定一套安全策略。

（3）厘清风险源间的关系。各风险源间并非相互孤立的，通过分析风险源之间是否存在关系，可以从源头上消除风险。

10.3.4.4 风险分析

风险分析是在对风险源已进行初步分级分类的基础上，依据数据资产的潜在威胁、自身弱点等进行对应评价，通过相应的评估模型计算出具体的风险度量和可能损失。通常情况，风险度量与数据的利用价值、易被利用的自身弱势、应保护时间等成正比，与损失恢复时间成反比。

10.3.4.5 制定预案

针对已识别出的风险，设置安全风险预警机制，降低风险发生的概率。风险防范预案应包括原适用范围、处置机构和职责、风险响应机制及具体处置措施、预案演练等内容。

10.4 数据安全评估

10.4.1 数据安全评估的定义、目的和意义

数据安全评估是指对重要数据、个人信息等数据资产的价值与权益、合规性、

[1] 张森，徐国爱，胡正名，等. 基于数据的风险评估模型研究［J］. 计算机应用研究，2006（9）：95－97.

威胁性、脆弱性、防护等进行分析和判断的过程。其目的是，评估数据安全事件发生的概率和可能造成的损失，并采取相应的措施和建议。对于企业而言，数据安全评估有助于保障数据资产的安全性和可用性，降低业务连续性风险，并提升企业安全管理水平。对于行业而言，数据安全评估有助于发现共性数据安全风险问题，推动数据交易、数据交换共享等应用场景的落地，促进数据流动和数字化转型升级。对于国家而言，数据安全评估是保障国家安全的重要手段，通过评估可以推动相关法律法规的落实，压实数据安全保护主体责任，有效推动数字经济安全健康发展。因而，数据安全评估是确保数据资产安全、合规使用的重要措施，对于个人、企业、行业乃至国家都具有重要意义。

数据安全评估有助于摸清数据资产情况、基础环境情况，并对数据资产进行盘点。通过系统性、综合性、全面性的安全分析，可以发展数据资产的威胁性和脆弱性，从而更加准确识别安全风险。评估流程通常包括利用调研表、人员访谈、文档翻阅、系统查看、工具检测等方式了解被评估单位的数据安全防护情况。然后，依据法律法规、规范、技术标准、政策要求形成的度量指标与识别安全现状结果进行对标分析，最终形成安全评估报告。

10.4.2 常见数据安全风险与常用评估方法

10.4.2.1 常见数据安全风险

常见的数据安全风险主要包括以下几点。

（1）数据泄露。未经授权地披露敏感数据，可能由于黑客攻击、内部员工的不当行为、物理存储介质的丢失等因素导致。数据泄露会对个人隐私、企业商业机密乃至国家安全造成严重威胁。

（2）数据篡改。未经授权地修改、更改数据，可能破坏数据的准确性和完整性。恶意软件、网络攻击和内部人员的恶意行为都可能导致数据篡改。数据篡改不仅影响数据的可信度，还可能误导决策过程。

（3）数据丢失。数据在存储、传输或处理过程中不可恢复地丢失。硬件故障、自然灾害、人为错误等都可能导致数据丢失。数据丢失会给企业带来经济损失，甚至影响业务连续性。

（4）非法访问。未经授权的用户可能访问敏感数据，造成信息泄露或滥用。非法访问可能通过破解密码、利用漏洞等手段实现，对数据安全构成直接威胁。

（5）数据滥用。数据被超出原定范围、用途或时间限制地使用，导致数据隐私泄露或滥用的风险。例如，未经用户同意将用户数据用于营销目的。

（6）违规传输。数据未按照相关规定或协议进行传输，导致数据在传输过程中被拦截、窃取或篡改。这要求数据传输过程中必须采取适当的安全措施。

（7）非法获取数据。违反法律法规等有关规定，超范围收集、强制授权、非法获取公民个人信息等违法违规收集数据风险。这种行为不仅侵犯了个人隐私权，还可能触犯法律法规。

为了有效应对这些数据安全风险，企业和个人需要采取一系列的安全措施和技术手段，例如加密技术、访问控制、定期备份、安全审计等，以确保数据的安全性和完整性。

10.4.2.2 常用数据安全评估方法

数据安全评估方法多种多样，其中几种最常用的方法如下。

（1）漏洞评估。通过检测和分析系统中可能存在的漏洞，评估其对数据安全的威胁程度。这种方法利用漏洞扫描工具和安全测试技术，识别系统中的潜在漏洞，并采取相应的修复措施，提升系统的安全性。

（2）风险评估。涉及对数据安全相关的威胁性、脆弱性和影响进行综合分析，以确定风险等级，并制定相应的风险应对策略。风险评估通常涉及概率和影响的考量，以及定量和定性分析的结合。

（3）安全审核。审查现有的安全策略、措施和操作是否符合相关法律法规和标准要求，评估其执行情况和效果。这种方法有助于确保数据安全管理的合规性。

需要注意的是，不同的评估方法适用于不同的情况和需求。企业可以根据自身的实际情况选择合适的评估方法，或者结合多种方法进行全面、系统的评估。同时，随着技术的发展和安全威胁的不断变化，新的评估方法也在不断涌现和发展。

10.4.2.3 常用数据安全量化评估方法

具体的量化评估方法主要包括以下几种。

（1）风险矩阵法。将数据安全风险划分为不同等级，通常根据风险发生的可能性和风险影响程度两个维度来评估。例如，将风险分为高风险、中高风险、中低风险和低风险四个等级。

（2）风险指数法。通过数学模型对风险进行量化计算，得出具体的风险指数值。这种方法需要收集大量的数据，并进行统计分析，以确定风险的严重性、可能性和影响。

（3）漏洞扫描和渗透测试。虽然这些方法本身不直接给出量化分数，但它们的结果可以用于量化评估。例如，漏洞扫描可以识别出系统中的安全漏洞数量，渗透测试可以模拟攻击者行为评估系统防护能力，这些结果可以作为量化评估的一部分。

（4）基于机器学习和大数据分析。利用机器学习和大数据分析技术，对历史数据进行分析和预测，以识别潜在的安全威胁和漏洞。例如，通过分析网络流量和用户行为数据，利用异常检测模型可以及时发现异常行为，并给出量化评估结果。

（5）符合度和适用度评估指标。引入“符合度”和“适用度”评估指标，将评估过程和分析结果量化。这种方法可以实现对数据安全风险进行单次可量化、长期可跟踪、历史可比较的效果。

（6）综合评估法。将多种量化评估方法相结合，综合考虑数据安全风险的数量、质量、来源和影响。例如，可以结合风险矩阵法、风险指数法和基于机器学习的评估方法，对数据安全风险进行全面、系统的评估。

需要注意的是，不同的量化评估方法适用于不同的场景和需求，组织可以根据自身实际情况选择合适的方法进行评估。同时，量化评估结果应作为制定数据安全策略和改进措施的重要依据。

总之，数据安全风险评估的核心是数据。数据流转于各个应用场景，在各个应用场景中，由于各主体在数据处理活动中受到多种因素的影响，会形成不同的数据行为，因此在管理和技术等多个方面可能存在安全风险。因而，通过制定数据安全管理制度和风险防范措施，可以有效降低数据安全风险。

后记

国庆节前夕，书稿初稿完成了。那一刻，心情舒畅了许多。

坐在书房的窗前，眺望远处隐约可见的香山，有种似曾相识的感觉。2024 年整整一年，未曾爬过香山了。以往，闲暇时，我喜欢爬香山。在山顶上，找块石头坐下，吹吹凉爽的微风，听听歌曲，会感到特别的惬意。

2023 年暑假，我看到财政部印发《企业数据资源相关会计处理暂行规定》，感到异常的兴奋和激动，我国数字经济的发展要落地了。数据成为新型生产要素，成为组织的重要数据资产，不仅是我国的一种制度创新，也是一种理论创新。万物皆数据，处处有数据，时时用数据。数据已经成为我们生活中必需的消费品，数据驱动已经成为企业创新生产模式的关键因素。数据可以作为企业的重要数据资产“入表”了。学习文件，结合自身的研究，我感到企业数据资产入表任重而道远。这不仅是认识问题，理论上也有许多亟待研究的问题，例如数据的确权、数据质量评价、数据价值评估等，于是我萌生了写一本有关数据资产评估专著的冲动。

当提笔要写的时候，我发现数据资产评估涉及法学、经济学、数据科学、计算机科学和信息资源管理等多个学科，是一个多学科研究领域，有许多新问题，然而可以参考的文献和案例并不多，最初的写作异常艰难。幸运的是，我得到了身边朋友的鼓励、支持和帮助。我在此由衷地向他们致以诚挚的谢意！

每年的 9 月和 10 月是北京最美的时节。香山的红叶，即将染红香山；国宾馆的银杏树，即将穿上金色的外衣。2024 年 9 月 28 日，在这美好的时节，我们团队组织的“数据决定未来：数据资产评估——一个新兴的多学科研究领域”主题论坛如期在中国人民大学召开。来自全国各界的 300 多名嘉宾参加了此次论坛。此次论坛获得了 37 万多人的关注，这让我们对数据资产评估这个领域有了更多的信心。

看着眼前沉甸甸的书稿，我既欣喜，又忐忑。欣喜的是，2024 年做了一件有意义的事情。忐忑的是，数据资产评估是一个新的研究领域，有许多问题还有待深入研究。不足之处，还请学界同人不吝赐教。

本书的出版，要感谢很多人。要感谢学院的领导，要感谢知识产权出版社的编辑，要感谢我的学生戎军涛博士和刘子瑜博士，感谢所有为此书编写和出版提供帮助的人。

索传军

2025 年 1 月 16 日

于北京·人济山庄